HUAXUE FANYING GONGCHENG

化学反应工程

苏力宏　主编

西北工業大學出版社

【内容简介】 本书结合化工反应器设计、分析和放大模拟工业应用需要，对工业反应动力学涉及的基础知识、多相催化吸附和脱附理论进行了阐述；按照理想流动模型，分别对相应的理想反应器在不同条件下的设计计算进行了详细介绍；结合停留时间分布实验理论，对于实际非理想反应器模型的建立进行了讨论；以反应工程理论为基础，重点介绍了工业上应用最为广泛的多相气固反应器的设计和分析，对于气液反应和其他非均相反应器分门别类进行了阐述；对于反应工程理论在生物化学、聚合物、电解工程、绿色化工和计算机在化工自动化方面应用及特点也有侧重地予以介绍。

本书可作为高等学校化学工程与工艺、应用化学、生物工程、环境工程、轻化和矿业工程等相关专业本科和专科学生教材，也可供化工类相关专业研究生、工程技术人员参考。

图书在版编目（CIP）数据

化学反应工程/苏力宏主编. —西安：西北工业大学出版社，2015.2
ISBN 978-7-5612-4348-0

Ⅰ.①化… Ⅱ.①苏… Ⅲ.①化学反应工程—教材 Ⅳ.①TQ03

中国版本图书馆CIP数据核字（2015）第047466号

出版发行：西北工业大学出版社
通信地址：西安市友谊西路127号 **邮编**：710072
电 话：(029) 88493844 88491757
网 址：www.nwpup.com
印 刷 者：陕西向阳印务有限公司
开 本：787 mm×1 092 mm 1/16
印 张：14.875
字 数：292千字
版 次：2015年9月第1版 2015年9月第1次印刷
定 价：39.00元

序

化学反应工程是教育部规定的化学工程与工艺专业的四门主干课程之一，研究目的是实现所有化学反应产品的工业开发过程，既包含化学现象，又包含物理现象，是一门综合性强、涉及基础知识面广的专业技术理论学科。从20世纪50年代开始，经过六十多年的发展，学科理论体系不断完善，服务对象已从原来的化学工业主要为石油、聚合物、大宗化学品的生产过程，延伸到冶金、材料、生化、医药、轻工、食品、建材、军工、环境等生产过程、装置、工艺的诸多行业领域。通过本学科的学习，力求培养基础厚、专业宽、能力强、素质高、具有创新精神的化工专业技术人才。

本书主要内容是以化学反应动力学与动量、质量、热量传递交互作用的共性归纳的宏观反应过程为基础理论（简称为“三传一反”），在反应动力学模型和反应器传递模型确定的条件下，将这些数学模型与物料衡算、热量衡算等方程联立求解，模拟预测反应结果，并设计反应器或优化操作性能。其基本内容包括化学计量关系和化工反应动力学，依据流体力学类型划分的三类主要理想反应器：间歇反应器、连续全混流反应器和连续管式流反应器。针对实际工业规模的化学反应过程非理想反应器，阐述等温和变温操作的反应器、反应器中的停留时间分布、定态和非定态操作的反应器设计和过程分析，重点讨论影响反应结果的流体力学的工程因素，如返混、混合、化学热力学的工程因素热稳定性和操作参数灵敏性等。特别是对现代化工工业应用面最广的多相催化反应器的开发、设计和操作的优化，做了更广泛深入的论述。另外本书对于化学反应工程在聚合物反应工程、生物反应工程、绿色反应工程、电化学反应工程和计算机在化工领域的应用发展也作了介绍。

本书是笔者根据十几年化学反应工程教学经验和学生的反馈，参考国内外兄弟院校的优秀教材，结合专业发展现状而编写的。由于有学生反馈学习时普遍感到涉及的数学模型理论复杂抽象、计算繁琐且难度很大，故本书根据目前化学反应工程学科的工程计算已经采用化工软件计算成为主流的特点，对于化工自动化中计算机软件与化学反应工程的结合作了较多讲解和衔接，对于学科计算知识集中于原理讲解，减少了手工计算的内容，更强调训练学习者掌握运用科学思维方法，建立数学模型和解决分析工程问题的能力。由于以前此类教材对于数学工程理论阐述较多，使得书籍内容过于严肃，学生会有枯燥之感，所以本书参照国外同类教材，编写了部分有趣的化工知识，同时列举了一些比较重要的实用化工过程或实例，这样使得本书作为教材，显得更生动，更贴近于工业和社会生活实际。书中列举了有助于学生掌握概念和知识的多种类型的例题和习题，能引起学生的学习兴趣；根据化工行业发展，对以前教材的内容侧重点进行了调整，精简了化学反应工程的理论计算知识，扩充了其在不同行业发展的内容，有利于开拓学生视野，也符合教育部专业指导宽口径的要求。本书除供高校师生作为教材使用外，也可作为研究人员、工程技术人员的参考书籍。

全书的编写学习和参考了国内外多种同类教材，但是化工行业发展日新月异，所以论述难免有不足之处。希望能与化工工业时代发展需要培养的化工工程师人才要求相结合，对于实际教学内容及时优化调整，不断提高，使其成为一本适合化工专业人员学习阅读的好教材。

中国工程院院士，清华大学化学工程系教授

2015年4月15日

前 言

本书是根据工业和信息化部“十二五”规划教材立项目标要求，结合近年来化学工程行业的发展对于化学工程师等技术人员的培养需求的变化，按授课时数50～60课时编写而成的化学反应工程课程教材。本书的编写按照大学教学改革的指导意见，符合当代大学化工专业定位，现实需求以及教学大纲的要求。

化学反应工程作为一门工程学科，其理论体系是以建立各种变量之间严格定量关系为基点的，它建立在数学、物理及化学等基础学科之上，而又有自己特点的应用学科分支。化学反应工程是涉及化工、热工、环保、生物化学、采矿和轻工等多专业领域的课程，每个专业要求和侧重都有不同。本书内容结合了多年的教学经验，借鉴和参考了国内外相关教材的特色编写而成，全书分为十章：第1章绪论，对课程目的、研究内容和方法进行介绍；第2章介绍反应动力学基本概念和试验方法；第3，4章讨论理想、非理想反应器模型和理论，为反应工程理论基础内容；第5，6章涉及多相反应系统模型和反应工程理论在实际工业催化反应器上的应用；第7~9章介绍了反应工程理论在生物化学、聚合物、电解工程和绿色化工上的应用；第10章专门介绍了计算机在化工自动化方面应用及特点。除绪论外每一章后有习题，包括思考题、填空题、多项选择及计算题等。本书的编写参阅了相关文献资料，本着内容丰富，叙述简明，重点突出，博采众长，工程理论与工业实践相结合的原则安排内容。

本书可供高等学校化学工程、化工工艺、应用化学、生物工程、环境工程、轻化和矿业工程等相关专业本科和专科学生作为教材使用，同时还可以作为化工类相关专业研究生、工程技术人员的参考资料。

全书由西北工业大学苏力宏主编，并负责编写第1~10章，张军平参与编写第3，10

章，孙乐参与编写第2章，万彩霞，李璇等多届学习化学反应工程课程的共50余名研究生和本科生亦参与全书的资料收集工作，其中王赣萍等负责校对了数学公式，西安交通大学医学院的王勇帮助整理了第7章部分生化资料。

由于水平有限，书中难免存在错误和疏漏之处，恳请读者批评指正。

编　者

2015年2月

目　录

第1章 绪 论

1.1 化学反应工程的研究目的

化学反应工程学是一门研究工业化学反应的工程学科。化学反应工程学的研究主要包含两个目的：一是对已经在实验室中制成的化学产品，如何实现将其在工业反应器的大规模制备，设计研发制造化工新产品或采用新工艺的反应器；二是对于已建成化工厂的反应器的现有工艺进行改造，达到生产效率最高化，实现资源、能量消耗最少化，环境影响最小化，生产安全舒适化。化学反应工程学的理论和技术实践经验，指导并服务于工业规模反应器的制造和化工工程的设计等多个领域，应用遍及化学化工、石油化学、生物化学、医药、冶金、轻工及环境保护等众多工业部门。纵观当代科技，众所周知的半导体制备技术中广泛采用的化学气相沉积法，纳米材料的多种化学反应法工业化制备，生物医药和生物工程产品的产业化，这些化学反应工程都将起到重要的技术支撑作用，也使得这一学科未来发展前景更为广阔。

1.2 化学反应工程的研究内容

无论是化学工业还是矿冶、石油炼制、轻工、生化、新材料制造和能源加工等工业过程，均需采用化学方法将原料加工成为有用的产品，生产过程包括如图1-1所示组成部分。

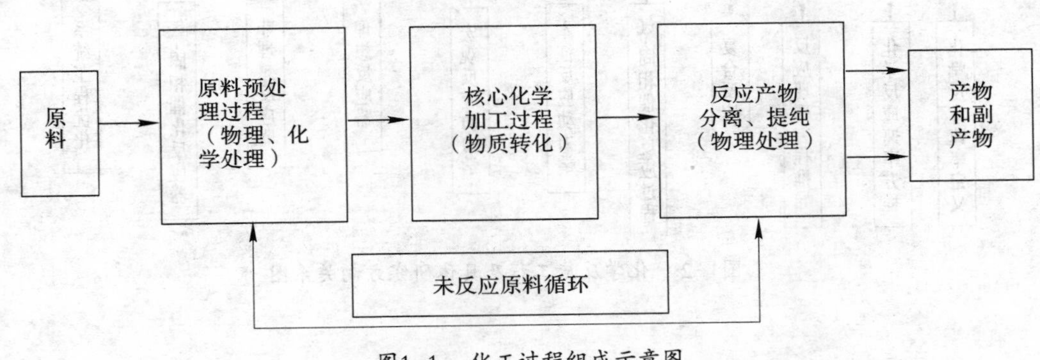

图1-1 化工过程组成示意图

原料预处理和产物分离提纯两部分属于单元操作的研究范围；而化学加工过程部分的反应器是化学反应工程的主要研究对象，是生产过程的核心。

无论在自然界还是实际生产过程中，都存在各种各样的化学反应，化学反应过程不仅包含化学现象，同时也包含物理现象，即传递过程。传递过程包括动量、质量和热量传递，具体指：①流体流动和不均匀混合过程的动量传输；②反应物料混合过程的传质过程；③不同物料体系之间的热量传递；再加上化学反应过程，这就是通常化工工程研究所说的“三传一反”核心内容。物理现象和化学现象同时发生，相互影响、相互渗透。从分子化学本质上说，物理过程不会改变化学反应动力学过程机理，但是流体流动、传质和传热过程会影响实际反应器内的温度和浓度在时间、空间上的分布，使其形成有温度和浓度梯度的不均匀体系，最终影响反应的结果。正是这两者结合产生的新问题，引申出化学反应工程所要研究的重要理论内容，并且人们用这些理论发展而来的技术知识指导了近代化工工业开发和实际操作。

化学反应工程的传统研究内容包括化学反应动力学，流体混合与返混，催化剂外部和内部的传热和传质，多相之间和内外的传递过程，反应器的稳定性和参数的敏感性，随着计算机在化工应用的普及，研究内容延伸到反应器的自动控制和优化等领域。

传统化学反应工程包含多个具体研究方向，图1–2概括了化学反应工程的研究内容和各理论分支的关系。

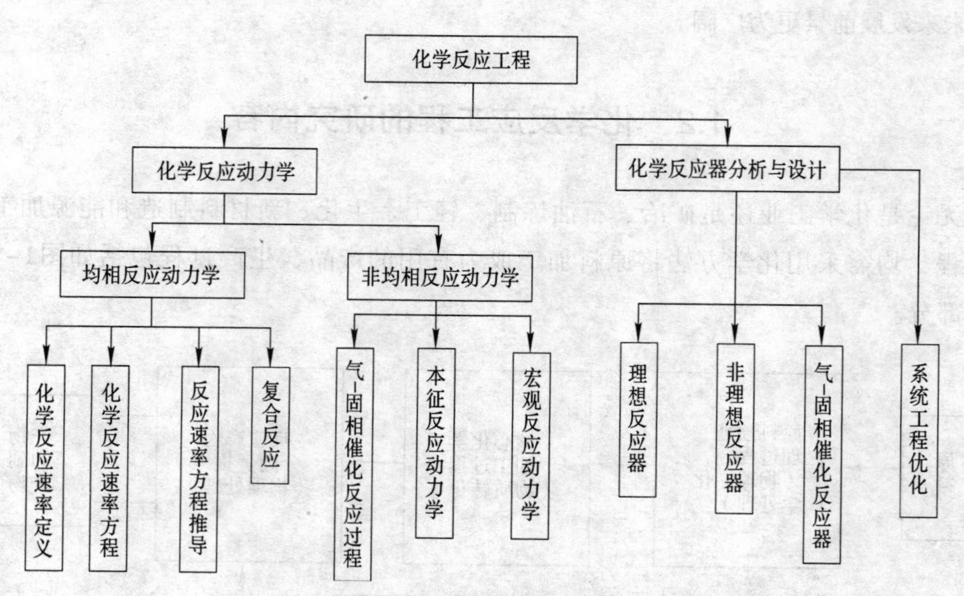

图1–2　化学反应工程及具体研究方向关系图

1.3　化学反应工程学科发展

化学反应工程是建立在数学、物理及化学等基础学科上，而又有自己特点的应用学科，是化学工程学科的组成部分，它与众多学科是相辅相成的关系。

图1–3所示为化学反应工程与多个学科存在研究范围交叉、研究内容互相渗透、研究结果相互因果这种相互促进的关系。化学反应工程是在这些学科基础上，将其他学科所研究的共性基础问题综合应用到工程领域，研究由于不同学科渗透和交叉产生的问题，从完整工程体系角度对其系统性优化研究，因此，化学反应工程知识显示出高度综合性和广泛基础性的特点。

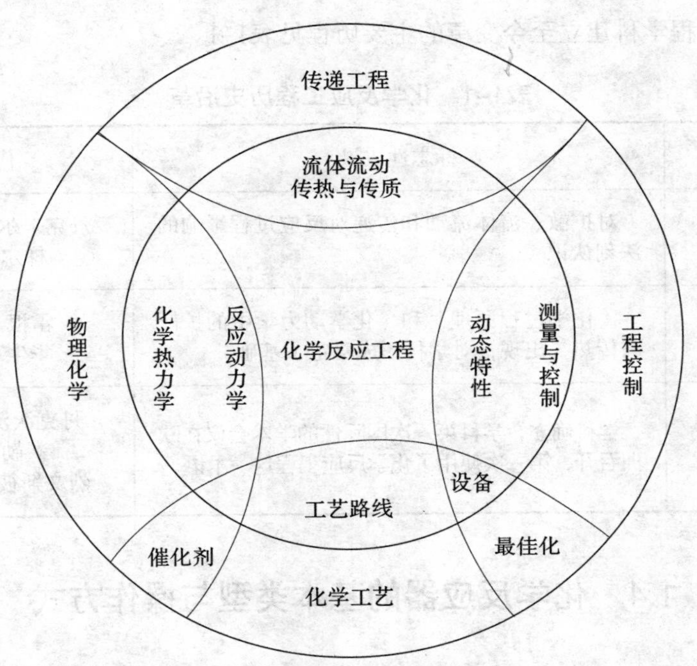

图1–3　化学反应工程与其他学科关系图

虽然人类从远古时代就已经使用金属冶炼、陶器制造、造纸和酿造等化学反应造福于自身的生活，但都是孤立的化工工艺过程，只能称之为一种技艺而达不到工程科学的水平。将化学反应技艺上升为化学反应工程理论，是由于随着近代化工工业的发展，人们将积累的化工工业经验上升到理论阶段而自然形成的。其中20世纪40—50年代最有代表性的几个重要产品类型的开发研究工作：流化床催化裂化——汽油（化石燃料动力）；筛板塔——精馏和吸收单元操作；丁苯橡胶乳液聚合——轮胎（聚合物工业制备），曼哈顿计划——原子弹（气体扩散提炼浓缩铀U_{235}和U_{238}，传质基础研究）等，分别对于化学反应工程的发展起到了奠基作用。

1957年，欧洲几个国家的学者，在荷兰阿姆斯特丹召开的学术会议上首次使用了化学反应工程这一术语，并阐明了这一学科分支的内容与作用，至此化学反应工程学科初步形成，并处于持续发展壮大阶段。随着石油化工的迅速发展，生产规模日趋大型化，以及原材料的加工不断向纵向发展，提出一系列的新课题，加速了这一学科的发展。电子计算机性能的提升，使许多化学反应工程问题有了定量数值解，较好解决了复杂的反应器设计与控制的问题，是这一学科当代发展的最显著特点，化学反应工程的理论与方法已日臻完善与丰富。到了21世纪，生化反应工程和纳米材料等高技术产品的发展与应用，向化学反应工程工作者提出了新的工业化产品课题，也使化学反应工程形成新的分支，如生化反应工程、聚合反应工程、纳米材料制造工程、绿色化工和电化学反应工程等，化学反应工程的研究进入一个新的阶段。

化学反应工程学科建立至今变革的主要历程见表1–1。

表1–1　化学反应工程历史沿革

时间	标志性成果	代表人物
20世纪30年代（萌芽阶段）	对扩散、流体流动和传递对反应过程影响的深刻认识	丹克来尔（Damhohler） 梯尔（Thiele）
20世纪40年代（系统化）	《化学过程原理》和《化学动力学中的扩散与传热》出现，对学科形成奠定了基础	霍根（Hougen） 华生（Waston）
20世纪50年代（学科确立）	学科确立，学科第一次国际性的学术会议在欧洲召开，第一次使用了化学反应工程这一术语	丹克沃茨（Dankwerts) 泰勒（Taylor） 烈文斯彼尔 (Levenspiel)

1.4　化学反应器的基本类型与操作方式

化学反应器是化学反应工程的主要研究对象，对化学反应器的分类方法很多，常见的有以下五种：

（1）按反应系统涉及的相态分类，分为：①均相反应，包括气相均相反应和液相均相反应；②非均相反应，包括气–固相，气–液相，液–固相，气–液–固相反应等。

（2）按传热条件分类，分为：①等温反应器，整个反应器维持恒温，这对传热要求很高；②绝热反应器，反应器与外界没有热量交换，全部反应热使物料升温或降温；③非等温、非绝热反应器，与外界有热量交换，但不等温。

（3）按流体流动状态分类，分为：①理想流动反应器，这是一种理想化的流动反应器，是研究的基础反应器；②非理想流动反应器，实际反应器中流体流动都属于这类反应器。

（4）化学反应器按操作方式分类，分为：①间歇操作，是指一批物料投入反应器后，经过一定时间的反应，然后再取出的操作方式。适于批量小、多品种、反应工序复杂的单位价值高的产品。医药工业为代表，还包括很多新兴半导体材料行业；②连续式操作，即反应物料连续地通过反应器的操作方式。批量大、品种单一、自动化程度高、效率高。基础石化产品、矿山和火炸药等生产；③半连续式操作，这是指反应器的物料，有一些是分批地加入或取出，而另一些则是连续地通过的操作方式。适于介于上述两者产量之间，有特殊性要求的系列化产品。

（5）按反应器形式来分类，分为：①管式反应器，一般长径比大于30；②槽式反应器，一般高径比为1~3；③塔式反应器，一般高径比在3 ~ 30之间。

各种工业常用类型塔式反应器示意图如图1–4所示。

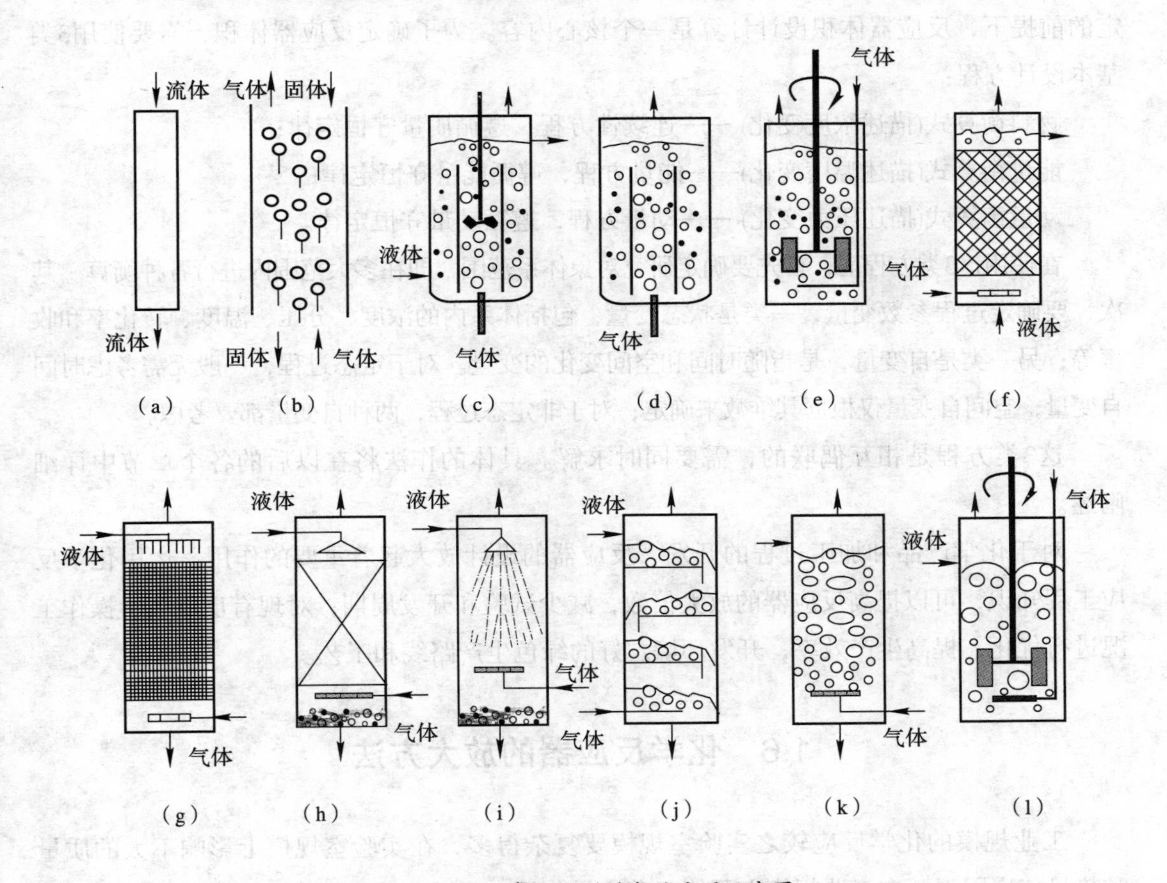

图1–4 工业常用类型塔式反应器示意图

(a) 管式反应器　(b) 移动床反应器　(c) 机械搅拌浆态床反应器
(d)循环式浆态反应器　(e)半连续浆态床反应器　(f)固定床鼓泡床反应器
(g) 滴流床反应器　(h) 规整填料塔反应器　(i) 喷雾塔式反应器
(j) 板式塔反应器　(k) 鼓泡塔反应器　(l)气液搅拌釜式反应器

1.5 化学反应器设计的基本方程

反应器设计的基本内容一般包括：

（1）选择合适的反应型式；

（2）确定最佳操作条件；

（3）根据操作负荷和规定的转化程度，确定反应器的体积和尺寸。

上述三方面是相互联系的，要进行反复权衡比较，一般根据经济效益和社会效益综合最大化原则来确定。

要完成上述任务，必须获得定量判断和优化的设计数据，在反应型式和操作方式已定的前提下，反应器体积设计计算是一个核心内容。为了确定反应器体积，需要使用3类基本设计方程：

物料衡算式(描述浓度变化) ——连续性方程，遵循质量守恒定律；

能量衡算式(描述温度变化)——能量方程，遵循能量守恒定律；

动量衡算式(描述压力变化) ——动量方程，遵循动量守恒定律。

在使用这3类方程前，首先要确定研究对象体系范围，即在多大范围内进行各种衡算。其次，要确定过程参数变量，一类是状态变量，包括体系内的浓度、分压、温度、转化率和收率等；另一类是自变量，是指随时间和空间变化的变量。对于定态过程，一般无需考虑时间自变量，空间自变量仅根据其维数来确定；对于非定态过程，两种自变量都要考虑。

这3类方程是相互偶联的，需要同时求解。具体的作法将在以后的各个章节中详细阐述。

对于化学产品和加工过程的开发、反应器的设计放大起着重要的作用。运用化学反应工程知识，可以提高反应器的放大倍数，减少试验和开发周期；对现有反应装置操作工况进行优化，提高生产效率；开发环境友好的绿色生产路线和工艺。

1.6 化学反应器的放大方法

工业规模的化学反应较之实验室规模要复杂得多，在实验室规模上影响不大的质量和热量传递因素，在工业规模上可能起着主导作用。在工业反应器中既有化学过程，又有物理过程。化学过程与物理过程相互影响，相互渗透，有可能导致工业反应器内的反应结果与实验室获得的结果大相径庭。

工业反应器中对反应结果产生影响的主要物理过程是：①由物料的不均匀混合和停留时间不同引起的传质过程；②由化学反应的热效应产生的传热过程；③多相催化反应中在催化剂微孔内的扩散与传热过程。这些物理过程与化学反应过程同时发生。

物理过程不会改变化学反应过程的动力学规律，流体流动、传质、传热过程会影响实际反应器内温度和参与反应的各组分浓度在时间、空间上的分布，这在规模越大的反应器中影响越为显著，最终影响到反应的结果。因此反应器放大理论的研究显得尤为必要，而这些理论将指导工业反应过程的开发，即选择适宜的反应器结构、型式、操作方式和工艺条件。

在造船、筑坝等很多工程领域上相似理论和因次分析为基准的相似放大法是非常有效的，但相似放大法在化学反应器放大方面则无能为力，主要原因是无法同时保持物理和化学相似。

目前使用的化学反应器放大法有逐级经验放大法（主要靠经验）、解析法、数学模型放大法。

1.6.1 逐级经验放大法

一般逐级经验放大法主要按照几何尺寸近似放大，其放大步骤研究包括：

（1）通过小试确定反应器型式；

（2）通过小试确定工艺条件；

（3）通过中试考察几何尺寸的影响。

逐级经验放大法缺点主要有：逐级经验放大法效果差、效率低，对放大中出现的问题束手无策，只好都认定是放大效应。这是因为这种方法着眼于外部联系，不研究反应器内部规律；着眼于综合研究，不试图进行过程分解，分不清影响因素的主次；受硬件设备条件限制，人为规定了决策程序；放大过程是外推的，这在方法论上是不科学的。

逐级经验放大法优点主要有：尽管逐级经验放大法有上述不足，但由于其立足于经验，不需要理解过程的本质、机理或内在规律，对于一些复杂的反应，在难以用其他方法时，逐级经验放大法不失为一可用的开发方法。

1.6.2 解析法

在对化学反应过程有了深刻的理解，能够整理出各种参数之间函数关系方程，同时该方程借助现代数学知识可以定量求解获得结果，此时可以采用解析法来解决此工程问题。因此，解析法是解决反应工程问题最科学也是最准确、最好的方法。但由于实际过程极为复杂，难以用精确的定量函数关系予以描述，迄今还没有一个化学反应过程是可以完全用解析法求得结果的。这也限制了它在工程领域的应用。

1.6.3 数学模型法

数学模型法属于半经验、半理论的研究方法。先研究反应规律；再建立简化模型；

模型通过计算——现代主要依靠计算机——得出模拟结果；结果试验验证；修正模型，然后重复上述工作，直至获得与试验结果符合或接近的结果，是化工中最为重要的方法。

1. 建立简化物理模型

对复杂客观实体，在深入了解机理基础上，进行合理简化，设想一个物理过程（模型）代替实际过程。简化必须合理，即简化模型必须反映客观实体，便于数学描述和适用。

2. 建立数学模型

依照物理模型和相关的已知原理，写出描述物理模型的数学方程及其初始和边界条件。

3. 用模型方程的解讨论客体的特性规律

利用数学模型解决化学反应工程问题基本步骤：

（1）实验室研究化学反应规律；

（2）小型实验研究物理过程对反应的影响规律；

（3）大型冷模实验研究传递过程规律；

（4）利用计算机或其他手段综合反应规律和传递规律，预测大型反应器性能，寻找优化条件；

（5）热模实验检验数学模型的等效性。

采用逐级放大法费时费力，但采用数学模型放大法时，往往由于缺乏对过程的深刻认识而失败。目前实际的反应器放大介于两者之间，既有数学模型放大法的理论分析，又加入经验处理方法。可以预测，随着人们对反应过程基本规律的认识不断加深，数学模型放大法将逐步取代现有的经验和半经验方法，成为反应器放大法的主流。

1.7 化学反应工程课程的学习方法

与任何学科领域一样，化学反应工程作为一门工程学科，其理论体系，首先是以建立各种变量之间严格定量关系为基点的。但化工反应过程的非线性性质是反应工程中表现得非常突出的一个问题。这主要是由于反应动力学体系的复杂性，反应速率与温度之间存在十分复杂的非线性关系，人类至今未能从机理上完全掌握；还有物料的流动流体力学也有很多基本理论问题没有解决，导致很多过程的非线性性质，不但不能外推，甚至连内插都可能会有问题。人们几乎用尽了非线性分析中最有效的方法于化学反应工程，部分结果令人赞叹不已，但还不能满足实际工业需要，因此实验研究和工业经验也是学习的必不可少的内容。理论联系实际是基本的学习研究准则。

最后再次指出化学反应工程的设计应以经济效益和社会效益最大为前提；对过程进

行投入产出分析，建立经济效益计算式，也是化学反应工程学习和研究中指导性指标，这是商品经济社会对于化学反应工程学习提出的本质要求，所有化学反应工程研究结果是最终服务于这一要求的；但忽视社会效益而盲目地追求经济效益的设计也不可取，化学产品的生产，首要的社会效益问题是生产过程中产生的有害物质和噪声等对环境的污染，化学反应工程设计过程应追求实现与自然界和谐友好的循环产业化过程，要使排放的有害物质浓度完全符合排放标准，所产生的噪声降低到允许的程度。另外，反应器的安全操作也是一个十分重要的问题，设计者要考虑各种防火和防爆的先进操作方式。总之，实际化学反应工程的研究设计，所要考虑的问题必须是由全面权衡各个方面的优劣来确定，这是学习中始终要具有的工程研究的宏观理念。

介绍内容

农药野燕枯的开发举例

实验室研究合成工艺六年时间(1971—1976)，工业化放大十二年(1978—1989)，投入生产，产生效益每年达3 000万元以上，是我国化工开发较成功的著名农药产品。这也说明，实际一个化工产品的开发研究，化学工程开发可能耗费时间和金钱是远远超过其化学实验过程的。这也是研究化学反应工程具有重大工业价值的重要意义之所在。

第2章　化工反应动力学基础

化学反应工程中研究反应动力学，主要研究确定反应器中化学反应的温度、压力、催化剂等外部因素对反应速率的影响。通过对化学动力学的研究，确定反应动力学方程，可以知道反应器设计和操作中，如何控制反应条件，提高主反应的速率，增加产品产量，抑制副反应的速率，减少原料损耗，提高产品质量和生产效率。同时为定量分析和设计计算工业反应器提供必需的理论依据和基础数据。

2.1　基本概念

2.1.1　化学反应式

反应物经化学反应生成产物的过程，用定量关系式予以描述时，该定量关系式称为化学反应式：

$$aA+bB+\cdots \longrightarrow rR+sS=\cdots \tag{2-1}$$

$$a_A A+a_B B+\cdots \longrightarrow a_R R+a_S S+\cdots=0 \tag{2-2}$$

$$\sum a_I I=0 \tag{2-3}$$

（1）化学反应计量式（化学反应计量方程）是一个方程式，允许按方程式的运算规则进行运算，如将各项移至等号的同一侧。

（2）化学反应计量式只表示参与化学反应的各组分之间的计量关系，与反应历程及反应可以进行的程度无关。

（3）化学反应计量式不得含有除1以外的任何公因子。具体写法依习惯而定，但通常将关键组分（关注的、价值较高的组分）的计量系数写为1。

（4）引入“反应程度ξ”来描述反应进行的程度，有

$$\xi=\frac{n_1-n_{10}}{\alpha_1}=\cdots\cdots=\frac{n_i-n_{i0}}{\alpha_i}=\frac{n_k-n_{k0}}{\alpha_k} \tag{2-4}$$

（5）不论哪一个组分，其反应程度均是一致的，且恒为正值。

（6）如果在一个反应体系中同时进行数个反应，各个反应各自有自己的反应程度，

则任一反应组分i的反应量应等于各个反应所作贡献的代数和，即

$$n_i - n_{i0} = \sum_{j=1}^{M} \alpha_{ij}\xi_j \qquad (2\text{-}5)$$

其中，M为化学反应数，α_{ij}为第j个反应中组分i的化学计量系数，n_{i0}为反应物或产物起始物质量，n_i为反应物或产物的反应发生后的物质量。

反应进行到某时刻，体系中各组分的摩尔数与反应程度的关系为

$$n_i = n_{i0} + \alpha_i\xi \qquad (2\text{-}6)$$

反应速率要以重要的或者价值高的组分作为主要计算基准，一般默认R组分。R必须是反应物，它在原料中的量，按照化学计量方程计算应当尽可能的完全反应掉（与化学平衡无关），即其转化率的最大值应当可以达到或接近100%，如果体系中有多于一个组分满足上述要求，通常选取重点关注的、经济价值相对更高的组分定义转化率。例如：杀虫剂DDT(二氯二苯三氯乙烷)是由氯苯和三氯乙醛在发烟硫酸存在下形成的，即

$$2C_6H_5Cl+CCl_3CHO \longrightarrow (C_6H_4Cl)_2CHCCl_3+H_2O$$

三氯乙醛价值要高一些，因此三氯乙醛作为R组分，其反应速率$-r_A$的数值被定义为单位时间单位体积三氯乙醛反应(消失)的摩尔数[mol/(m^3 · s)]。产物DDT的生成速率r_j和另一个组分(如氯苯)的消失速率$(-r_i)$也可以反映此过程进行速率。

2.1.2　转化率

反应物关键组分的反应进行完全程度是一个重要的工业技术指标，对其采用转化率作为定量评价参数。

定义式：

$$\chi=\frac{\text{某一反应物的转化量}}{\text{该反应物的起始量}}=\frac{n_{A0}-n_A}{n_{A0}} \qquad (2\text{-}7)$$

（1）转化率是针对反应物而言的。

（2）如果反应物不只一种，根据不同反应物计算，所得的转化率数值可能是不一样的，按哪种反应物来计算转化率都是可以的。

（3）通常选择不过量或价值最高的反应物来计算转化率。这样的组分称为关键组分。

（4）关键组分计算的转化率，最大值为100%。

（5）计算起始状态的选择。

间歇反应器则以反应开始时的状态为起始状态，对于连续反应器，一般以反应器进口处原料的状态作为起始状态。当数个反应器串联使用时，往往以进入第一个反应器的原

料组成作为计算基准。

（6）单程转化率和全程转化率：由于化学平衡的限制或其他原因，一些反应过程原料通过反应器后的转化率很低，为了提高原料利用率，降低产品成本，将反应器出口物料中的产物分离出来，余下的原料物料再次循环送回反应器入口处，与新鲜原料一起进入反应器再反应，然后再分离、再循环等等，属于有循环物料的反应系统，图2–1所示为煤制甲醇中由一氧化碳和氢合成甲醇过程。对于这种工业反应系统，有两种含义不同的转化率。

单程转化率：是指新鲜原料一次通过反应器所达到的转化率，可以理解为以反应器进口物料为基准的单次反应转化率。

全程转化率：是指从新鲜原料进入反应系统起到离开系统止所达到的转化率，可以理解为以新鲜原料为基准计算的转化率。全程转化率必定大于单程转化率，因为原料的循环利用提高了反应物的转化率。

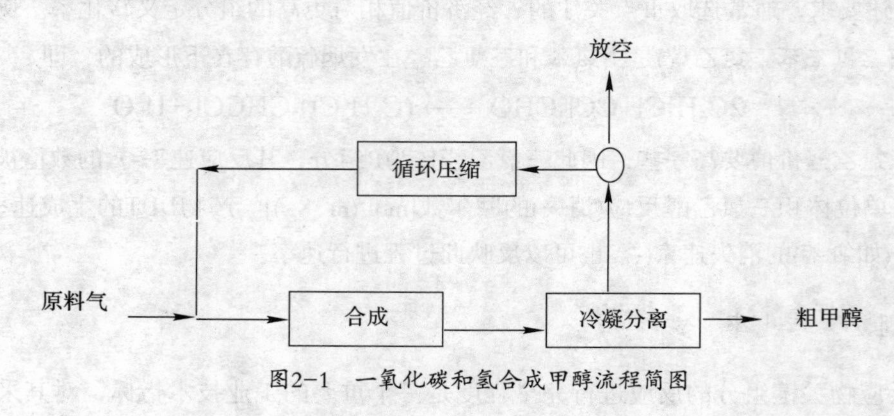

图2–1　一氧化碳和氢合成甲醇流程简图

2.1.3　收率和选择性

收率评价反应目的产物产出效率。收率定义：

$$Y_R=\left|\frac{v_A}{v_R}\right|\frac{\text{反应物的生产量}}{\text{关键组分的起始量}}=\left|\frac{v_A}{v_R}\right|\frac{n_A-n_{A0}}{n_{A0}}=\frac{\text{生成反应产物所消耗的关键组分量}}{\text{关键组分的起始量}} \tag{2–8}$$

选择性用于评价有副反应发生的复合反应过程中，关键组分转化为目的产物的效率，选择性定义为

$$S=\frac{\text{生成目的产物所消耗的关键组分量}}{\text{已转化的关键组分量}} \tag{2–9}$$

转化率、收率和选择性三者的关系（对同一产物）为

$$Y=S\chi \tag{2-10}$$

注意：

（1）对于单一反应$Y=\chi$；（关键组分，无论用哪种产物计算结果均是如此）

（2）对于复合反应$Y\neq\chi$；

（3）收率也有单程和全程之分；（循环物料系统）

（4）无论是收率还是选择性，还有其他的定义；（结果不一样，但说明同样的问题）

（5）转化率χ只能说明总的结果，即共消耗了多少反应物；

（6）选择性S说明反应了的反应物中生成目的产物的比例；

（7）收率Y说明在反应过程中，生成目的产物占投入反应物的比例。转化率和收率是评价反应器的直接指标。

实际工业中还引入瞬时选择性来评价反应过程，其定义为

$$S_P=\frac{\text{生成目的产物所消耗的关键组分速率}}{\text{已转化的关键组分速率}} \tag{2-11}$$

它反映反应过程动态的选择性。

例2-1　反应$C_2H_2+HCl \longrightarrow CH_2=CHCl$由于乙炔价格高于氯化氢，通常使用的原料混合气中HCl是过量的，设其过量10%。若反应器出口气体中氯乙烯含量为90%（mol），试分别计算乙炔的转化率和氯化氢的转化率。

解　以进入反应器的乙炔1mol为基准，设反应掉的乙炔为χmol，则

组　分	反应器进口	反应器出口
C_2H_2	1	$1-\chi$
HCl	1+0.1	$1.1-\chi$
$CH_2=CHCl$	0	χ
总计	2.1	$2.1-\chi$

由于反应器出口氯乙烯的含量为90%，故有

$$\frac{\chi}{2.1-\chi}=0.9$$

解方程得，χ=0.994 7mol

乙炔的转化率为

$$\chi_{C_2H_2}=\frac{0.994\,7}{1}=0.994\,7 \quad \text{或} \quad 99.47\%$$

氯化氢的反应量和乙炔相同，故氯化氢的转化率为

$$\chi_{HCl}=\frac{0.9947}{1.1}=0.9043 \quad 或 \quad 90.43\%$$

2.2 反应动力学方程

2.2.1 化学反应速率

反应速率方程的一般数学表达式为

$$r_i=k_c f(c_i) \tag{2-12}$$

式中，k_c为反应速率常数。它是反应本质和温度的函数，是反应的能量因素，其大小决定了反应进行的难易程度。$f(c_i)$为浓度函数。它是反应的推动力因素。

反应速率定义为单位反应体积内反应程度随时间的变化率为

$$r=\frac{1}{V}\frac{d\xi}{dt}\ (mol \cdot m^{-3} \cdot s^{-1}) \tag{2-13}$$

还可以等效定义为单位反应体积内反应物质的量随时间的变化率为

$$r=\frac{1}{V}\frac{dn_R}{dt}\ (mol \cdot m^{-3} \cdot s^{-1}) \tag{2-14}$$

式中，n_R为反应体系内反应物R的摩尔数；V为反应物料体积；t为时间。

常用的还有以反应体系中各个组分分别定义的反应速率。若反应过程中物料容积变化不大，即接近恒容时，反应速率为

$$r_i=\pm\frac{dc_i}{dt} \tag{2-15}$$

式中，对反应物，取“–”，而对产物，取“+”。

对于固相催化反应，工业上反应体积V可以为催化剂堆积体积，还可以以催化剂质量作为计算基准等多种形式描述反应速率表达式。反应速率是衡量反应动力学过程效率的直接参数。

定量描述反应速率与影响反应速率因素之间的函数式称为反应动力学方程。反应动力学研究化学反应的速率机理，以及浓度、温度、催化剂等因素对反应速率的影响规律。反应速率和选择性是化学反应体系的两个重要的动力学特征。速率决定反应器的尺寸，选

择性则决定产品的原料单耗。对于简单反应不存在选择性问题；对于复杂反应，由选择性决定的原料单耗在经济上的重要性通常远大于反应器的设备投资。但由于选择性取决于主副反应速率的相对大小，因此选择性问题归根到底仍是一个速率问题。

2.2.2　质量作用定理

反应动力学方程根据质量作用定理，按照反应机理推导得到。质量作用定律是指一定温度下，对某一基元反应，其反应速率与各反应物浓度(以化学方程式中该物质的计量数为指数)的乘积成正比。反应机理表示一个反应是由哪些基元反应组成或从反应物形成产物的具体过程，又称反应历程。

基元反应的反应速率遵循质量作用定律，即根据化学计量关系，就可以写出反应速率方程为

$$r_i = k_c c_A^a c_B^b \tag{2-16}$$

根据反应机理推导速率方程时，假定：

（1）反应依次由一系列基元反应组成，基元反应遵循质量作用定理；

（2）某些基元反应远慢于其他基元反应，成为速率控制步骤，其反应速率即为整个过程的速率，而其他基元反应速率处于“拟平衡态”；

（3）各个基元反应速率相同或接近，可以认为过程每个反应处于“拟定态近似”。

例如：H_2与I_2生成HI的气相反应，经研究证实是分3步进行的：

① $I_2+M \longrightarrow 2I^-+M$

② $2I^-+M \longrightarrow I_2+M$

③ $2I^-+H_2 \longrightarrow 2HI$

总结果为：$H_2+I_2=2HI$

反应①~③为基元反应。生成HI的气相反应是由3个基元反应所构成的总反应。可以依据质量作用定律按照①~③基元反应分别写出3个基元反应速率方程，采用“速率控制步骤”和“拟定态近似”的方法，简化合并参数和变量，而得到最终HI的气相反应的反应动力学表观动力学方程。化学反应动力学方程有多种形式，一般分为幂函数型和双曲线型。

在反应体系未达到定态前，各步骤速率不相等，此时速率最慢的步骤即为“速率控制步骤”；也可以理解为若各步骤孤立运行，不受其他步骤制约，此时最慢步骤就是“速率控制步骤”。达到定态后，快速接近平衡的步骤速率随时间变化不大，可以假设除了速率控制步骤外的其余反应步骤近似按照已达到平衡来处理，也就是说，过程达到定态时，中间化合物浓度可近似认为不随时间而变化，这样可以将过程变量减少，这一处理方法称为“拟定态近似”。

“速率控制步骤”和“拟定态近似”是一个非常有效的解决问题的近似方法，其他类型反应动力学方程问题也可以通过这一方式简化解决。速率控制步骤不是一成不变的，随着过程进行和条件改变，在反应前期和后期具体控制步骤也可能发生变化。

2.2.3 温度对于反应速率的影响

化学反应动力学方程有多种形式，对于均相反应，方程多数可以写为（或可以近似写为，至少在一定浓度范围之内可以写为）幂函数形式，反应速率与反应物浓度的某一方次呈正比。大量实验表明，均相反应的速率是反应物系组成、温度和压力的函数。而反应压力通常可通过状态方程由反应物系的组成和温度来确定，不是独立变量。所以主要考虑反应物系的组成和温度对反应速率的影响。

阿伦尼乌斯关系为

$$k_c=k_{c0}e^{-\frac{E}{RT}} \tag{2-17}$$

式中k_{c0}为指前因子，又称频率因子，与温度无关，具有和反应速率常数相同的因次。

E指活化能，单位为$J\cdot mol^{-1}$，从化学反应工程的角度看，活化能反映了反应速率对温度变化的敏感程度。如图2-2所示，对于k取自然对数，然后作图，通过测定不同温度反应速率常数k，作图来确定反应活化能或者反之确定反应速率常数k。

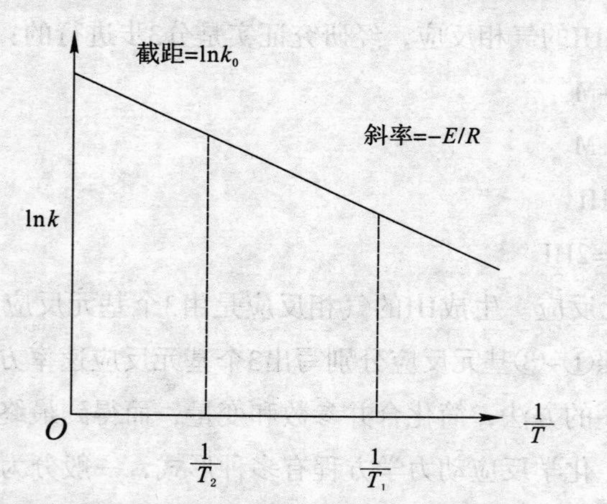

图2-2 阿伦尼乌斯方程线性化作图确定参数

对于体系中只进行一个不可逆反应的过程，则

$$aA+bB \longrightarrow rR+sS \tag{2-18}$$

$$-r_A=k_c c_A^m c_B^n \ (mol\cdot m^{-3}\cdot s^{-1}) \tag{2-19}$$

式中，c_A，c_B分别为A，B组分的浓度$mol\cdot m^{-3}$。

k_c为以浓度表示的反应速率常数，随反应级数的不同有不同的因次。k_c是温度的函数，在一般工业精度上，符合阿伦尼乌斯关系。

m，n分别为A，B组分的反应级数，$m+n$为此反应的总级数。

如果反应级数与反应组分的化学计量系数相同，即$m=a$并且$n=b$，此反应可能是基元反应。基元反应的总级数一般为1或2，极个别为3，没有大于3级的基元反应。对于非基元反应，m，n多数为实验测得的经验值，可以是整数，小数，甚至是负数。

例2-2　某种人体内酶催化反应E_a=50kJ/mol，求从正常体温37℃发烧到40℃时，仅从反应速率理论上考虑，此酶催化反应速率应增大多少倍?

解　温度T换算为开尔文温度

$$\ln\frac{k_{313}}{k_{310}}=\frac{E_a(T_2-T_1)}{RT_2T_1}=\frac{50\times(313-310)\times10^3}{8.314\times313\times310}=0.186$$

$$\frac{k_{313}}{k_{310}}=1.20$$

反应速率理论上应增加20%。实际上，酶的催化反应具有很严格的生理生化条件，高温会使酶部分失活，但温度对反应速率影响非常显著。

2.2.4　常见反应动力学方程特征

反应体系的化学动力学特征一般是很复杂的，通常需进行专门设计实验来确定，建立相应的动力学特征模型。在此我们给出常见等温恒容简单反应动力学方程的特征。

一级等温恒容反应是工业上常见的一种反应。许多有机化合物的热分解和分子重排反应都属于一级反应。催化剂对反应的影响，有使1/2和3/2级反应级数接近于1的趋势，化工工业催化剂的应用非常普遍，所以一级反应研究也因此显得更为重要。一级等温恒容反应达到一定转化率所需时间与反应物初始浓度无关。反应动力学方程为

$$r_A=-\frac{1}{V}\frac{dn_A}{dt}=-\frac{dc_A}{dt} \tag{2-20}$$

$$kt=\ln\frac{1}{1-\chi_A}\quad 或\quad \chi_A=1-e^{-kt} \tag{2-21}$$

一级恒容反应的反应速率与参数关系曲线如图2-3所示。

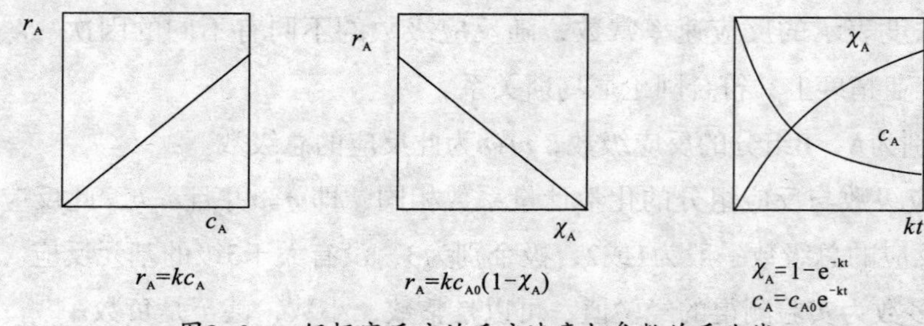

图2-3　一级恒容反应的反应速率与参数关系曲线

二级反应等温恒容反应动力学方程为

$$r_A = kc_A^2 \quad 或 \quad r_A = kc_{A0}^2(1-\chi_A)^2 \tag{2-22}$$

二级恒容反应的反应速率与参数关系曲线如图2-4所示。

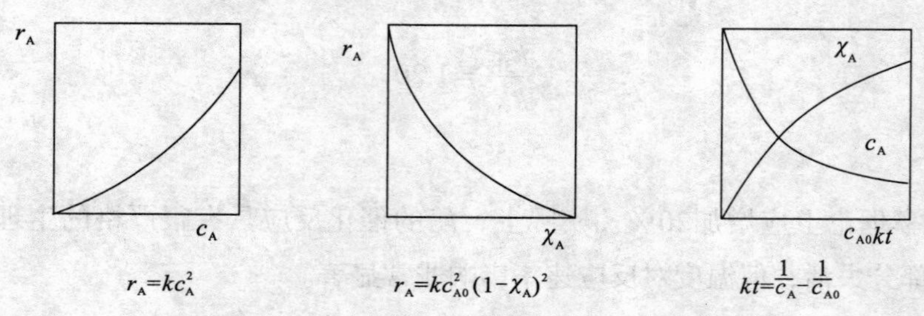

图2-4　二级恒容反应的反应速率与参数关系曲线

等温恒容反应速率方程及积分见表2-1。

表2-1　等温恒容反应速率方程及积分式

反　应	速率方程	速率方程积分式
$A \longrightarrow P$（零级）	$-\frac{dc_A}{dt}=k$	$kt=c_{A0}-c_A=c_{A0}\chi_A$
$A \longrightarrow P$（一级）	$-\frac{dc_A}{dt}=kc_A$	$kt=\ln\left(\frac{c_{A0}}{c_A}\right)=\ln\left(\frac{1}{1-\chi_A}\right)$
$2A \longrightarrow P$（二级） $A+B \longrightarrow P$ （$c_{A0}=c_{B0}$）	$-\frac{dc_A}{dt}=kc_A^2$	$kt=\frac{1}{c_A}-\frac{1}{c_{A0}}=\frac{1}{c_{A0}}\left(\frac{\chi_A}{1-\chi_A}\right)$
$A+B \longrightarrow P$（二级） （$c_{A0}\neq c_{B0}$）	$-\frac{dc_A}{dt}=kc_Ac_B$	$kt=\frac{1}{c_{B0}-c_{A0}}\ln\frac{c_Bc_{A0}}{c_Bc_{A0}}=\frac{1}{c_{B0}-c_{A0}}\ln\frac{1-\chi_B}{1-\chi_A}$

续表

反 应	速率方程	速率方程积分式
$A \longrightarrow P$（n级）	$-\dfrac{dc_A}{dt}=kc_A^n$	$kt=\dfrac{1}{n-1}\left(c_A^{1-n}-c_{A0}^{1-n}\right)=\dfrac{1}{c_{A0}^{n-1}(n-1)}\left[\left(1-\chi_A\right)^{1-n}-1\right]$

2.2.5 变容反应

变容条件下，必须考虑反应体系总体积的变化，速率方程要加上体积校正因子。必须引入膨胀因子和膨胀率的概念。

（1）膨胀因子：定义为

$$\delta_A=\frac{\sum\alpha_I}{(-\alpha_A)} \tag{2-23}$$

式中，δ_A称为组分A的膨胀因子。它的物理意义：关键组分A消耗1mol，引起整个物系摩尔数的变化量。当$\delta_A>0$时，是摩尔数增加的反应；$\delta_A=0$时，是等分子反应；$\delta_A<0$是摩尔数减少的反应。

（2）膨胀率：表征变容程度的另一个参数。它仅适用于物系体积随转化率变化呈线性关系的情况，即

$$V=V_0\left(1+\varepsilon_A\chi_A\right) \tag{2-24}$$

式中，ε_A为以组分A为基准的膨胀率，其物理意义为反应物A全部转化后系统体积的变化分率，表示为

$$\varepsilon_A=\frac{V_{\chi_A=1}-V_{\chi_A=0}}{V_{\chi_A=0}} \tag{2-25}$$

等温、等压条件下，由于化学反应体系总摩尔数发生变化，系统体积由V_0变成V，其与摩尔数关系为

$$V=V_0\frac{n_t}{n_{t0}} \tag{2-26}$$

由于

$$n_t=n_{t0}+n_{A0}\chi_A\delta_A \tag{2-27}$$

则
$$V=V_0\frac{(n_{t0}+n_{A0}\chi_A\delta_A)}{n_{t0}}=V_0(1+y_{A0}\delta_A\chi_A) \quad (2-28)$$

其中y_{A0}为反应系统中A组分起始摩尔分数。

将式（2-24）与式（2-28）比较，则

$$\varepsilon_A=y_{A0}\delta_A \quad (2-29)$$

式（2-29）说明膨胀率表征变容过程时，不仅涉及反应的计量关系，还涉及系统中A组分起始的摩尔分数。变容反应速率方程形式见表2-2。

表2-2　变容反应速率方程及积分式

反应级数	速率方程	积分式
零级反应	$(-r_A)=k$	$kt=\frac{c_{A0}}{y_{A0}\delta_A}\ln(1+\varepsilon_A\chi_A)$
一级反应	$(-r_A)=kc_A$	$kt=-\ln(1-\chi_A)$
二级反应	$(-r_A)=kc_A^2$	$c_{A0}kt=\frac{(1+\varepsilon_A)\chi_A}{1-\chi_A}+\varepsilon_A\ln(1-\chi_A)$

2.3　复合反应动力学

反应物体系中同时进行若干个化学反应时，称为复合反应，在工业生产中反应体系多属此类。由于存在多个化学反应同时发生，物系中一个组分既可能只参与其中一个反应，也可能同时参与若干个（甚至全部）反应的情况。复合反应主要类型有可逆反应、平行反应、连串反应、自催化反应和这些反应类型交织在一起形成的反应网络。每个反应都可以写出单独的化学计量方程，但是其中个别可以由其他反应的化学计量方程的线性计算组合得到，这些方程在化学计量学上不是独立的方程。

2.3.1　可逆反应

工业应用中，有大量的反应是可逆反应，可能的最大转化率不是1而是平衡转化率χ_e。正、逆反应的反应速率均随温度的升高而增加，由于正、逆反应的活化能不同，反应

速率升高的程度不同，最后的总反应速率有可能增加也有可能降低。

（1）温度恒定时，随关键组分转化率χ_A的增加，正反应速率$k_1f(\chi_A)$将随之下降；逆反应速率$k_2g(\chi_A)$将随之上升；总反应速率$(-r_A)=a_1k_1f(\chi_A)-a_2k_2g(\chi_A)$将随之下降。

（2）温度对反应速率的影响：在一定转化率下，可逆吸热反应的速率总是随着温度的升高而增加。可逆放热反应，在低温下，反应速率将随反应温度的升高而增加；在高温下，反应速率将随反应温度的升高而降低（见图2–5）；因此，在某个反应温度下，反应速率将达到最大值，即有一个极大值点（见图2–6），而达到某一温度，总反应速率将为零。

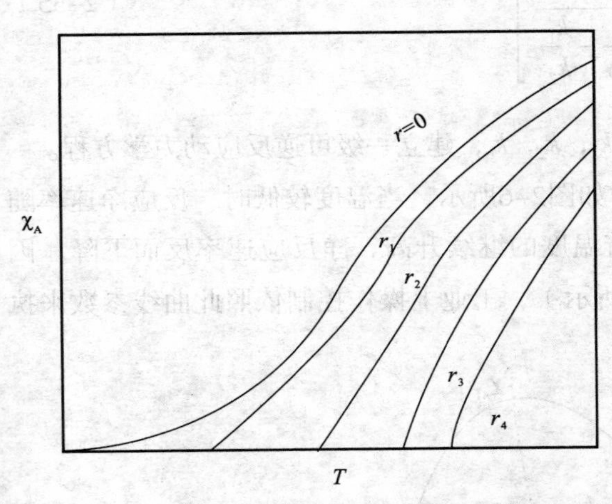

图2–5　可逆放热反应的总速率随温度的变化曲线

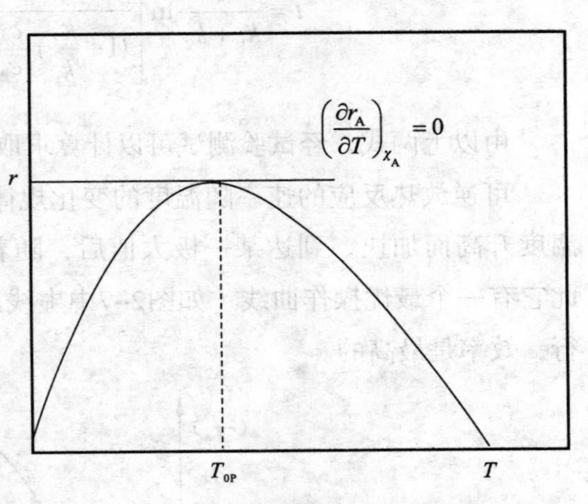

图2–6　可逆放热反应的速率随温度的变化曲线

以正、逆反应均为一级的情况为例，计量方程为

$$A \underset{k_2}{\overset{k_1}{\rightleftarrows}} P \tag{2-30}$$

在恒容下，其反应速率方程为

$$(-r_A)=-\frac{dc_A}{dt}=k_1c_A-k_2c_P=k_1c_A-k_2(c_{A0}-c_A) \tag{2-31}$$

设$c_{p0}=0$，$K=k_1/k_2$，积分上式，当计量系数为1，可简化为

$$\ln\frac{c_{A0}\left(\frac{K}{1+K}\right)}{c_A-c_{A0}\left(\frac{1}{1+K}\right)}=k_1\left(\frac{1}{1+K}\right)t \tag{2-32}$$

达到平衡时，有

$$c_A=c_{Ae},\quad c_P=c_{Pe}$$

$$K=c_{Pe}/c_{Ae}=(c_{A0}-c_{Ae})/c_{Ae} \tag{2-33}$$

积分结果为

$$\ln\frac{c_{A0}-c_{Ae}}{c_A-c_{Ae}}=k_1\left(1+\frac{1}{K}\right)t \tag{2-34}$$

也可表示为

$$t=\frac{1}{k_1+k_2}\ln\left[\frac{1}{(1+\frac{k_2}{k_1})\frac{c_A}{c_{A0}}-\frac{k_1}{k_2}}\right] \tag{2-35}$$

由以上两式，经试验测试可以计算求取k_1，k_2，k_e，建立一级可逆反应动力学方程。

可逆放热反应的速率随温度的变化规律如图2-6所示，当温度较低时，反应净速率随温度升高而加快，到达某一极大值后，随着温度的继续升高，净反应速率反而下降。因此它有一个最优操作曲线（如图2-7中虚线所示），工业上操作控制依照此曲线参数来执行，效率是最高的。

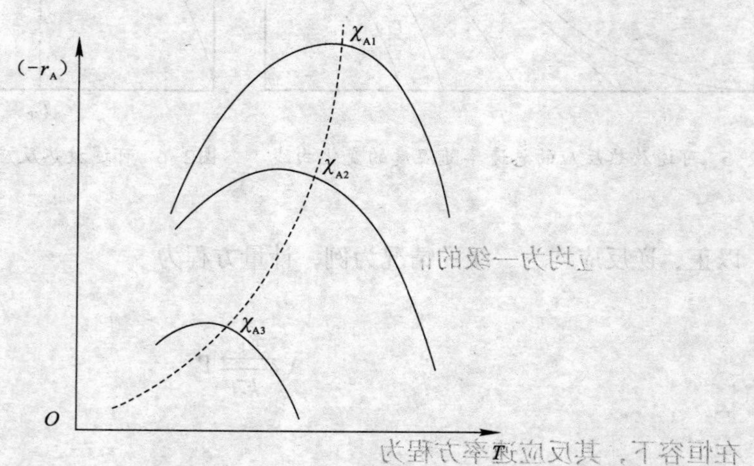

图2-7 可逆放热反应的速率随温度的变化最优操作曲线

一般来说，可逆反应速率随转化率增加而降低。可逆吸热反应速率随温度增加而加快；可逆放热反应应依照最佳温度曲线来操作，来保证反应速率相对于平衡态速率而处于最大。

2.3.2 平行反应

平行反应是一种典型的复合反应，流动状况不但影响其所需反应器大小，而且还影响反应产物的分布，实际生产中甲苯生成邻、对、间位二甲苯就属于平行反应。平行反应可以分为两类：并列反应和竞争反应。

（1）并列反应：反应系统中各个反应的反应组分各不相同，同时进行多个反应，有

$$\left.\begin{array}{l}A\rightarrow P\\B\rightarrow Q\end{array}\right\}\tag{2-36}$$

各个反应速率方程都可按单一反应来处理。任一反应的反应速率不受其他反应的反应组分浓度的影响。有些多相催化反应因为有扩散因素则会有影响；对于非等分子反应的变容过程，由于体积的变化会引起组分浓度的变化，则一个反应进行的速率会影响另一个的反应速率，此两类情况下，需要考虑过程对主反应组分浓度变化影响。

（2）竞争反应：反应物能同时进行两个或两个以上的平行反应，也称竞争反应。一般情况下，在平行反应生成的多个产物中，只有一个是需要的目的产物，而其余为不希望产生的副产物。在工业生产上，总是希望在一定反应器和工艺条件下，能够获得所期望的目的产物最大量，副产物量尽可能少。优化的主要技术指标是目的产物的选择性。考虑下列等温、恒容一级基元反应为

主反应：$A\rightarrow P$（目的产物）

副反应：$A\rightarrow S$（副产物）　（2-37）

动力学特征：

$$(-r_A)=-\frac{dc_A}{dt}=k_1c_A+k_2c_A\tag{2-38}$$

$$r_P=\frac{dc_P}{dt}=k_1c_A\tag{2-39}$$

$$r_S=\frac{dc_S}{dt}=k_2c_A\tag{2-40}$$

通常是用瞬时选择性来评价主副反应速率的相对大小。如上述反应，A的转化速率为

$$(-r_A)=k_1c_A^m+k_2c_A^n\tag{2-41}$$

则瞬时选择性可表示成

$$S_P=\frac{k_1c_A^m}{k_1c_A^m+k_2c_A^n}=\frac{1}{1+\dfrac{k_2}{k_1}c_A^{\,n-m}}\tag{2-42}$$

从上式我们可以分析浓度和温度对瞬时选择性有下述影响。

（1）温度一定时浓度的影响：k为常数，反应物浓度c_A改变时，瞬时选择性的变化与

主副反应的反应级数有关：

$m=n$时，$S_P=\dfrac{k_1}{k_1+|\alpha_A|k_2}$，与浓度无关，仅为反应温度的函数；

$m>n$时，反应物浓度提高则瞬时选择性增加，高浓度操作有利；

$m<n$时，反应物浓度降低则瞬时选择性增加，低浓度操作有利。

（2）温度的影响：k符合阿伦尼乌斯方程，则有

$$S_P=\frac{1}{1+\dfrac{k_2}{k_1}\exp\left(\dfrac{E_1-E_2}{RT}\right)c_A^{n-m}} \tag{2-43}$$

由式（2-43）可见，温度对瞬时选择性的影响取决于主副反应活化能的相对大小，$E_1>E_2$时，温度越高，反应的瞬时选择性越大，高温有利；$E_1<E_2$时，温度越低，反应的瞬时选择性越大，低温有利。

反应物A的消耗速率如图2-8所示。

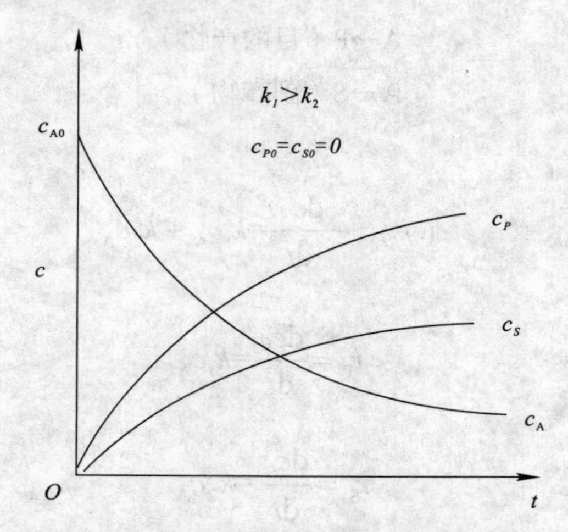

图2-8　平行反应的体系组成随时间的变化曲线

一级平行反应动力学方程为

$$-\frac{dc_A}{dt}=k_1c_A+k_2c_A\Rightarrow \ln\frac{c_{A0}}{c_A}=(k_1+k_2)t \tag{2-44}$$

$$\frac{\dfrac{dc_P}{dt}=k_1c_A}{\dfrac{dc_s}{dt}=k_2c_A}\Rightarrow\frac{dc_P}{dc_S}=\frac{k_1}{k_2}\Rightarrow\frac{c_P-c_{P0}}{c_S-c_{S0}}=\frac{k_1}{k_2} \tag{2-45}$$

由以上两式作图，得到两条直线如图2-9所示。

联立可求得k_1，k_2，代回原公式，即可求得一级平行反应的动力学方程。

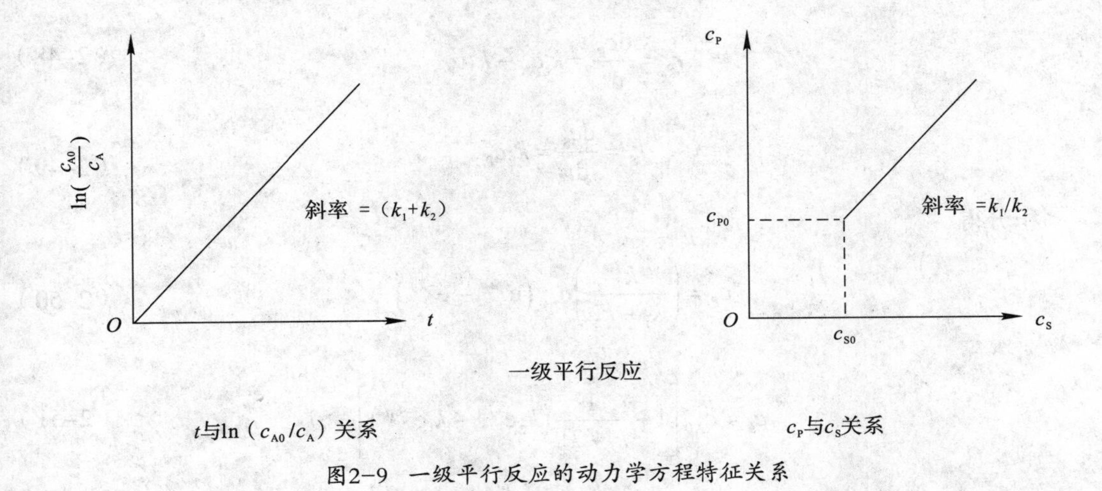

图2-9　一级平行反应的动力学方程特征关系

2.3.3　连串反应

连串反应是指反应产物能进一步反应成其他副产物的过程。如苯烷基化生成一甲苯、二甲苯、三甲苯，目的产物为二甲苯时的情况。作为讨论的例子，考虑下面最简单形式的连串反应(等温、恒容下的基元反应)。

在该反应过程中，目的产物为P，若目的产物为S，则该反应过程可视为非基元的简单反应：

$$A \xrightarrow{k_1} P \xrightarrow{k_2} S \tag{2-46}$$

图2-10所示为中间产物P浓度随着反应时间进行有最大值，这是连串反应的最显著特征。

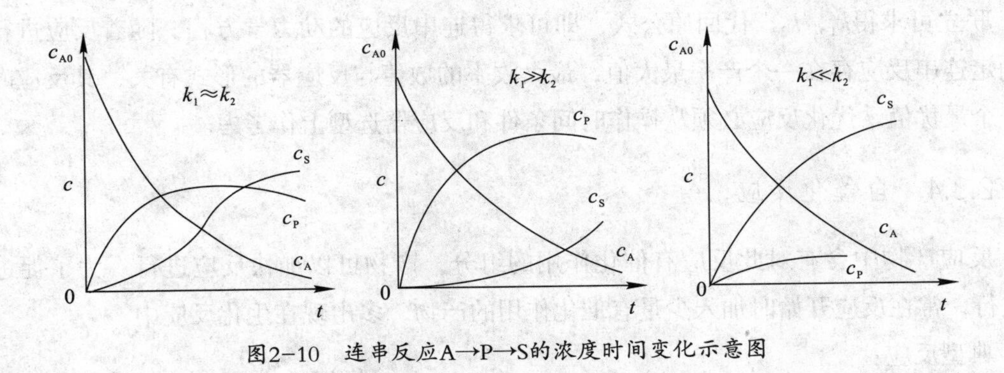

图2-10　连串反应A→P→S的浓度时间变化示意图

动力学方程（一级反应）为

$$-r_A = -\frac{dc_A}{dt} = k_1 c_A \tag{2-47}$$

$$r_P = \frac{dc_P}{dt} = k_1 c_A - k_2 c_P \tag{2-48}$$

$$r_S = \frac{dc_S}{dt} = k_2 c_P \tag{2-49}$$

积分得

$$c_P = \left(\frac{k_1}{k_1 - k_2}\right) c_{A0} \left(e^{-k_2 t} - e^{-k_1 t}\right) \tag{2-50}$$

$$c_s = c_{A0} \left[1 + \frac{1}{k_1 - k_2}\left(k_2 e^{-k_1 t} - k_1 e^{-k_2 t}\right)\right] \tag{2-51}$$

目的产物P的最大值及其位置，可通过求微分极值，则有

$$\frac{dc_P}{dt} = 0 = \frac{d\left[\left(\frac{k_1}{k_1 - k_2}\right) c_{A0} \left(e^{-k_2 t} - e^{-k_1 t}\right)\right]}{dt} \tag{2-52}$$

可得

$$t_{opt} = \frac{\ln\left(\frac{k_2}{k_1}\right)}{k_2 - k_1} \tag{2-53}$$

$$c_{P\max} = c_{A0} \left(\frac{k_1}{k_2}\right)^{\frac{k_2}{k_2 - k_1}} \tag{2-54}$$

联立可求得k_1，k_2，代回原公式，即可求得连串反应的动力学方程。随着反应进行，可确定连串反应存在一个产率最大值，最大收率的数值与反应器的形式有关，其反应时间有一个最优值。优化反应必须从操作时间条件和反应器选型上作考虑。

2.3.4 自催化反应

反应产物中含有对此反应有催化作用的组分，产物可以加快反应进行。为了促进反应进行，常在反应开始时加入少量有催化作用的产物，多出现在生化反应中。

典型反应：

$$\left.\begin{array}{l} A \xrightarrow{k_1} P \\ A + P \xrightarrow{k_2} P + P \end{array}\right\} \tag{2-55}$$

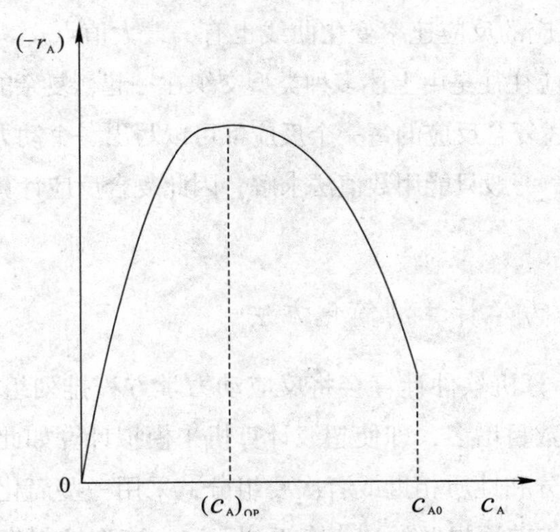

图2-11 自催化反应反应动力学变化曲线

反应起始时，只有A，没有P，第二个反应无法进行，一但体系中有了P，反应速率大大加快，直到A的减少使反应速率下降，如图2-11所示。

动力学特性：

$$(-r_{A1})=k_1c_A \tag{2-56}$$

$$(-r_{A2})=k_2c_Ac_P \tag{2-57}$$

总反应速率：

$$(-r_A)=(-r_{A1})+(-r_{A2})=k_1c_A+k_2c_Ac_P \tag{2-58}$$

由于是等摩尔反应：

$$c_{A0}+c_{P0}=c_A+c_P \tag{2-59}$$

于是，$c_P=c_{A0}+c_{P0}-c_A$代入总反应速率式得：

$$(-r_A)=-\frac{dc_A}{dt}=k_1c_A+k_2c_A(c_{A0}+c_{P0}-c_A) \tag{2-60}$$

对上式积分，得

$$k_2(c_{A0}+c_{P0})\mathrm{t}=\ln\frac{c_{A0}}{c_A}+\ln\frac{k_1+k_2(c_{A0}+c_{P0}-c_A)}{k_1+k_2c_{P0}} \tag{2-61}$$

以上式作图得一条直线，斜率为k（$c_{A0}+c_{P0}$），由此得到k。

若用速率方程对浓度c_A求导，可获得反应速率最大时A的浓度$(c_A)_{0P}$：

$$\frac{\partial(-r_A)}{\partial c_A}=0 \tag{2-62}$$

$$(c_A)_{0P}=\frac{k_1+k_2(c_{A0}+c_{P0})}{2k_2} \tag{2-63}$$

也就是说，自催化反应的反应速率变化曲线也有一最大值点。

工业中实际的化学反应往往是由上述多种类型交织在一起，复杂的反应系统构成一个网络，称之为反应网络。上述复合反应的每一个反应都可以写出一个动力学方程，每个动力学微分方程联立后是耦联的，一般只能用数值法求解，因此复合反应计算过程计算机的帮助是必不可少的。

2.3.5 复杂反应动力学计算的简化方法

当今化工研究中，计算机软件计算会将反应动力学方程排列组合为矩阵以利于计算机数学处理。但随着反应数目增多，即使超级计算机来模拟计算如此复杂的网络也变得困难，工程上对于低价值组分和性质相近或者次要组分，采用一些简化的方法来减少参数和计算工作量。常用的主要有前面提及的“定态近似”和“速率控制步骤”方法。

“定态近似”是指复杂反应体系中的某些中间组分，在达到定态反应时，其浓度变化随时间不变或者变化很小，可以近似认为其为常量；换个说法，即达到定态时，串联反应各步骤速率相等。这样假设处理，可以减少方程变量，而实现简化动力学方程的计算目的。

“速率控制步骤”是指针对多个可逆反应步骤，达到平衡速度有快有慢，最快达到平衡态的步骤达到定态，其速率近似为常量，而速度最慢的步骤此时决定了整个体系的反应速度，此时只要计算这一最慢步骤反应速率方程，即可近似认为其是整个体系的动力学方程。需要注意的是，“速率控制步骤”在反应体系中，不是一成不变的，对应所有步骤等速过程也可能不存在；在过程中也会存在随时间变化，具体控制步骤而不同，前期是这一步骤，后期会是另外的步骤。

“定态近似”和“速率控制步骤”方法，使得动力学方程建立推导得以简化，对于多组分复杂体系，各组分可互相合并成虚拟组分的形式，来简化变量，并建立模型软件计算，现已有成熟的系统软件专门处理此类问题。

2.4 多相催化本征反应动力学

按照统计，90%以上的化学反应在工业上实现，都依赖于催化剂，而且大多采用多相的固体催化剂来加速反应，而其本征反应实际是在催化剂表面进行的，因而研究催化剂的吸附和脱附具有十分重要意义。吸附和脱附理论是建立催化本征反应动力学方程的理论基础。

2.4.1 多相催化作用和机理

催化剂能够改变反应的速率而不改变该反应的标准Gibbs自由焓变化。这种作用称为催化作用。催化剂可以是气态物质（如氧化氮）、液态物质（如酸、碱、盐溶液）或固态物质（如金属、金属氧化物），还有胶态固化催化剂（如生物体内的酶）。催化剂可以是单一化合物，更多的是络合化合物或混合物。催化剂有选择性，不同的反应所用的催化剂有所不同。由于催化剂在化工工业中处于越来越重要的核心技术位置，我们首先对其性质和制备予以介绍。

工业中主要使用固体催化剂。固体催化剂一般由主催化剂、载体和助催化剂组成。固体催化剂绝大多数为颗粒状，规则的或不规则的，其直径大至十多毫米，小至数十微米，近年来已经有几十纳米或者纳米尺度的催化剂问世，根据具体的反应和反应器而定。主催化剂和助催化剂均匀分布在载体上。

常用的主催化剂是金属和金属氧化物。对催化剂的作用机理还没有完全弄清楚，一般认为催化剂本身和反应物一起参加了化学反应，改变了反应历程，降低了反应活化能。催化反应是由于吸附作用，吸附作用仅能在催化剂表面最活泼的区域(叫作活性中心)进行。活性中心的区域越大或越多，催化剂的活性就越强。反应物里如有杂质，可能使催化剂的活性减弱或失去，这种现象叫作催化剂的中毒。由于反应是在表面上进行，通常要求单位体积的载体具有较大的表面积。

常用载体有：SiO_2，Al_2O_3、玻璃纤维网（布）、空心陶瓷球、海砂、层状石墨、空心玻璃珠、石英玻璃管（片）、普通（导电）玻璃片、有机玻璃、光导纤维、天然黏土、泡沫塑料、树脂、木屑、膨胀珍珠岩、活性炭等。载体多是多孔的，比表面积大就意味着载体的孔半径小，从而增大了扩散阻力。除了增大表面积外，载体还起到改善催化剂物理性能的作用，如提高催化剂机械强度，改善催化剂的导热性能，提高抗毒能力，等等，由于纳米材料有比一般材料大得多的比表面积，这使得其在未来主催化剂和载体发展中起着越来越关键的作用。

助催化剂在催化剂中的含量一般很少。其作用主要是提高催化剂的催化活性、选择性和稳定性。助催化剂可分为两大类：一类是结构性的；另一类是调变性的。前者的作用在于增大活性表面，防止烧结和提高催化剂的结构稳定性。调变性助催化剂的作用是改变主催化剂的化学组成或者活性，以此达到提高寿命的目的。

制造催化剂的方法有机械混合法、沉淀法、浸渍法、喷雾蒸干法、热熔融法、浸溶法（沥滤法）、离子交换法等，近十年来发展的新方法有化学键合法、纤维化法、超声分散、微乳液法等离子体加工等。

机械混合法将两种以上的物质加入混合设备内混合。此法简单易行，例如转化-吸收型脱硫剂的制造，是将活性组分（如二氧化锰、氧化锌、碳酸锌）与少量黏结剂(如氧化镁、氧化钙)的粉料计量连续加入一个可调节转速和倾斜度的转盘中，同时喷入计量的水。粉料滚动混合黏结，形成均匀直径的球体，此球体再经干燥、焙烧即为成品。

沉淀法用于制造要求分散度高并含有一种或多种金属氧化物的催化剂。在制造多组分催化剂时，适宜的沉淀条件对于保证产物组成的均匀性和制造优质催化剂非常重要。通常的方法是在一种或多种金属盐溶液中加入沉淀剂（如碳酸钠、氢氧化钙），经沉淀、洗涤、过滤、干燥、成型、焙烧(或活化)，即得最终产品。如果在沉淀桶内放入不溶物质（如硅藻土），使金属氧化物或碳酸盐附着在此不溶物质上沉淀，则称为附着沉淀法。

浸渍法将具有高孔隙率的载体（如硅藻土、氧化铝、活性炭等）浸入含有一种或多种金属离子的溶液中，保持一定的温度，溶液进入载体的孔隙中。将载体沥干，经干燥、煅烧，载体内表面上即附着一层所需的固态金属氧化物或其盐类。浸渍法可使催化活性组分高度分散，并均匀分布在载体表面上，在催化过程中得到充分利用。制备含贵金属（如铂、金、锇、铱等）的催化剂常用此法。

喷雾蒸干法用于制颗粒直径为数十微米至数百微米的流化床用催化剂。如间二甲苯流化床氨化氧化制间二甲腈催化剂的制造，先将给定浓度和体积的偏钒酸盐和铬盐水溶液充分混合，再与定量新制的硅凝胶混合，泵入喷雾干燥器内，经喷头雾化后，水分在热气流作用下蒸干，物料形成微球催化剂，从喷雾干燥器底部连续引出。

热熔融法是制备某些催化剂的特殊方法，适用于少数不得不经过熔炼过程的催化剂，为的是借助高温条件将各个组分熔炼成为均匀分布的混合物，配合必要的后续加工，可制得性能优异的催化剂。这类催化剂常有高的强度、活性、热稳定性和很长的使用寿命。主要用于制造氨合成所用的铁催化剂。将精选磁铁矿与有关的原料在高温下熔融、冷却、破碎、筛分，然后在反应器中还原。

浸溶法是从多组分体系中，用适当的液态药剂（或水）抽去部分物质，制成具有多孔结构的催化剂。例如骨架镍催化剂的制造，将定量的镍和铝在电炉内熔融，熔料冷却后成为合金。将合金破碎成小颗粒，用氢氧化钠水溶液浸泡，大部分铝被溶出（生成偏铝酸钠），即形成多孔的高活性骨架镍。

离子交换法：某些晶体物质（如合成沸石分子筛）的金属阳离子（如Na）可与其他阳离子交换。将其投入含有其他金属（如稀土族元素和某些贵金属）离子的溶液中，在控制的浓度、温度、pH条件下，使其他金属离子与Na进行交换。由于离子交换反应发生在交换剂表面，可使贵金属铂、钯等以原子状态分散在有限的交换基团上，从而得到充分利用。此法常用于制备裂化催化剂，如稀土分子筛催化剂。

化学键合法：近年来此法大量用于制造聚合催化剂。其目的是使均相催化剂固态化。能与过渡金属络合物化学键合的载体，表面有某些官能团(或经化学处理后接上官能团)，如—X，—CH_2X，—OH基团。将这类载体与膦、胂或胺反应，使之膦化、胂化或胺化，然后利用表面上磷、砷或氮原子的孤电子对与过渡金属络合物中心金属离子进行配位络合，即可制得化学键合的固相催化剂，如丙烯本体液相聚合用的载体——齐格勒-纳塔催化剂的制造。

纤维化法：用于含贵金属的载体催化剂的制造。如将硼硅酸盐拉制成玻璃纤维丝，用浓盐酸溶液腐蚀，变成多孔玻璃纤维载体，再用氯铂酸溶液浸渍，使其载以铂组分。根据使用情况，将纤维催化剂压制成各种形状和所需的紧密程度，如用于汽车排气氧化的催化剂，可压紧在一个短的圆管内。如果不是氧化过程，也可用碳纤维。纤维催化剂的制造工艺较复杂，成本高。

催化剂的作用机理可分3类：①离子型反应机理。可从广义的酸、碱概念来理解催化剂的作用，所用的催化剂多数为酸、碱、盐类，如氧化铝，硅酸铝等。多数为非过渡元素的化合物，具有催化裂化、异构化、烷基化、水合、脱水等反应的功能。②自由基型反应机理。催化剂与反应物间因氧化–还原作用而使后者活化，在反应过程中涉及催化剂元素的价态变化，所用催化剂的材质多数为金属、金属氧化物、金属硫化物，如镍、铂、氧化钒、氧化铬、硫化钼等。它们多数是过渡元素及其化合物，具有催化加氢、脱氢、氧化等反应的功能。③络合反应机理。化工工业的未来发展，越来越依靠催化剂技术，而了解催化剂制造工艺为后续多相催化反应动力学打下基础。

催化剂与反应物发生配位作用而使后者活化，所用的催化剂称络合催化剂。但这些机理的实现过程都离不开吸附和脱附过程。

2.4.2　催化剂吸附和脱附

吸附是多相催化反应过程必须经历的步骤。它分为物理吸附和化学吸附，具体特点见表2–3。

表2–3　物理吸附和化学吸附比较

吸附性能	物理吸附	化学吸附
作用力	分子引力（范德华力）	剩余化学键力
选择性	没有选择性	有选择性
吸附层	单分子或多分子吸附层	只能形成单分子吸附层
吸附热	较小，<41.9kJ/mol	较大，相当于化学反应热83.7~418.7kJ/mol
吸附速度	快，几乎不要活化能	较慢，需要活化能
温度	放热过程，低温有利于吸附	温度升高，吸附速度增加
可逆性	可逆，较易解吸	化学键大时，吸附不可逆

总之，物理吸附是指流体中被吸附物质分子与固体吸附剂表面分子间的作用力为分子间吸引力，即“范德华力”所造成的；在吸附剂表面能形成有数个吸附质分子的

厚度(多分子)或单分子的一个吸附层；其吸附速度很快，相应的平衡一般在瞬间即可达到；吸附过程类似气体凝聚的物理过程，放出的热量相当于气体的凝聚热。这类吸附，当气体压力降低或系统温度升高时被吸附的气体可以很容易地从固体表面逸出，而不改变气体原来的性状，这种现象称为脱附，可利用达到使吸附剂再生、回收分离吸附质的目的。

化学吸附类似于化学反应。吸附时，吸附剂表面的未饱和化学键与吸附质之间发生电子的转移及重新分布，在吸附剂的表面形成一个单分子层的表面化合物。

它的吸附热与化学反应热有同样的数量级。化学吸附具有选择性，它仅发生在吸附剂表面某些活化中心，且吸附速度较慢。因要发生一个化学反应必须先有一个高的活化能，故化学吸附又称活化吸附。这种吸附往往是不可逆的，要很高的温度才能把吸附分子逐出，且所释放出的气体往往已发生化学变化，不复呈原有的性状。为了提高化学吸附的速度，常常采用升高温度的办法。化学吸附相当于吸附剂表面分子与吸附质分子发生了化学反应，在红外、紫外-可见光谱中会出现新的特征吸收带。

影响气-固界面吸附的主要因素有：温度、压力以及吸附剂和吸附质的性质。吸附过程往往既有物理吸附也有化学吸附。对同一吸附剂在较低温度下，吸附某一种气体组分可能是进行物理吸附，而在较高温度下，所进行的吸附都是化学吸附。

吸附平衡是了解吸附过程的最基础的信息。吸附等温线的实验测量结果不仅可以定量描述吸附质/吸附剂体系的特性，而且可以反映吸附剂的表面性质和吸附的机理。为此人们建立了理想吸附模型，其中简单且最常用的理想吸附模型是Langmuir吸附等温方程，其基本假定：

（1）催化剂表面活性中心的分布是均匀的；

（2）吸附、脱附活化能与表面覆盖率无关；

（3）每个活性中心只能吸附一个分子；

（4）吸附的分子之间互不影响。

基于以上假定，对

$$A+\sigma \underset{k_2}{\overset{k_1}{\rightleftharpoons}} A\sigma \tag{2-64}$$

吸附速率为

$$r_a = k_a p_A \theta_V \tag{2-65}$$

脱附速率为

$$r_d = k_d \theta_A \tag{2-66}$$

表观速率为

$$r = r_a - r_d = k_a p_A \theta_V - k_d \theta_A = k_a p_A (1-\theta_A) - k_d \theta_A \tag{2-67}$$

吸附带到平衡时，有 $r=0$

$$k_a p_A(1-\theta_A)=k_d\theta_A \tag{2-68}$$

令

$$K_A=k_a/k_d \tag{2-69}$$

为吸附平衡常数，其中$\theta_A+\theta_V=1$，则

$$\theta_A=\frac{K_A p_A}{1+K_A p_A} \tag{2-70}$$

称为Langmuir吸附等温方程。

Langmuir吸附等温方程描述了吸附量与被吸附蒸气压力之间的定量关系。

对于双组分A，B，同理可以推导得其吸附等温方程为

$$\theta_V=\frac{1}{1+K_A p_A+K_B p_B} \tag{2-71}$$

则有

$$\theta_A=\frac{K_A p_A}{1+K_A p_A+K_B p_B} \tag{2-72}$$

和

$$\theta_B=\frac{K_B p_B}{1+K_A p_A+K_B p_B} \tag{2-73}$$

其中$\theta_A+\theta_B+\theta_V=1$。

同理，对于多组分，任一组分可以表示其吸附等温方程为

$$\theta_I=\frac{K_I p_I}{1+\sum_{i=1}^{n}K_i p_i} \tag{2-74}$$

根据不同的吸附机理，方程可有多种型式。基于其他机理的焦姆金、弗鲁德力希吸附模型、BET多层吸附方程、Polanyi吸附势理论等经典单组分吸附等温线，来描述各类吸附平衡过程，但只具有一定的精度和有限适用范围。

2.4.3　多相催化反应动力学

基于理想吸附假定，可以得到双曲型（Hougen–Watson）动力学方程。其他还有幂函数型方程等多种型式。

基本假定：

（1）在吸附、反应、脱附 3 个过程中必有一个最慢，这个最慢的步骤被称为控制步骤，代表了本征反应速率；

（2）除控制步骤外的其他步骤均处于平衡状态；

（3）吸附和脱附都可以用Langmuir吸附模型描述。

对于一个反应过程，采用不同控制步骤的双曲线型方程作下述分析：

$$A \rightleftharpoons R \tag{2-75}$$

设想其机理步骤及各步的速率方程为

A的吸附　　$A+\sigma \rightleftharpoons A\sigma$　　$r_A=k_A p_A \theta_V - k'_A \theta_A$　　（2-76）

表面反应　　$A\sigma \rightleftharpoons R\sigma$　　$r_S=k_S \theta_A - k'_S \theta_R$　　（2-77）

R的脱附　　$R\sigma \rightleftharpoons R+\sigma$　　$r_R=k_R \theta_R - k'_R p_R \theta_V$　　（2-78）

并且

$$\theta_A+\theta_R+\theta_V=1 \tag{2-79}$$

以下我们分不同控制步骤讨论。

（1）吸附过程为控制步骤。

吸附速率表达即为力学方程的主体，有

$$r_A = k_A p_A \theta_V - k'_A \theta_A \tag{2-80}$$

表面反应达到平衡：

$$r_S = k_S \theta_A - k'_S \theta_R = 0 \tag{2-81}$$

$$\frac{k_S}{k'_S} = K_S = \frac{\theta_R}{\theta_A} \tag{2-82}$$

$$\theta_A = \frac{1}{K_S}\theta_R \tag{2-83}$$

脱附过程也达到平衡：

$$r_R = k_R \theta_R - k'_R p_R \theta_V = 0 \tag{2-84}$$

$$\frac{k'_R}{k_R} = K_R = \frac{\theta_R}{p_R \theta_V} \tag{2-85}$$

$$\theta_R = K_R p_R \theta_V \tag{2-86}$$

$$\theta_A = \frac{1}{K_S} K_R p_R \theta_V \tag{2-87}$$

代入$\theta_A+\theta_R+\theta_V=1$，可得

$$\frac{1}{K_S} K_R p_R \theta_V + K_R p_R \theta_V + \theta_V = 1 \tag{2-88}$$

则

$$\theta_V = \frac{1}{\left(\frac{1}{K_S}+1\right)K_R p_R + 1} \tag{2-89}$$

代入 $\theta_A = \frac{1}{K_S}K_R p_R \theta_V$，得

$$\theta_A = \frac{\frac{K_R}{K_S}p_R}{\left(\frac{1}{K_S}+1\right)K_R p_R + 1} \tag{2-90}$$

将 $\theta_V = \frac{1}{\left(\frac{1}{K_S}+1\right)K_R p_R + 1}$ 和 $\theta_A = \frac{\frac{K_R}{K_S}p_R}{\left(\frac{1}{K_S}+1\right)K_R p_R + 1}$ 代入吸附速率表达 $r_A = k_A p_A \theta_V - k'_A \theta_A$ 得

$$r_A = k_A p_A \frac{1}{\left(\frac{1}{K_S}+1\right)K_R p_R + 1} - k'_A \frac{\frac{K_R}{K_S}p_R}{\left(\frac{1}{K_S}+1\right)K_R p_R + 1} \tag{2-91}$$

$$r_A = k_A \frac{p_A - \frac{K_R}{K_S K_A}p_R}{\left(\frac{1}{K_S}+1\right)K_R p_R + 1} \tag{2-92}$$

其中 $K_A = \frac{k_A}{k_A'}$。

（2）表面化学反应为控制步骤。

表面反应速率表达即为动力学方程的主体，有

$$r_S = k_S \theta_A - k'_S \theta_R \tag{2-93}$$

吸附达到平衡：

$$r_A = k_A p_A \theta_V - k'_A \theta_A = 0 \tag{2-94}$$

$$\frac{k_A}{k'_A} = K_A = \frac{\theta_A}{p_A \theta_V}, \quad \theta_A = K_A p_A \theta_V \tag{2-95}$$

脱附过程也达到平衡：$r_R = k_R \theta_R - k'_R p_R \theta_V = 0$　（2-96）

$$\frac{k_R}{k'_R} = K_R = \frac{p_R\theta_V}{\theta_R}, \quad \theta_R = \frac{p_R\theta_V}{K_R} \tag{2-97}$$

代入$\theta_A + \theta_R + \theta_V = 1$

$$K_A p_A \theta_V + \frac{p_R\theta_V}{K_R} + \theta_V = 1 \tag{2-98}$$

$$\theta_V = \frac{1}{K_A p_A + \dfrac{p_R}{K_R} + 1} \tag{2-99}$$

相应的，由$\theta_A = K_A p_A \theta_V$和$\theta_R = \dfrac{p_R\theta_V}{K_R}$，得

$$\theta_A = \frac{K_A p_A}{K_A p_A + \dfrac{p_R}{K_R} + 1} \tag{2-100}$$

$$\theta_R = \frac{\dfrac{p_R}{K_R}}{K_A p_A + \dfrac{p_R}{K_R} + 1} \tag{2-101}$$

代入表面反应速率表达，有

$$r_S = k_S\theta_A - k'_S\,\theta_R = k_S \frac{K_A p_A - \dfrac{p_R}{K_S K_R}}{K_A p_A + \dfrac{p_R}{K_R} + 1} \tag{2-102}$$

（3）完全与此类似，当脱附过程为控制步骤时，脱附速率表达即为动力学方程的主体可以推导出：

$$r_R = k_R\theta_R - k'_R\, p_R\theta_V \tag{2-103}$$

$$r = r_R = k_R \frac{K_S K_A p_A - \dfrac{p_R}{K_R}}{K_A p_A(1+K_S)+1} \left(K_R = \frac{k_R}{k_R'}\right) \tag{2-104}$$

可以将多个常数合并为常数。

一般此类方程推导具体方法如下：

① 将吸附、反应、脱附各步骤写清楚；

② 依质量作用定律写出反应、吸附、解吸速率式；

③ 令所有非控制步骤达到平衡，设平衡常数；

④ 从平衡的各式中解出θ，代入到非平衡式中；

⑤ 最后的结果中，只出现非平衡式（控制步骤）的速率常数、各平衡式的平衡常数及各组分的分压，各常量或假定近似常量推导中可以合并。

（4）由理想吸附假定得到的动力学模型骨架称为Hougen-Watson型。如果存在两种活性中心，分别仅吸附A和B，此时对反应：

$$A + B \rightleftharpoons R + S \tag{2-105}$$

有

$$\left.\begin{array}{ll} A + \sigma_1 \rightleftharpoons A\sigma_1 & B + \sigma_2 \rightleftharpoons B\sigma_2 \\ A\sigma_1 + B\sigma_2 \rightleftharpoons R\sigma_1 + S\sigma_2 & \\ R\sigma_1 \rightleftharpoons R + \sigma_1 & S\sigma_2 \rightleftharpoons S + \sigma_2 \\ \text{及 } \theta_A + \theta_R + \theta_{V1} = 1 & \theta_B + \theta_S + \theta_{V2} = 1 \end{array}\right\} \tag{2-106}$$

利用与前面完全相同的技巧，可以推导出各种不同控制步骤时的动力学表达。例如当化学反应为控制步骤时，有

$$r = \frac{k_R K_A K_B p_A p_B - k'_R K_R K_S p_R p_S}{(1 + K_A p_A + K_R p_R)(1 + K_B p_B + K_S p_S)} \tag{2-107}$$

一般而言，当由动力学方程的型式判断反应历程，动力学方程的基本型式概括为

$$(-r_A) = (\text{动力学项}) \frac{(\text{推动力项})}{(\text{吸附项})^n} \tag{2-108}$$

动力学项指反应速率常数k，推动力项对可逆反应，是离平衡的远近，对不可逆反应表示反应进行程度。

吸附项是指参与控制步骤的活性中心数，以及各组分在其中所占比例。

如果出现根号项吸附项指数为分数，意味着存在解离吸附。如果吸附项中存在两个大项相乘，则有两种不同活性中心。若分母没有出现某组分的吸附项，而且出现了其他组分分压相乘的项，则可能是该组分的吸附或脱附控制。可以用来定性检验推导过程的正误。

实际理想吸附并不多见，但是由于此类模型属于多参数模型，存在很宽的可调整范围，因而其适应性和精度一般可以满足工业需求，需要指出的是，即使试验数据和速率方程规律吻合，也不一定反映了真实反应机理。催化反应动力学方程数学形式除了双曲线形，还有幂函数形式方程，两者应用过程差别不大，计算精度基本一致，幂函数因为简单实用，在计算机软件中也被广泛使用。

2.5 建立速率方程

量子化学研究通过理论计算确定化学反应的机理和速率，但这类理论计算尚不能满足工业反应过程开发和反应器设计的要求。反应动力学参数包括反应速率常数、反应级数

和平衡常数等都需要实验来确定。动力学方程的准确性依赖于这些参数测定的精度和可靠度。实验确定动力学方程参数的数据处理方法主要有两种：积分法和微分法。

2.5.1 积分法

首先根据对该反应的初步认识，先假设一个不可逆反应动力学方程，如$(-r_A)=kf'(c_A)$，经过积分运算后得到$f(c_A)=kt$的关系式。将实验中得到的t_i下的c_i的数据代$f(c_i)$函数中，得到各t_i下的$f(c_i)$数据。一级反应，以t为横坐标，$f(c_i)$为纵坐标，将t_i–$f(c_i)$数据标绘出来，如果得到过原点的直线，则表明所假设的动力学方程是可取的(即假设的级数是正确的)，其直线的斜率即为反应速率常数k。（见图2–12）否则重新假设另一动力学方程，再重复上述步骤，直到得到直线为止。为了求取活化能E，可再选若干温度，作同样的实验，得到各温度下的等温、恒容均相反应的实验数据，并据此求出相应的k值，依据阿伦尼乌斯方程来计算确定E值。

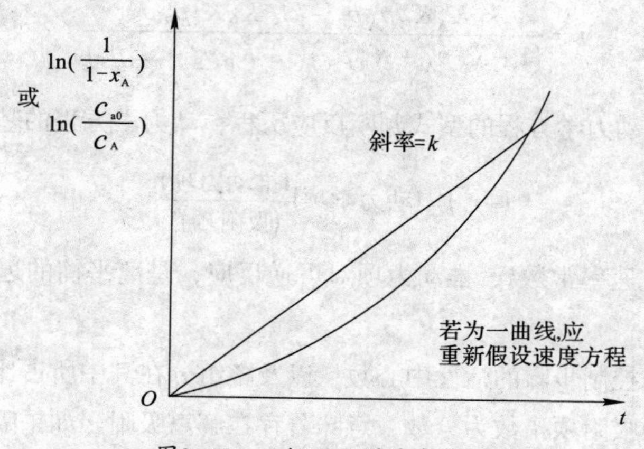

图2–12 一级不可逆反应的c–t关系

积分法不适用于非整数级数反应，对于多于两个以上的参数，试验测定困难，无法用作图法估值，只能做优化处理，简化后测定。目前有成熟计算机软件来处理此类计算问题。

例2–3 假设一反应在间歇反应器中进行，经过8min后，反应物转化掉80%，经过18min后，转化掉90%，求此反应的动力学方程式。

解 假设反应为二级反应，依据二级反应动力学计算方程（见表2–1），有

$$kt=\frac{1}{c_{A0}}\times\frac{x_A}{1-x_A}$$

$$(kc_{A0})_{8\min}=\frac{1}{8}\times\frac{0.8}{1-0.8}=\frac{1}{2}$$

$$(kc_{A0})_{18\min}=\frac{1}{18}\times\frac{0.9}{1-0.9}=\frac{1}{2}$$

假设正确，此反应动力学方程为

$$-\frac{\mathrm{d}c_A}{\mathrm{d}t}=kc_A^2$$

2.5.2　微分法

微分法是根据不同实验条件下，在间歇反应器中测得的数据c_A–t，直接进行处理得到动力学关系的方法。

在等温下实验，得到反应器中不同时间反应物浓度的数据。将这组数据以时间t为横坐标，反应物浓度c_A为纵坐标直接作图。

将图上的实验点连成光滑曲线（要求反映出动力学规律，而不必准确通过每一个点），用测量各点斜率的方法进行数值或图解微分，得到若干对不同t时刻的反应速率数据。再将不可逆反应速率方程如$-\frac{\mathrm{d}c_A}{\mathrm{d}t}$线性化，两边取对数，得

$$-\frac{\mathrm{d}c_A}{\mathrm{d}t}=kc_A^n$$

$$\ln\left(-\frac{\mathrm{d}c_A}{\mathrm{d}t}\right)=\ln k+n\ln c_A \tag{2-109}$$

其斜率为反应级数n，截距为ln$k$，以此求得n和k值。

微分法的优点在于可以得到非整数的反应级数，缺点在于图上微分时可能出现人为误差比较大，人工计算量较大。现有计算机可以实现微分和绘图计算，极大提高了其效率和精度。

2.5.3　建立速率方程的步骤

研究反应动力学主要目的是建立化学反应的速率方程。而速率方程的参数完全是由实验确定的，尚不能由理论计算直接导出。建立速率方程一般包括以下几方面的工作：①设想反应机理，列出速率方程；②实验测定反应动力学数据；③筛选估算参数，确定初步多种速率方程；④反复验证，检验方程适用性，修订反应机理和方程，在此基础上，力求建立形式最简单的模型方程。

动力学方程建立也就是用数学语言来描述的动力学模型以及参数，并且对其筛选确定的过程，必须以实验数据为基础。因此，实验测定是建立速率方程的核心步骤，只有取得足够多的实验数据，才可获得正确可靠的速率方程。动力学实验设计包括实验反应器和实验条件的选择两个方面，必须保证实验测定数据能充分反映化学反应的特征，即获得本

征动力学数据。必须指出，建立可靠的、能用于工业反应器设计的反应动力学模型至今仍是一项十分困难的任务。需要排除物理过程如流动、传质与传热等对化学反应的干扰，对于反应过程控制精度有很高要求，才可以保证数据的既可靠又准确，实验反应器一般体积很小，其结果能否代表工业反应器是需要仔细研究和慎重分析的问题。

为了确定一个反应系统的速率方程，往往要筛选数十种模型，可能会出现多个模型均能较好地拟合实验数据的情况，此时可以采用数理统计检验方法进行简单校验，以判定可信性和合理性；但最重要的方法还是实验检验，采用增加实验参数变化的方法，来进一步考察模型的精度和准确性，通过反复循环的筛选、试验测定和参数设定等过程步骤来完成。计算机辅助的序贯实验设计法，先做有限的几个实验，提供进行模型筛选的初步信息，然后计算模型作初步的预测结果，再进行试验检验，发现问题再修正，这是一个科学有效的试验方法，已经越来越多地应用于化工反应动力学模型建立的工作中。

计算机的使用，使得反应动力学方程的试验和计算效率大幅提高，下面的实例可以展示计算机编程计算的具体过程。

例2–4 间二甲苯的溴化是在液相中进行的，催化剂为碘。今以少量的溴通入过量的间二甲苯溶液中，保持温度为290K，溴浓度随时间的变化数据见表2–4，求反应的动力学方程。

表2–4 溴浓度随时间的变化数据

t/min	$c_{Br}/(kmol\cdot m^{-3})$	t/min	$c_{Br}/(kmol\cdot m^{-3})$	t/min	$c_{Br}/(kmol\cdot m^{-3})$	t/min
0	0.333 5	10.25	0.202 5	19.6	0.142 9	45
2.25	0.296 5	12	0.191	27	0.116	47
4.5	0.266	13.5	0.179 4	30	0.105 3	57
6.33	0.245	15.6	0.163 2	38	—	—
8	0.225 5	17.85	0.15	41	—	—

解 可运用最小二乘法计算机计算程序编写思路模式求解。由于间二甲苯过量，可以假设动力学方程只与溴的浓度有关。

设动力学方程为$(-r_A)=kc_{Br}^n$，将方程的两边取对数，即$\lg(-r_A)=\lg k+n\lg c_{Br}$；

设其方程的形式为 $y=a+nx$；其中$y=\lg(-r_A)$, $a=\lg k$, $x=\lg c_{Br}$

根据最小二乘法法则，应满足 $\Delta=\Sigma(a+nx-y_{计})^2$=最小；

即 $\Delta=\Sigma(a^2+n^2x^2+y_{计}^2+2anx-2ay_{计}-2nxy_{计})$；

分别对a，n偏微分并令其等于零；

即① $\Sigma(a+nx-y_{计})=0$；② $\Sigma(nx^2+ax-xy_{计})=0$；

可以按上述计算编程序，由输入计算机所需要的数据计算，见表2–5。

表2-5 数据处理

t/min	c_{Br}/(mol·m^{-3})	x	$(-r)$	$y_{计}$	x^2	$xy_{计}$
2.25	0.296 5	−0.527 98	0.016 444	−1.783 98	0.278 758	0.941 898
4.5	0.266	−0.575 12	0.013 556	−1.867 88	0.330 761	1.074 254
6.33	0.245	−0.610 83	0.011 475	−1.940 23	0.373 118	1.185 159
8	0.225 5	−0.646 85	0.011 677	−1.932 68	0.418 419	1.250 162
10.25	0.202 5	−0.693 57	0.010 222	−1.990 45	0.481 046	1.380 53
12	0.191	−0.718 97	0.006 571	−2.182 34	0.516 913	1.569 03
13.5	0.179 4	−0.746 18	0.007 733	−2.111 63	0.556 781	1.575 653
15.6	0.163 2	−0.787 28	0.007 714	−2.112 7	0.619 81	1.663 289
17.85	0.15	−0.823 91	0.005 867	−2.231 61	0.678 826	1.838 642
19.6	0.142 9	−0.844 97	0.004 057	−2.391 78	0.713 971	2.020 977
27	0.116	−0.935 54	0.003 635	−2.439 48	0.875 239	2.282 236
30	0.105 3	−0.977 57	0.003 567	−2.447 74	0.955 646	2.392 839
38	0.083	−1.080 92	0.002 788	−2.554 79	1.168 392	2.761 523
41	0.076 9	−1.114 07	0.002 033	−2.691 79	1.241 16	2.998 854
45	0.070 5	−1.151 81	0.001 6	−2.795 88	1.326 668	3.220 325
47	0.067 8	−1.168 77	0.001 35	−2.869 67	1.366 024	3.353 981
57	0.055 3	−1.257 27	0.001 25	−2.903 09	1.580 74	3.649 982
总 和		−14.661 6	0.111 54	−39.247 7	13.482 27	35.159 33

将数据代入可得　$17a-14.661\,6n+39.247\,7=0$

$-14.661\,6a+13.482\,27-35.159\,33=0$

解方程可得　$a=-0.959\,268\,12$，$n=1.564\,65$；

$k=10^{a}=0.109\,8$，

故得此反应的化学反应动力学方程为 $(-r_A)=0.109\,8c^{1.564\,65}$

还可以采用非线性拟合方法来计算，但是都要求方程曲线理论计算结果与实验数据吻合度高，误差越小越好。

实际应用，速率方程应力求形式简单，能够特征化描述反映其操作条件变化范围的动力学规律即可。根据具体情况，有针对性和应用目的性地进行反复计算修正确立。

习　题

1.溴代异丁烷与乙醇钠在乙醇溶液中按下式进行反应：

$C_4H_9Br+C_2H_5ONa \longrightarrow NaBr+C_4H_9OC_2H_5$

（A）　　（B）　　（P）　　（S）

已知反应物的初始浓度分别为c_{A0}=50.5mol/m^{3}和c_{B0}=76.2mol/m^3，原料中无产物存在。在95℃下反应一段时间后，分析得知c_B=37.6mol/m^3。

（1）试确定此时其余组分的浓度。

（2）若反应对溴代异丁烷和乙醇钠都是一级，$(-r_A)=kc_Ac_B$，试分别用反应A和B的浓度来表达该反应的动力学方程。

2. 脂类溶液水解反应为A$\longrightarrow$B+C，其中k=0.02min^{-1}，对所有摩尔浓度（mol/L）平衡常数为10。

（1）初始浓度为c_{A0}=1mol/L，$c_{B0}=c_{C0}$=0，则平衡组成是什么？

（2）对上述反应，逆反应的速率常数是什么？

3. 某一反应化学计量式为A+2B$\longrightarrow$2P，若以反应物A表示反应速率为$(-r_A)=2c_A^{0.5}c_B$，试写出以反应物B和产物P表示的反应速率式。

4. 生产NO的反应$N_2+O_2 \longrightarrow 2NO$是高温燃烧过程，是按基元反应进行的：

$O_2 \longrightarrow 2O$　　　$r_{i,t}=k_ic_{O_2}-k_tc_O{}^2$

$N_2+O \longrightarrow NO+N$　　$r_{p1}=k_{p1}c_{N_2}c_O$

$O_2+N \longrightarrow NO+O$　　$r_{p2}=k_{p_2}c_{O_2}c_N$

推出可能的反应速率$r_{(N_2,\ O_2)}$。

5. 在温度为25℃时，当温度升高10℃反应速率增加1倍，则该反应活化能应为多少？

6. 有一裂解反应的活化能约为250kJ/mol，试问650℃下的分解速率比500℃下的快多少？

7. 在间歇反应器中，有一不可逆的溶液反应，反应温度为40℃，反应时间为10min，转化率为90%，并且在这个转化率下，于50℃维持3min。

（1）这个反应的活化能是多少？

（2）要想在1min内达到90%的转化率，反应温度应是多少？

（3）找出一级反应动力学系数？

（4）假设为一级动力学反应，在40℃和50℃条件下，转化率达到99%时所需要的反应时间各是多少？

（5）假设为一级动力学反应，求出1min内使转化率达到99%的反应温度？

（6）假设为二级动力学反应，c_{A0}=1mol/L，求反应温度为40℃和50℃条件下，转化率达到99%时所需要的反应时间各是多少？

（7）假设为二级动力学反应，c_{A0}=1mol/L，求出在1min内使转化率达到99%的反应温度？

8. 某工厂在间歇反应器中进行两次试验，初始浓度相同并达到相同的转化率，第一次试验在25℃下进行8天，第二次试验在125℃下进行8分钟，估计反应活化能？

9. 在下列平行反应中，我们希望B能得到最优的选择性。

$$\begin{cases} A \rightarrow B，r=kc_A \\ A \rightarrow C，r=kc_A^2 \end{cases}$$

K=1/4，c_{A0}=2.5mol/L。

在全混流反应器中计算当χ_A=0.99，0.95，和0.6时的S_B，Y_B？

10. 在Ni催化剂上的混合异辛烯加氢生成异辛烷：

$$H_2+C_8H_{16} \rightleftharpoons C_8H_{18}$$

假设反应机理是分子态吸附的氢和吸附的异辛烯反应，按均匀表面吸附模型对不同控制步骤导出相应的动力学方程式？

11. 二甲醚的气相分解是一级反应：$CH_3OCH_3(g) \longrightarrow CH_4(g)+H_2(g)+CO(g)$

504℃时把二甲醚充入真空的定容反应器内，测得时间t时总压力p_t，总数据见表2-6。

表2-6　相关数据

t/s	0	390	777	1 587	3 155
p_t/kPa	41.3	54.4	65.1	83.2	103.9

试计算该反应在504℃的反应速率系数及半衰期。

12. A和B按化学计量比导入等容容器中，于500K发生如下反应：$2A(g)+B(g) \longrightarrow Y(g)+Z(s)$。已知速率方程为$-dp_A/dt=k_Ap_A^2p_B$。设开始时总压力为30Pa，反应在7.5min后总压力降至20Pa。问再继续反应多长时间可由20Pa降至15Pa？另外，A的消耗速率系数k_A=?

13. 气相反应$A+2B \longrightarrow Y$的速率方程为$-dp_A/dt=k_Ap_A^{\alpha}p_B^{\beta}$。在定容600K时实验结果见表2-7。

表2-7 实验结果

实验	$p_{A,0}$/Pa	$p_{B,0}$/Pa	$-\left(\frac{dp_{总}}{dt}\right)_{t=0}$ /（$Pa^{-1}\cdot h^{-1}$）	$t_{1/2,A}$/h
1	133	13 300	5.32	34.7
2	133	26 600	21.28	—
3	266	26 600	—	8.675

求反应分级数a和b及反应速率系数。

14. 等容气相反应$A \longrightarrow Y$的速率系数k_A与温度T具有关系式：

$$\ln(k_A / s^{-1}) = 24.00 - \frac{9\ 622}{T / K}$$

（1）计算此反应的活化能；

（2）欲使A在12min内转化率达到92%，则反应温度应控制在多少？

15. 已知NaOCl分解反应速率系数在25℃时k=0.009 3s^{-1}，在30℃时k=0.014 4s^{-1}。试求在40℃时，NaOCl要用多少时间能分解掉95%？

16. N_2O_5气相分解反应$N_2O_5 \longrightarrow 2NO_2+\frac{1}{2}O_2$的反应机理如下：

（i）$N_2O_5 \xrightarrow{k_1} NO_2+NO_3$

（ii）$NO_2+NO_3 \xrightarrow{k_{-1}} N_2O_5$

（iii）$NO_2+NO_3 \xrightarrow{k_2} NO_2+O_2+NO$

（iv）$NO+NO_3 \xrightarrow{k_3} NO_2$

设NO_3和NO处于稳定态，试建立总反应的动力学方程式。

17. 反应$2NO+O_2 \longrightarrow 2NO_2$是三级反应，且反应速率随温度升高而下降。其反应机理为：

$2NO \underset{k_{-1}}{\overset{k_1}{\rightleftharpoons}} N_2O_2$（快）

$N_2O_2+O_2 \xrightarrow{k_2} 2NO_2$（慢）

又已知$2NO \longrightarrow N_2O_2$为吸热反应，（$\Delta U_{rm}<0$）。试导出总反应的动力学方程式，并解释其反应级数及反应速率与温度的关系。

第3章　均相理想反应器

反应器（reactor）广泛应用于化工、炼油、冶金、轻工等行业。广义来讲，大到整个自然界，小到生物体的微小器官均可认为符合反应器的主要特征。化工中对于反应器的开发，以追求经济和社会效益最大化为目标，主要涉及两个方面任务：一方面根据设定的生产能力，设计优化新型反应器型式、结构和适宜的尺寸及操作条件；另一方面对现有反应器，根据各种因素的变化分析计算，修正现有反应器的数学模型参数，优化操作方式和条件，使反应器处于最优运行状态。

因为理想反应器是研究多种多样工业反应器的理论和技术基础，所以在本章首要讨论理想流动反应器。对理想流动均相反应器（ideal reactor），主要有3种基本类型：间歇反应器(Batch Reactor，BR)；全混流反应器(Continuously Stirred Tank Reactor，CSTR)；平推流反应器(Plug/ Piston Flow Reactor，PFR)以及组合反应器。在此分析基础上，再讨论反应器的等温和非等温过程的优化设计计算和其他相关问题。

反应器设计分析主要耦合反应动力学方程、物料衡算方程和热量衡算方程来计算。其中衡算所针对的具体体系称为系统体积元。在这个体积元中，物料温度、浓度必须是均匀的。在满足这个条件的前提下尽可能使这个体积元体积更大，在这个体积元中对关键组分A进行物料衡算，热量衡算对象也是一样。这是此类分析计算遵循的准则。

3.1　间歇釜式反应器

釜式反应器是工业上广泛应用的反应器之一，既可以用来进行均相反应（主要是液相均相反应），又可用于多相反应，如气液、液固、液液及气液固等反应。在操作方式上，可以是连续操作，也可间歇或半间歇操作。

由于釜式反应器内设有搅拌装置（见图3-1），因此可以认为反应区内反应物料的浓度均一，这与大多数的实际情况是比较一致的，这是处理釜式反应器问题的一个极其重要的假定。间歇反应器的特点是分批装料和卸料，因此其操作条件较为灵活，可适用于不同品种和不同规格的产品生产，特别适用于多品种而批量小的化学品生产。因此，在医药、试剂、助剂、添加剂等精细化工部门中得到广泛的应用。

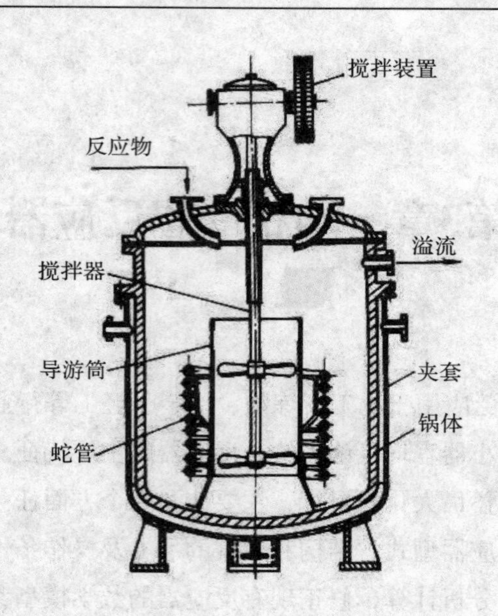

图3-1　典型搅拌釜式反应器示意图

3.1.1　基本概念

（1）反应体积V_R，指的是反应器中反应物质所占据的体积。在此针对的具体体系体积称体积元即为V_R。

（2）理想间歇式反应：反应物等一次性加入封闭容器中，反应物在规定的反应条件下经历一定的反应时间达到所需要的反应率或转化率后，将反应混合物一次提出，反应混合物浓度随反应时间而变化。

特点：①由于剧烈搅拌，反应器内物料浓度达到分子尺度上的均匀，且反应器内浓度处处相等，因而排除了物质传递对反应的影响；②具有足够强的传热条件，温度始终相等，无需考虑反应器内的热量传递问题；③物料同时加入并同时停止反应，所有物料具有相同的反应时间。

优点：操作灵活，适用于小批量、多品种、反应时间较长的产品生产，特别是精细化工产品、医药、试剂、助剂、添加剂、染料、涂料生产。缺点：装料、卸料等辅助操作时间长，产品质量容易导致不稳定。

（3）间歇反应器理想混合指由于良好的搅拌，认为反应器内没有浓度和温度梯度，这是理想间歇釜的假设条件之一。

一般来说，实现理想混合所需要的搅拌器设备的必要条件如下：搅拌叶轮的排料速率(循环量)为进料流量的5~10倍。该判据可由以下公式表示：$Q_R/Q_F>5\sim10$，其中Q_F为进料流量；叶轮的排料速率Q_R可由以下经验公式估算，有

$$Q_R/nd^3=N_{QR} \quad (3\text{-}1)$$

式中：n为搅拌器转数；d为搅拌器叶轮直径；N_{QR}为无因次准数。在有挡板的条件下，对于推进式叶轮N_{QR}=0.5；对于涡轮式叶轮（六叶，宽径比为1：5），$N_{QR}=0.93D/d$（用于$Re>104$，D为反应器内径）。只有搅拌设备及其操作满足这些条件的，才可以近似视为反应体系满足理想混合条件，该搅拌设备要求同样适用于后面论述的连续全混流反应器理想混合搅拌假设条件。搅拌工业放大也是一个难题，相关研究很多，但其经验公式工程试验应用普适性一般较低，其中国内研究者所推导搅拌放大经验公式是目前适应性最广的。

3.1.2 间歇反应器的设计计算

间歇式反应确定反应器的容积与数量是车间设计的基础，是实现化学反应工业放大的关键定量依据。其设计计算需要首先确定生产处理量和工艺操作周期。

（1）每天处理物料总体积V_D和单位时间的物料处理量F_V分别为

$$V_D=\frac{G_D}{\rho} \tag{3-2}$$

$$F_V=V_D/24 \tag{3-3}$$

其中，G_D 每天所需处理的物料总质量，ρ 物料的密度。

（2）操作周期t。操作周期又称工时定额或操作时间，是指生产每一批料的全部操作时间，即从准备投料到操作过程全部完成所需的总时间t_t，操作时间t_t包括反应持续时间t_r和辅助操作时间t_0两部分组成，即$t_t=t_r+t_0$。确定反应持续时间必须进行物料衡算结合动力学方程得到。

（3）物料衡算方程。物料衡算所针对的具体体系称体积元。体积元有确定的边界，由这些边界围住的体积称为系统体积。在这个体积元中，物料温度、浓度必须是均匀的。在满足这个条件的前提下尽可能使这个体积元体积更大。在这个体积元中对关键组分A进行物料衡算（n为物质的量，V为反应器体积）：

$$\begin{bmatrix}\text{单位时间进入}\\\text{体积元的物料}\\\text{A量}F_{in}(\mathrm{mol\cdot s^{-1}})\end{bmatrix}-\begin{bmatrix}\text{单位时间排出}\\\text{体积元的物料}\\\text{A量}F_{out}(\mathrm{mol\cdot s^{-1}})\end{bmatrix}-\begin{bmatrix}\text{单位时间内体积}\\\text{元中反应消失的}\\\text{物料A量}F_r(\mathrm{mol\cdot s^{-1}})\end{bmatrix}=\begin{bmatrix}\text{单位时间内体积}\\\text{元中物料A的积累}\\\text{量}F_b(\mathrm{mol\cdot s^{-1}})\end{bmatrix}$$

$$F_{in}-F_{out}-F_r=F_b \tag{3-4}$$

更普遍地说，对于体积元内的任何物料，进入、排出、反应、积累量的代数和为0。不同的反应器和操作方式,某些项可能为0。用数学模型描述反应物组成随时间的变化情况。对整个间歇反应器进行物料衡算，有

$$(-r_A)V=-\frac{dn_A}{dt}=n_{A0}\frac{d\chi_A}{dt} \quad (\text{因为}n_A=n_{A0}(1-\chi_A)) \tag{3-5}$$

$$t=\frac{n_{A0}}{V}\int_0^{\chi_{Af}}\frac{d\chi_A}{(-r_A)}=c_{A0}\int_0^{\chi_{Af}}\frac{d\chi_A}{(-r_A)} \tag{3-6}$$

$$t=c_{A0}\int_0^{\chi_{Af}}\frac{d\chi_A}{(-r_A)}=\int_{C_{A0}}^{C_A}-\frac{dc_A}{(-r_A)} \tag{3-7}$$

设计方程

$$t_r=\int_0^{t_r}dt=n_{A0}\int_0^{\chi_A}\frac{d\chi_A}{(-r_A)V'_R} \tag{3-8}$$

式（3-8）为间歇反应器设计计算的通式。它表达了在一定操作条件下，为达到所要求的转化率χ_A所需的反应时间t_r。

在恒容条件下，上式可简化为：$t_r=c_{A0}\int_0^{\chi_A}\frac{d\chi_A}{(-r_A)}=-\int_{c_{A0}}^{c_A}\frac{dc_A}{(-r_A)}$ （3-9）

不同条件图解积分求反应时间t_r如图3-2，图3-3所示，灰色区域面积即为t_r计算值。

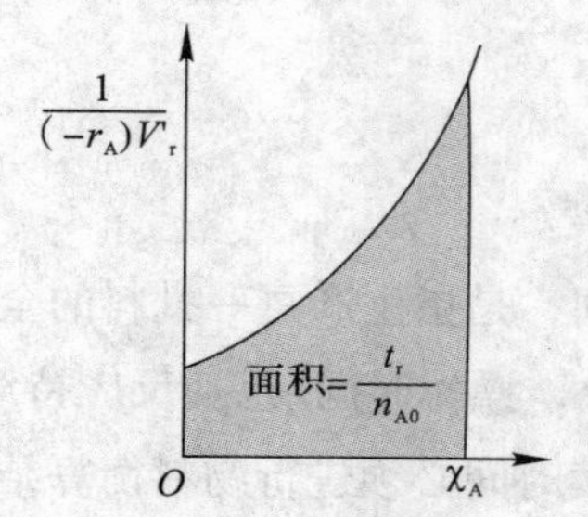

图3-2　间歇反应器的图解计算图

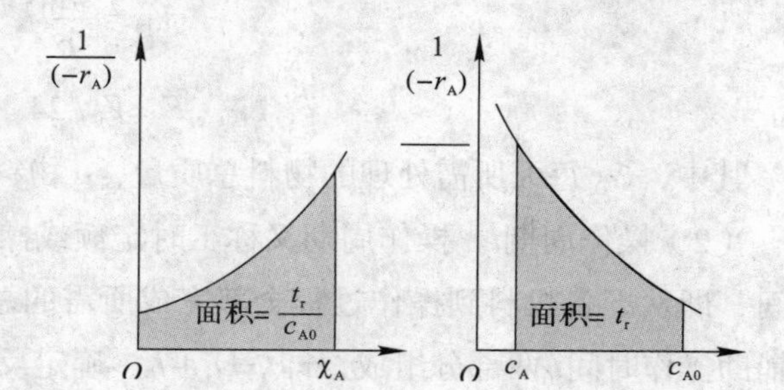

图3-3　恒容情况间歇反应器的图解计算

等容过程，间歇反应器液相不同级数反应一般公式见表3-1。

表 3-1　反应常见公式

反应级数	反应速率	残余浓度式	转化率式
n=0	$(-r_A)=k$	$c_A=c_{A0}-kt$	$\chi_A=\frac{kt}{c_{A0}}$
n=1	$(-r_A)=kc_A$	$c_A=c_{A0}e^{-kt}$	$\chi_A=1-e^{-kt}$
n=2	$(-r_A)=kc_A^2$	$c_A=\frac{c_{A0}}{1+c_{A0}kt}$	$\chi_A=\frac{c_{A0}kt}{1+c_{A0}kt}$
n级 $n\neq1$	$(-r_A)=kc_A^n$	$kt=\frac{1}{n-1}(c_A^{1-n}-c_{A0}^{1-n})$	$(1-\chi_A)^{1-n}=1+(n-1)c_{A0}^{n-1}kt$

例3-1　某厂生产醇酸树脂是使己二酸与己二醇以等摩尔比在75℃用间歇釜并以H_2SO_4作催化剂进行缩聚反应而生产的，实验测得反应动力学方程为

$$-r_A=kc_A^2\text{kmol}\cdot\text{m}^{-3}\cdot\text{min}^{-1}$$

$$k=1.97\times10^{-3}\text{m}^3\cdot\text{kmol}^{-1}\cdot\text{min}^{-1}$$

$$c_{A0}=4\text{kmol}\cdot\text{m}^{-3}$$

若每天处理3 000kg己二酸，每批操作辅助生产时间为1h，反应器装填系数为f=0.75，求：

（1）转化率分别为χ_A=0.5，0.6，0.8，0.9时，所需反应时间为多少?

（2）求转化率为0.8，0.9时，所需反应器体积为多少?

解　（1）达到要求的转化率所需反应时间为

$$t_r=c_{A0}\int_0^{\chi_{Af}}\frac{d\chi_A}{(-r_A)}=c_{A0}\int_0^{\chi_{Af}}\frac{d\chi_A}{kc_{A0}^2(1-\chi_A)^2}=\frac{1}{kc_{A0}}\frac{\chi_{Af}}{(1-\chi_{Af})}$$

$$t_r=\frac{1}{1.97\times10^{-3}\times4}\times\frac{0.5}{(1-0.5)}\times\frac{1}{60}=2.10\text{h}$$

计算可得：

$$\left.\begin{aligned}\chi_A&=0.5，t_r=2.10\text{h}\\\chi_A&=0.6，t_r=3.15\text{h}\\\chi_A&=0.8，t_r=8.5\text{h}\\\chi_A&=0.9，t_r=19.0\text{h}\end{aligned}\right\}$$

（2）反应器体积为

$$F_{A0}=\frac{3\ 000}{24\times146}=0.856\text{kmol}\cdot\text{h}^{-1}$$

$$V_0=\frac{F_{A0}}{c_{A0}}=\frac{0.856}{4}=0.214\text{m}^3\cdot\text{h}^{-1}$$

实际操作时间=反应时间（t）+辅助时间（t_0）

反应体积V_R是指反应物料在反应器中所占的体积：$V_R=Q(t+t_0)$，Q为单位时间处理的物料体积。

据此关系式，可以进行反应器体积的设计计算。

χ_A=0.8时，$t_t=t_r+t_0$=8.5+1=9.5h

每小时己二酸进料量F_{A0}，己二酸相对分子质量为146，则有

反应器有效容积V'_R：$V'_R=V_0t_t=0.214\times9.5=2.03\text{m}^3$

实际反应器体积V_R：$V_R=\frac{V'_R}{f}=\frac{2.03}{0.75}=2.70\text{m}^3$

当χ_A=0.9时，则有

t_t=19+1=20h，V'_R=0.214×20=4.28m^3，V_R=4.28／0.75=5.70m^3

反应器有效体积与设备实际容积之比称为设备装料系数，以符号f表示，即$f=\frac{V'_R}{V_R}$。其值视具体情况而定可在0.4~0.95之间变化，根据经验确定。一般反应设备装料系数经验值见表3-2。

表3-2　一般反应设备装料系数经验值

条　件	装料系数范围
无搅拌或缓慢搅拌的反应釜	0.80～0.85
带搅拌的反应釜	0.70～0.80
易起泡或沸腾状况下的反应	0.40～0.60
液面平静的贮罐和计量槽	0.85～0.90

间歇反应器内为达到一定转化率所需反应时间t_r，只是动力学方程式的直接积分，与反应器大小及物料投入量无关。因此反应动力学方程试验测定，一般采用间歇反应器，可以减少试验变量数目。

3.1.3　最优反应时间

间歇反应器的优化有两个目标：获得最高单位反应容积产量或生产率；获得最高的收率。前一个目标着眼于节省设备投资，后一个目标则着眼于降低原料消耗或（和）能耗。优化的主要手段是反应时间和温度序列的优化。因为间歇反应器中的状态变化和活塞流反应器中的状态变化相似，所以温度序列的优化留在下一节讨论活塞流反应器时讲述。

反应物的浓度随反应时间增长而降低，反应产物的生成速率则随反应物的浓度降低而降低。例3-1计算显示，随着转化率提高，后期反应时间增加率大幅提升，所以随着时间延长，产品产量F_R虽增多，但单位操作时间内产品产量增加率和反应速率却一直降低，会影响总体过程的平均效率，因此存在最优反应时间，即

$$F_R=V_{c_R}/(t_r+t_0)\quad (\text{kmol/h}) \tag{3-10}$$

$$\frac{dF_R}{dt}=\frac{V\left[\left(t_r+t_0\right)\frac{dc_R}{dt}-c_R\right]}{(t_r+t_0)^2} \tag{3-11}$$

对反应A ⟶ R，求最优反应时间，若产物的浓度为c_R，则单位操作时间的产品产量为

$$F_R=\frac{V'_R\,c_R}{t_r+t_0} \tag{3-12}$$

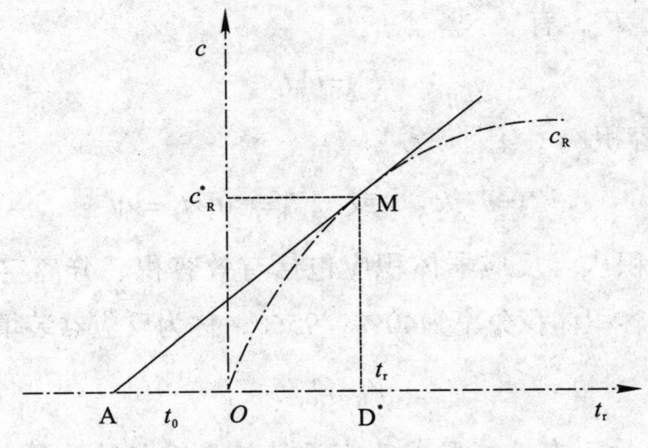

图3-4　最优反应时间图解计算示意图

为使F_R最大，应有$\dfrac{dF_R}{dt_r}=0$

即

$$\frac{dF_R}{dt_r}=\frac{d}{dt_r}\left(\frac{V'_R\,c_R}{t_r+t_0}\right)=\frac{V'_R\left(\frac{dc_R}{dt_r}(t_r+t_0)-c_R\right.}{(t_r+t_0)^2}=0 \tag{3-13}$$

则有

$$\frac{dc_R}{dt_r}=\frac{c_R}{t_r+t_0} \tag{3-14}$$

切线的斜率为$\dfrac{MD}{AD}=\dfrac{c^*_R}{t^*+t_0}=\dfrac{dc_R}{dt_r}$，正好满足式（3-14）。

纵坐标M为最优反应时间对应的产物浓度c^*_R。

取OA=t'，过A作曲线c_R的切线AM，则M点的横坐标OD即为所求的最优反应时间t^*，如图3-4所示。

3.1.4　间歇反应器设计计算过程步骤总结

一般已知设计任务条件为：

F_A(kmol/h)——生产任务；

c_{A0}(kmol/m^3)——原料；

v_0(m^3/h)——原料体积流量；

χ_{Af}——产品要求；

t_0(h)——辅助生产时间。

1. 求间歇反应器的体积的步骤

（1）由$t_r=c_{A0}\int_0^{\chi_A}\dfrac{d\chi_A}{(-r_A)}$计算$t_r$。

（2）计算一个周期所需时间t_t，有

$$t_t=t_r+t_0$$

（3）每批料投放量F_A，有

$$F'_A=F_A t_t$$

（4）反应器有效容积V'_R，有

$$V'_R=F'_A/c_{A0} \quad 或 \quad V'_R=v_0(t_r+t')=v_0 t_t$$

（5）反应器总体积V_R。反应器体积应包括有效容积、分离空间、辅助部件占有体积。通常有效容积占总容积体积分率为40%～95%，称为反应器装填系数f，则有

$$V_R=V'_R/f$$

2.校核计算过程（对已有反应器或已有设计结果进行的计算）

（1）已知条件为V_R，c_{A0}，c_{Af}，r_A，t'，f。

①求F_A，看是否能满足处理量或产量的要求；

②求χ_{Af}，　　恒容$c_A=c_{A0}(1-\chi_{AF})$

$$变容 c_A=\frac{c_{A0}(1-\chi_{AF})}{1+\varepsilon_A\chi_{AF}}$$

③求t_r，　　$t_r=c_{A0}\int_0^{\chi_{Af}}\frac{d\chi_A}{(-r_A)}$

④求t_t，　　$t_t=t_r-t'$

⑤求处理量F_A，$F_A=\frac{V_R f}{t_t}c_{A0}$看是否满足要求。

（2）已知条件为V_R，C_{A0}，F_A，r_A，t'，f。求c_{Af}，看出口组成是否满足要求。

①求单位时间处理的体积v_0，$v_0=F_A/c_{A0}$

②求t_t，　　$t_t=V_R f/v_0$

③求t_r，　　$t_r=t_t-t'$

④求c_{Af}，由$t_r=-\int_{c_{A0}}^{c_{Af}}\frac{dc_A}{(-r_A)}$，求出$c_{Af}$。

3.1.5　等温间歇釜式反应器复合反应的计算

实际中的工业反应往往涉及复合反应，所以以下对于在间歇反应器中的复合反应计算予以讨论。

1.平行反应

在等温间歇反应器中，设进行的反应为一级平行反应：

$$\left.\begin{array}{lll} A\longrightarrow P, & r_P=k_1c_A, & P为目的产物 \\ A\longrightarrow Q, & r_Q=k_2c_A, & \end{array}\right\}$$

根据物料衡算可得

$$\left.\begin{aligned} V_r(k_1+k_2)c_A+\frac{dn_A}{dt}=0 \\ -V_r k_1 c_A+\frac{dn_p}{dt}=0 \\ -V_r k_2 c_A+\frac{dn_Q}{dt}=0 \end{aligned}\right\} \quad (3-15)$$

其中独立方程只有两个，对于均相，恒容过程方程进一步变为

$$\left.\begin{aligned} (k_1+k_2)c_A+\frac{dc_A}{dt}=0 \\ -k_1 c_A+\frac{dc_p}{dt}=0 \\ -k_2 c_A+\frac{dc_Q}{dt}=0 \end{aligned}\right\} \quad (3-16)$$

设初值条件为

t=0时，$c_A=c_{A0}$，c_P=0，c_Q=0，

则沿用第二章相关计算可得方程的解为，

$$t=\frac{1}{k_1+k_2}\ln\frac{c_{A0}}{c_A} \quad 或 \quad t=\frac{1}{k_1+k_2}\ln\frac{1}{(1-\chi_A)} \quad (3-17)$$

$$c_A=c_{A0}\exp\left[-(k_1+k_2)t\right] \quad (3-18)$$

$$\Rightarrow c_p=\frac{k_1 c_{A0}}{k_1+k_2}\left\{1-\exp\left[-(k_1+k_2)t\right]\right\} \quad (3-19)$$

$$\Rightarrow c_Q=\frac{k_2 c_{A0}}{k_1+k_2}\left\{1-\exp\left[-(k_1+k_2)t\right]\right\} \quad (3-20)$$

反应物系的组成随时间的变化关系如图3-5所示，由图可见，$t\uparrow$，$c_A\downarrow$，而$c_P\uparrow$，$c_Q\uparrow$。由于两个反应均是一级，则

$$\frac{c_p}{c_Q}=\frac{k_1}{k_2} \quad (3-21)$$

由于产物P是目的产物，希望$k_1>k_2$，更有利于目的产物生成。

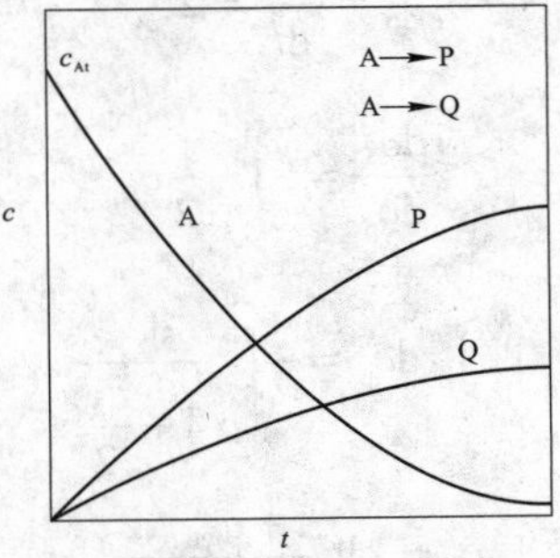

图3-5 平行反应组成随时间的变化关系

例3-2 在等温间歇釜式反应器中进行下列液相反应：

$$\begin{cases} A + B \longrightarrow P，r_p = 2c_A \quad kmol/(m^3 \cdot h) \\ 2A \longrightarrow Q，r_Q = 0.5c_A^2 \quad kmol/(m^3 \cdot h) \end{cases}$$

反应开始时A和B的浓度均为$2kmol/m^3$，目的产物为P，试计算反应时间为2h时A的转化率和P的收率。

解 由题知

$$(-r_A) = -r_P - 2r_Q = -2c_A - 2 \times 0.5c_A^2 = -2c_A - c_A^2$$

将速率表达式代入等温间歇反应器的设计方程式可有

$$t = c_{A0}\int_0^{\chi_{Af}} \frac{d\chi_A}{(-R_A)} = \int_{c_A}^{c_{A0}} \frac{dc_A}{(-R_A)} =$$

$$\int_{c_A}^{c_{A0}} \frac{dc_A}{2c_A + c_A^2} = \int_{c_A}^{c_{A0}} \frac{dc_A}{c_A(2+c_A)} =$$

$$\frac{1}{2}\int_{c_A}^{c_{A0}} \left[\frac{1}{c_A} - \frac{1}{(2+c_A)}\right] dc_A$$

上式积分结果为

$$t = \frac{1}{2}\ln\frac{c_{A0}(2+c_A)}{c_A(2+c_{A0})}$$

$$2 = \frac{1}{2}\ln\frac{2(2+c_A)}{4c_A}$$

将t=2h，c_{A0}=$2kmol/m^3$代入上式，可求组分A的浓度c_A=0.018 5$kmol/m^3$
故得A的转化率为

$$\chi_A = \frac{2 - 0.018\,5}{2} = 0.990\,8 = 99.08\%$$

下面求P的收率，由题给的速率方程可知：

$$R_A = -2c_A - c_A^2 \Rightarrow \frac{dc_A}{dt} = -2c_A - c_A^2$$

$$r_p = \frac{dc_p}{dt} = 2c_A$$

上两式相除可得

$$\frac{dc_A}{dc_p} = -1 - \frac{1}{2}c_A$$

分离变量进行积分得

$$\int_0^{c_p} dc_p = -\int_{c_{A0}}^{c_A} \frac{dc_A}{1 + \frac{c_A}{2}}$$

$$c_p = 2\ln\frac{1 + c_{A0}/2}{1 + c_A/2}$$

代入数据得

$$c_p = 2\ln\frac{1+2/2}{1+0.018\ 5/2} = 1.368\text{kmol}/\text{m}^3$$

P的收率为

$$Y_p = \frac{1\times c_P}{c_{A0}} = \frac{1.368}{2} = 0.684 = 68.4\%$$

2.连串反应

一级不可逆连串反应物料衡算方程：

$$A \xrightarrow{k_1} P \xrightarrow{k_2} Q \quad (3-22)$$

$$\left.\begin{aligned} -\frac{dc_A}{dt} &= k_1 c_A \\ \frac{dc_P}{dt} &= k_1 c_A - k_2 c_p \end{aligned}\right\} \quad (3-23)$$

沿用第二章相关计算，若t=0时，c_A=c_{A0}，c_p=0，c_Q=0，积分得

$$c_A = c_{A0}e^{-k_1 t} \quad 或 \quad t = \frac{1}{k_1}\ln\frac{c_{A0}}{c_A} = \frac{1}{k_1}\ln\frac{1}{1-\chi_A} \quad (3-24)$$

$$c_p = \frac{k_1 c_{A0}}{k_1 - k_2}(e^{-k_2 t} - e^{-k_1 t}) \quad (k_1 \neq k_2) \quad (3-25)$$

$$c_Q = (c_{A0} - c_A) - c_p \quad (3-26)$$

以上结论是针对两个一级反应而言的，但也适用于多个反应；对于非一级反应，可按上边的方法同样处理，只是大多数情况都很难获得解析解，需采用计算机数值计算解法。

例3–3　在间歇釜式反应器中等温下进行反应：

$$\underset{(A)}{NH_3}+\underset{(M)}{CH_3OH} \xrightarrow{k_1} \underset{(B)}{CH_3NH_2}+H_2O,\quad r_1=k_1c_Ac_M \quad (A)$$

$$\underset{(B)}{CH_3NH_2}+\underset{(M)}{CH_3OH} \xrightarrow{k_2} (CH_3)_2NH+H_2O,\quad r_2=k_2c_Bc_M \quad (B)$$

k_2/k_1=0.68，计算一甲胺的最大收率与其相应的氨转化率。

解　氨的转化速率为 $(-R_A)=r_1=-\frac{dc_A}{dt}=k_1c_Ac_M$

一甲胺的生成速率为 $R_B=r_1-r_2=\frac{dc_B}{dt}=k_1c_Ac_M-k_2c_Bc_M$

$$\longrightarrow \left.\begin{aligned} -\frac{dc_B}{dc_A} &= 1-\frac{k_2}{k_1}\frac{c_B}{c_A} \\ c_A=c_{A0}(1-\chi_A)&,\quad c_B=c_{A0}Y_B \end{aligned}\right\} \longrightarrow \left.\begin{aligned} \frac{dY_B}{d\chi_A} &= 1-\frac{k_2 Y_B}{k_1(1-\chi_A)} \\ IC:\ \chi_A&=0,\ Y_B=0 \end{aligned}\right\}$$

$$\longrightarrow Y_B=\frac{1}{1-k_2/k_1}\left[(1-\chi_A)^{k_2/k_1}-(1-\chi_A)\right]$$

$$当Y_B=Y_{B\max}时，\left.\begin{array}{l} dY_B/\ d\chi_A=0 \\ Y_B=\dfrac{1}{1-k_2/k_1}\left[(1-\chi_A)^{k_2/k_1}-(1-\chi_A)\right]\end{array}\right\}\longrightarrow \left.\begin{array}{c}\chi_A=1-(k_2/k_1)^{1/(k_2/k_1-1)} \\ k_2/k_1=0.68\end{array}\right\}$$

$$\longrightarrow\begin{cases}\chi_A=1-(1/0.68)^{1/(0.68-1)}=0.700\ 4 \\ Y_{B\max}=\dfrac{1}{1-0.68}\left[(1-0.700\ 4)^{0.68}-(1-0.700\ 4)\right]=0.440\ 6\end{cases}$$

实际上第二个反应生成的二甲胺还可和甲醇反应生成三甲胺，若考虑这个反应，对上述一甲胺的最大收率是否有影响，试分析原因？

3.1.6 变温间歇釜

化学反应经常伴有热效应。对于间歇釜反应而言，要做到等温是极其困难的；化学反应通常要求温度随着反应进程有一个适当的分布，以获得较好的反应效果。因此研究非等温间歇釜式反应器的设计与分析具有重要的实际意义。变温操作时，要对反应进程进行数学描述，需要联立物料衡算方程(速率方程)和热平衡方程。由于是间歇操作，可取整个釜作为衡算单元，如图3-6所示。

$$\begin{pmatrix}单位时间内\\物料传给体系热量Q_1\end{pmatrix}+\begin{pmatrix}单位时间内\\反应的放热量Q_3\end{pmatrix}-\begin{pmatrix}单位时间内体系\\传给环境的热量Q_2\end{pmatrix}-\begin{pmatrix}单位时间内物料\\带出体系热量Q_4\end{pmatrix}=\begin{pmatrix}反应器中热\\量积累速度Q_5\end{pmatrix} \quad (3-27)$$

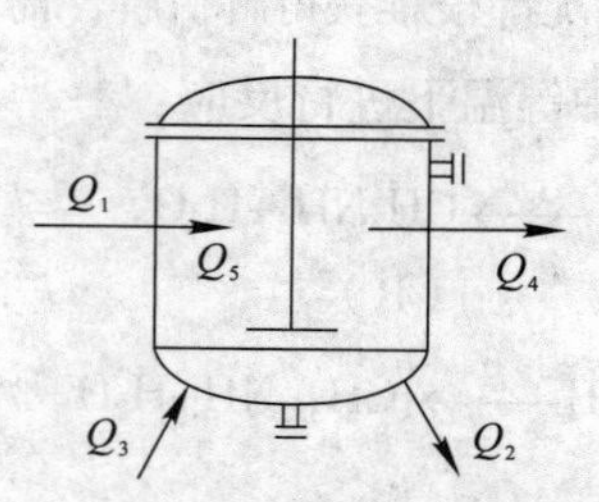

图3-6 间歇釜能量传递图

设Q_1，Q_4分别为时刻 t 时物料带入、带出微元体积的热量；Q_2表示时刻 t 时间壁传热量；Q_3表示时刻 t 时化学反应产生的热；Q_5表示时刻 t 时热累积量，则有

$$Q_3=q_r r_A V_R=q_r n_{A0}\frac{d\chi_A}{dt}，\quad Q_5=\sum n_i C_{vi}\frac{dT}{dt}$$

$$Q_1=Q_4=0，\ Q_2=K_A(T-T_S)$$

由热量守恒方程知 $Q_5=Q_1-Q_2+Q_3-Q_4$，故得

$$\sum n_i C_{vi} \frac{\mathrm{d}T}{\mathrm{d}t} = q_r n_{A0} \frac{\mathrm{d}\chi_A}{\mathrm{d}t} - KA(T - T_S) \quad (3\text{–}28)$$

式中：

q_r为以组分A为基准的摩尔反应热，放热反应取正值；

n_{A0}为A组分的起始摩尔流量；

n_i，C_{vi}分别表示反应器中的组分i的摩尔数和定容摩尔热容；

$\mathrm{d}T$为物料在$\mathrm{d}t$时间间隔内温度的变化；

K为总传热系数；

A为反应釜的传热面积；

T为反应物温度；

T_s为传热介质温度。

由此可见，对于一定的反应物系，反应温度、关键组分的转化率都取决于物系与外界的传热速率。另一方面，对于非等温过程，由于其反应速率常数是随温度的变化而变化的，所以，要想准确描述反应温度、关键组分的转化率随反应时间的变化关系，需联立热平衡方程、动力学方程和物料平衡方程求解。因此一般要借助于计算机来计算求解，已经有成熟软件用于此类计算。

3.1.7　半间歇釜式反应器

此种操作主要适应于以下几种情况：可以在沸腾温度下进行的强放热反应，用汽化潜热带走大量反应热；要求严格控制反应物A浓度；B浓度高，A和C浓度低对反应有利的场合；可逆反应。要求严格控制锅内A的浓度防止A过量导致副反应增加的情况；保持在较低温度下进行的放热反应；A浓度低，B浓度高对反应有利的情况。这种操作可以严格计量控制A，B的加料比例，而且可以保持A和B都在低浓度下进行，适合于B浓度降低对反应有利的场合（见图3–7）。

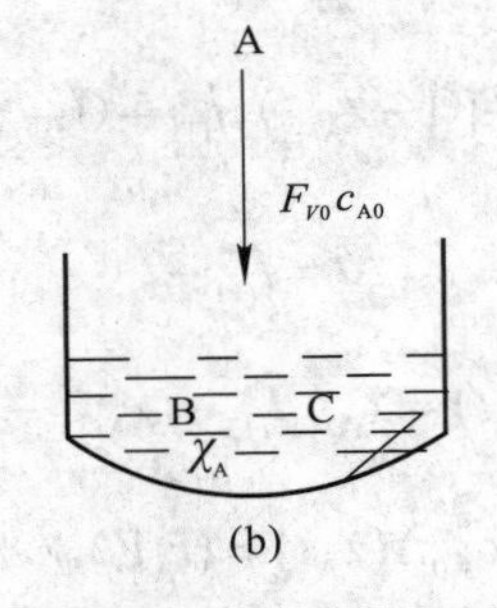

图3–7　半连续操作示意图

此时反应器内瞬时物料体积随时间变化关系为：$V=V_1+F_{V0}t$。在dt时间内对A组分进行物料平衡，由恒算式：

$$\text{加入A量}-\text{反应消耗A量}=\text{A积累量}$$

$$F_{V0}c_{A0}\mathrm{d}t-r_AV\mathrm{d}t=\mathrm{d}(c_AV) \tag{3-29}$$

$$\mathrm{d}(c_AV)=\mathrm{d}n_A=\mathrm{d}[(n_{A1}+F_{V0}c_{A0}t)(1-\chi_A)]= \tag{3-30}$$

$$(1-\chi_A)F_{V0}c_{A0}\mathrm{d}t-(n_{A1}+F_{V0}c_{A0}t)\mathrm{d}\chi_A$$

$$(n_{A1}+F_{V0}c_{A0}t)\mathrm{d}\chi_A=(r_AV-F_{V0}c_{A0}\chi_A)\mathrm{d}t \tag{3-31}$$

该式即可计算χ_A与t的关系。式中$r_A=f(\chi_A)$和$V=f(t)$，比较复杂时难于求解析解，可写成差分形式用数值法求解。写成差分形式为

$$(n_{A1}+F_{V0}c_{A0}t)\Delta\chi_A=[(r_AV)_{平均}-F_{V0}c_{A0}\chi_A]\Delta t \tag{3-32}$$

若 $n_{A1}=0$，则

$$F_{V0}c_{A0}d(\chi_At)=r_AV\mathrm{d}t \tag{3-33}$$

$$F_{V0}c_{A0}\Delta(\chi_At)=(r_AV)_{平均}\Delta t \tag{3-34}$$

例3-4 在半连续操作反应器中进行一级不可逆等温反应A+B ⟶ C，$r_A=kc_A$，先在反应器内加入500L物料B，含B8kmol，不含A。然后连续加入物料A，含A浓度为8mol/L，加入速度为10L/min。反应速度常数$k=1.33\times10^{-2}\mathrm{min}^{-1}$。求A的转化率随时间变化情况。

解 因为$n_{A1}=0$，所以可用差分式：

$$F_{V0}c_{A0}\Delta(\chi_At)=(r_AV)_{平均}\Delta t$$

$$r_A=kc_A=\frac{kc_{A0}F_{V0}t(1-\chi_A)}{V}$$

$$r_AV=kc_{A0}F_{V0}(1-\chi_A)t$$

$$(r_AV)_{平均}=\frac{1}{2}(r_{Ai}V_i+r_{Ai+1}V_{i+1})=$$

$$\frac{kF_{V0}c_{A0}}{2}[(1-\chi_{Ai+1})\ t_{i+1}+(1-\chi_{Ai})\ t_i]$$

$$\Delta t=t_{i+1}-t_i$$

$$\Delta(\chi_At)=\chi_{Ai+1}t_{i+1}-\chi_{Ai+1}-\chi_At_i$$

代入式

$$F_{V0}c_{A0}\Delta(\chi_At)=(r_AV)_{平均}\Delta t$$

$$\chi_{Ai+1}=\frac{2t_i+\Delta t+(2/k\Delta t-1)\chi_{Ai}t_i}{(2/k\Delta t+1)(t_i+\Delta t)}$$

取Δt，初始条件i=0，t_0=0和上式进行迭代计算机求解并列表：取Δt=10min计算结果见表3–3。

表3–3　计算结果

T/min	10	20	30	40	50	60	70	80
χ_A	0.062	0.121	0.174	0.224	0.269	0.311	0.349	0.384

工业中采用间歇操作或者半间歇操作，取决于哪种方式效率更高。

3.2　连续全混流釜式反应器

连续釜式反应器（CSTR）是一种以釜式反应器实现连续生产的操作方式。反应物料以稳定流量流入反应器，在反应器中，刚进入的新鲜物料与存留在反应器中的物料瞬间达到完全混合，符合理想混合假设。反应器中所有空间位置的物料参数都是均匀的，而且等于反应器出口处的物料性质，物料质点在反应器中的停留时间参差不齐，有的很长，有的很短，形成一个停留时间分布。系统达到定态后，物料在反应器内没有积累，系统中的浓度、温度等参数在一定位置处是定值，即不随时间而变化，但在反应器中不同位置这些参数是不同的。因此，对连续系统，物系中各参数是空间位置的函数。

连续釜式反应器具有生产效率高、劳动强度低、操作费用小、产品质量稳定、易实现自控等优点。但原料进入反应釜后，立即被稀释，使反应物浓度降低，所以，釜式连续反应器的反应推动力较小，反应速率较低，可使某些对温度敏感的快速放热反应得以平稳进行。由于釜式反应器的物料容量大，当进料条件发生一定程度的波动时，不会引起釜内反应条件的明显变化，稳定性好，操作安全（见图3–8）。

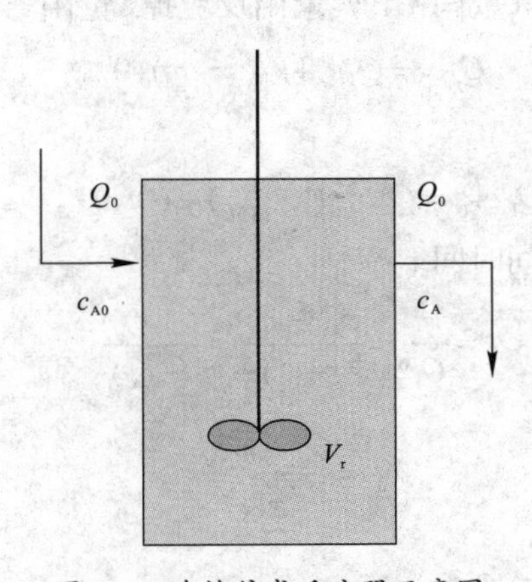

图3–8　连续釜式反应器示意图

3.2.1 连续系统中常用的概念

空间速度(空速)：单位反应体积所能处理的反应混合物的体积流量，以S_V表示。在反应器的不同位置处，气体混合物的体积流量随操作状态（压力、温度）而变化，某些反应由于反应前后总摩尔数的变化也可能引起体积流量的变化，因此，工业上常采用不含产物的反应混合物初态组成和标准状况来计算体积流量，以v_{S0}表示，有

$$S_V = \frac{\overline{v_{ON}}}{V_R} \tag{3-35}$$

式中，$\overline{v_{ON}}$为进口流体在标准状态下的体积流率。对气体为0℃，1atm；对液体为25℃。空间时间（空时）：反应器有效容积V_R与流体特征体积流率V_0之比值为空间时间，即

$$\tau = \frac{V_R}{v_0} \tag{3-36}$$

式中，v_0为特征体积流率，是反应器入口温度、压力和转化率为零时的体积流率。

τ是一个人为规定的参数，可作为过程的自变量，用空间时间可以方便地表示连续流动反应器的基本设计方程。

注意：空间速度不一定为相应的空间时间的倒数。对空间时间，采用进口条件下的体积流率；对空间速度，采用标准状态下的体积流率。对于气相催化反应，空间速度的定义稍有不同，定义为单位时间内通过单位催化剂体积（或质量）的物料标准体积流率。两者均是对于连续流动反应器人为定义的技术指标，反映了连续流动反应器的生产强度，对于间歇反应器不适用。工业上还可以根据需要定义催化剂质量空速（m^3/g–cat）、催化剂体积空速（m^3/m^3cat）、液空速（m^3液体原料/g–cat、m^3液体原料/m^3cat）、碳空速、烃空速等。

3.2.2 连续全混流釜式反应器设计计算

由于器内物料混合均匀，可以对全釜做关键组分A的物料衡算：

[A进入量]=[A出V_R量]+[反应掉A量]+[累积量]

$$Q_V c_{A0} = Q_V c_A + V_R(-r_A) + 0 \tag{3-37}$$

根据物料衡算方程：

$$Q_V c_{A0} = Q_V c_{A0}(1-\chi_{Af}) + (-r_A)V_R \tag{3-38}$$

对于单一反应，反应空间时间 τ：

$$\tau = \frac{V_R}{Q_V} = \frac{c_{A0}-c_A}{(-r_A)} = \frac{c_{A0}\chi_{Af}}{(-r_A)} \tag{3-39}$$

$$V_R = \frac{Q_V c_{A0}\chi_{Af}}{(-r_A)} \tag{3-40}$$

恒容条件下，

$$\tau=\frac{V_R}{v_0}=\frac{c_{A0}(\chi_{Af}-\chi_{A0})}{(-r_A)_f} \tag{3-41}$$

反应器内c，T恒定，不随时间变化，也不随位置变化。所以其内的$(-r_A)$在各点处相同，也不随时间变化——等速反应器。当同时进行多个反应时，只要进出口组成和Q_V已知，就可以针对一个组分求出反应体积V_R。

利用式（3-39）可图解计算全混流反应器。反应空时如图3-9所示。

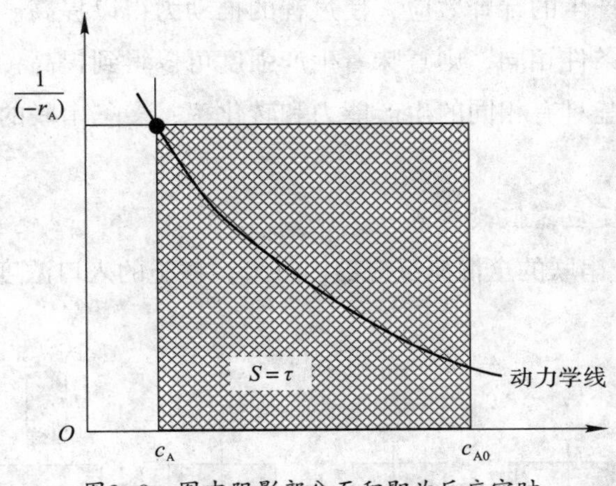

图3-9 图中阴影部分面积即为反应空时

例3-5 条件同例3-1醇酸树脂生产，若采用CSTR反应器，求己二酸转化率分别为80%、90%时，所需反应器的体积。

解 由前例已知：

$$(-r_A)=kc_{A0}^2(1-\chi_A)^2$$

$$F_{A0}=0.856\text{kmol}\cdot\text{h}^{-1}=0.014\ 3\text{kmol}\cdot\text{min}^{-1}$$

$$v_0=0.214\text{m}^3\cdot\text{h}^{-1}$$

由设计方程，有

$$V_R=F_{A0}\frac{\chi_{Af}-\chi_{A1}}{kc_{A0}^2(1-\chi_A)^2}$$

代入数据，χ_{Af}=0.8

$$V_R=\frac{0.014\ 3\times0.8}{1.97\times10^{-3}\times4^2\times(1-0.8)^2}=9.07\text{m}^3$$

代入数据，χ_{Af}=0.9时，有

$$V_R=\frac{0.014\ 3\times0.9}{1.97\times10^{-3}\times4^2\times(1-0.9)^2}=40.9\text{m}^3$$

计算结果显示，连续釜式反应器（CSTR）达到相同转化率，所需反应器体积比间歇反应器增大很多。

3.2.3　多釜串联连续全混流器

如果由几个串联的全混流反应器来进行原来由一个全混流反应器进行的反应，则除了最后一个反应器外，所有其他反应器都在比原来高的反应物浓度下进行反应，这势必减少了混合作用所产生的稀释效应，使过程的推动力得以提高。表现在，若两者的起始和最终浓度及温度条件相同，则意味着生产强度可以得到提高（因平均反应速度提高了）；如果多釜与单釜具有相同的生产能力和转化率，多釜串联的反应器总容积必定小于单釜。

1.多釜串联理想反应器假设特点

（1）反应在多个串联的全混流反应器内进行，各釜的入口浓度就是前一釜的出口浓度（见图3-10）。

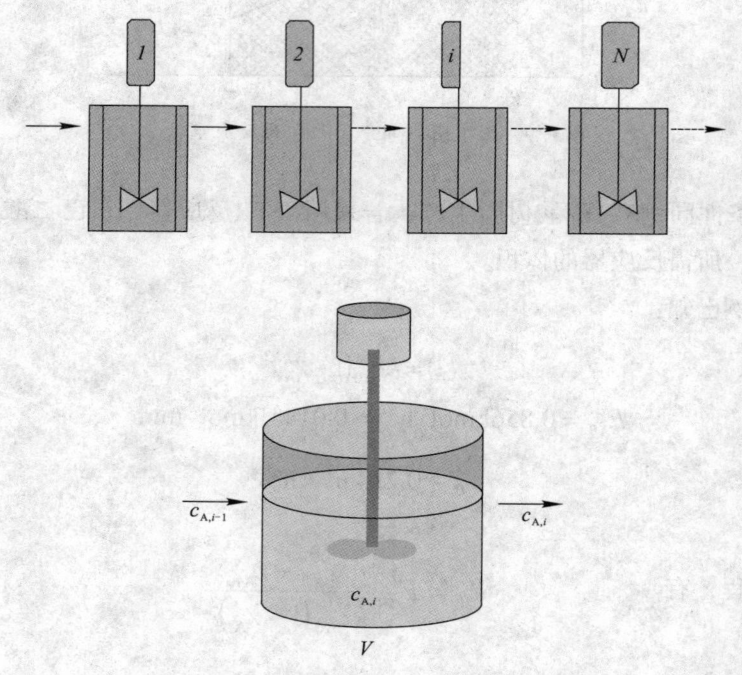

图3-10　多釜串联理想釜式反应器示意图

（2）串联的各反应器内，物料的组成和温度均匀一致，但各级反应器之间是突变的，连接管线中不发生反应。

（3）随着串联反应器数目的增多，其性能愈接近活塞流反应器。

2.多级全混流反应器串联的计算

（1）设计型计算和操作型计算：

$$t_i=\frac{V_{R,i}}{q_V}=\frac{c_{A,i-1}-c_{A,i}}{r_{A,i}} \tag{3-42}$$

一级不可逆反应，有 $r_A=kc_A$，$\frac{c_{A,i}}{c_{A,i-1}}=\frac{1}{1+kt_i}$　（3–43）

工业上，多级CSTR串联（层叠）时，往往使各级CSTR的体积相等，以便于制造，即t_1=t_2=t_3⋯=t_n=t，则

$$\chi_n=1-\prod_{i=1}^{n}\frac{1}{1+kt_i} \tag{3-44}$$

$$\chi_n=1-\prod_{i=1}^{n}\frac{1}{1+kt_i}=1-\left(\frac{1}{1+kt}\right)^n \tag{3-45}$$

$$t=\frac{1}{k}[\frac{1}{(1-\chi_n)^{\frac{1}{n}}}-1] \tag{3-46}$$

反应系统的总体积为

$$V_R=nV_{Ri}=nq_Vt=nq_V\frac{1}{k}[\frac{1}{(1-\chi_n)^{\frac{1}{n}}}-1] \tag{3-47}$$

（2）图解法。若为等温恒容反应，且反应器的各釜容积相等，则设计方程可改写为

$$\frac{c_{A,i}}{c_{A,i-1}}=\frac{1}{1+k_i\tau_i} \tag{3-48}$$

若第i釜的进口转化率$\chi_{A,\ i-1}$一定时，其出口转化率χ_{Ai}与$(-r_A)_i$呈直线关系。出口转化率不仅要满足物料衡算式（设计方程），而且还要满足动力学方程式，若将上两关系绘于χ_A~$(-r_A)$坐标系中，则两条线的交点所对应的χ_A值即为该釜的出口转化率。用式

$$(-r_A)_i=\frac{c_{A0}}{t}\chi_{A,i}-\frac{c_{A0}}{t}\chi_{A,i-1} \tag{3-49}$$

作第一釜的物料衡算线，交点P_1即为第一釜出口转化率χ_{A1}（见图3–11）因各釜体积相等，所以空时也相等，则各釜的物料衡算线的斜率一致。所以第二釜的物料衡算式可以从点χ_{A1}作平行于第一釜物料衡算线交于MN线于P_2，其横坐标即为第二釜的出口转化率χ_{A2}。依此类推，一直到第N釜出口转化率χ_A，N等于或大于所要求的转化率χ_{Af}为止。则所得斜线数目即为反应器釜数。

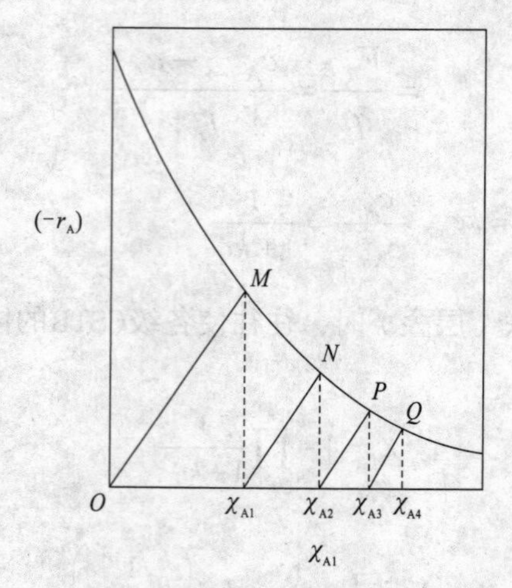

图3-11　串联釜式反应器作图法计算釜数

若给定釜数，可以用此法作图（见图3-11），最后直接读出串联釜式反应器中A的最终出口转化率χ_{AN}。图解法优点：χ_A~$(-r_A)$可以由动力学方程式直接绘出MQ曲线，也可由实验数据描出MQ曲线，对于非一级反应，均可不用较繁锁的解析法。图解法缺点：只有当反应的速率方程能用单一组分的浓度来表示时才能画出χ_A~$(-r_A)$曲线，因而才能用图解法。对于平行、连串等复杂反应，此法不适用。

目前已有相应计算机软件进行迭代计算，大大减轻设计人员的工作负担。

3.多级全混流反应器串联的优化

反应器的设计中常碰到类似这样的问题，物料处理量V_0，进料组成c_{A0}及最终转化率χ_{Am}均提前确定。反应级数因受生产条件限制亦确定。如何分配各级反应器的转化率才合理呢？通常以总体积为目标函数来求解此类问题，即使反应总体积为最小来确定各级反应釜的转化率。

现在以一级不可逆反应为例作下述说明：

$$V_{Ri}=\frac{v_0c_{A0}(\chi_{A_i}-\chi_{A_{i-1}})}{kc_{A_i}}=\frac{v_0}{k}\ \frac{\chi_{A_i}-\chi_{A_{i-1}}}{1-\chi_{A_i}} \tag{3-50}$$

$$V_R=\sum_{i=1}^{m}V_{Ri}=\frac{v_0}{k}\left(\frac{\chi_{A_1}-\chi_{A_0}}{1-\chi_{A_1}}+\frac{\chi_{A_2}-\chi_{A_1}}{1-\chi_{A_2}}+\ldots+\frac{\chi_{A_m}-\chi_{A_{m-1}}}{1-\chi_{A_m}}\right) \tag{3-51}$$

为使 V_R 最小，对 V_R 求偏导数，得

$$\frac{\partial V_R}{\partial\chi_{A_i}}=\frac{v_0}{k}\left[\frac{1-\chi_{A_{i-1}}}{(1-\chi_{A_i})^2}-\frac{1}{1-\chi_{A_{i+1}}}\right]\ (i=1,2,\ldots,m-1) \tag{3-52}$$

令$\frac{\partial V_R}{\partial\chi_{A_i}}=0$，则 $\frac{1-\chi_{A_{i-1}}}{(1-\chi_{A_i})^2}-\frac{1}{1-\chi_{A_{i+1}}}=0$

即
$$\frac{1-\chi_{A_{i-1}}}{1-\chi_{A_i}}=\frac{1-\chi_{A_i}}{1-\chi_{A_{i+1}}} \tag{3-53}$$

$$\frac{\chi_{A_i}-\chi_{A_{i-1}}}{1-\chi_{A_i}}=\frac{\chi_{A_{i+1}}-\chi_{A_i}}{1-\chi_{A_{i+1}}} \tag{3-54}$$

$$\frac{v_0}{k}\frac{\chi_{A_i}-\chi_{A_{i-1}}}{1-\chi_{A_i}}=\frac{v_0}{k}\frac{\chi_{A_{i+1}}-\chi_{A_i}}{1-\chi_{A_{i+1}}} \tag{3-55}$$

即
$$V_{R}=V_{Ri+1} \tag{3-56}$$

可见，对一级不可逆反应，采用多级全混流反应器串联时，若各釜反应条件相同（等温、等容），则要使总的反应体积最小，必需的条件是使各釜的反应体积相等。

这样选定等体积的设备，还会带来操作自动控制简单，设备标准化制造降低成本的好处。

3.2.4　连续釜式反应器的稳定态操作

连续釜式反应器的热稳定性是放热反应系统所特有的，其起因是反应速率对反应温度的非线性依赖关系造成的。连续釜式反应器中进行放热反应时，反应器要保持定常态，温度围绕一个特定值波动，就必须不断移走热量，移走热量一般通过两条途径：反应器内物料体系温度升高或者焓值增大；冷却介质热交换带走热量。非定态下，温度会不断变化。定态和非定态过程温度均可用热量衡算式和物料衡算式来计算确定，方程解会出现不唯一的定态问题，同时存在多个定态。

在定态下以整个反应器进行热量衡算：

$$\begin{bmatrix}\text{物流携}\\\text{入热量}\\Q_0\rho c_p T\end{bmatrix}-\begin{bmatrix}\text{物流携}\\\text{出热量}\\Q_0\rho c_p T_0\end{bmatrix}-\begin{bmatrix}\text{反应器与环}\\\text{境的热交换}\\UA(T-T_W)\end{bmatrix}+\begin{bmatrix}\text{反应器内反}\\\text{应的热效应}\\(-r_A)(-\Delta H_r)V_R\end{bmatrix}=\begin{bmatrix}\text{积累量}\\0\end{bmatrix} \tag{3-57}$$

整理得
$$Q_0\rho c_p(T-T_0)-UA(T-T_W)+(-r_A)(-\Delta H_r)V_R=0 \tag{3-58}$$

将 $\chi_A=\dfrac{k_0 e^{\left(\frac{-E}{RT}\right)}}{1+k_0 e^{\left(\frac{-E}{RT}\right)}}\left(\dfrac{V_R}{V_0}\right)$ 代入式（3-58）有
$$Q_0\rho c_p(T-T_0)-KA(T-T_W)+Q_0 c_{A0}\chi_{Af}(-\Delta H_r)=0 \tag{3-59}$$

并移项整理得

$$Q_0\rho c_p(T_0-T)+UA(T-T_W)=\frac{V_R c_{A0}k_0 e^{\left(\frac{-E}{RT}\right)}(-\Delta H_r)}{1+k_0 e^{\left(\frac{-E}{RT}\right)}} \quad (3-60)$$

如果是放热反应，上式左侧为移热，右侧为产热。

左侧：移热速率为

$$q_r=Q_0\rho c_p(T_2-T_1)+UA(T_2-T_W) \quad (3-61)$$

右侧：产热速率为

$$q_g=\frac{V_R c_{A0}k_0 e^{\left(\frac{-E}{RT}\right)}(-\Delta H_r)}{1+k_0 e^{\left(\frac{-E}{RT}\right)}} \quad (3-62)$$

以操作温度T_2为横坐标，分别对q_r和q_g作图（见图3-12），移热速率为一直线，放热速率非线性关系。

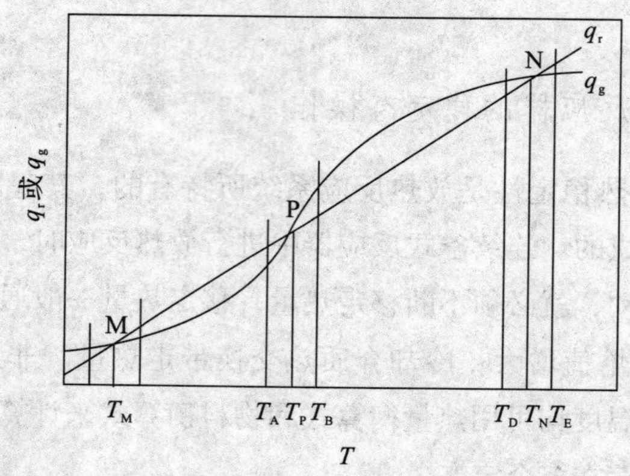

图3-12　定态方程放热和吸热曲线

只有两条曲线的交点才满足方程。（即左侧右侧相等）。

两条曲线交于N，P，M三点，均是满足方程的解，理论上都是可以操作的状态点。但是这三个操作点的稳定性却不同，以下分别讨论：

M点：产热速率和移热速率都低；

P点：产热速率和移热速率中等；

N点：产热速率和移热速率都高。

稳定性问题：体系受到扰动后自行恢复的能力。如果一个操作点在受到扰动后能自行恢复，称为稳定操作点。否则称为不稳定操作点。

N点：当某一随机因素使温度升高到T_E时，移热速率大于产热速率，温度将下降；若温度降低至T_D，此时，产热速率大于移热速率，温度将上升，最后稳定在T_N。因此，N点是稳定操作点。同理，M点也是稳定操作点。

而P点正相反，温度升高时，产热速率大于移热速率，温度下降时，移热速率大于产热速率，受到扰动时，温度或者上升到N点，或者下降到M点，因此，P点不是稳定操作点。

数学上：

NM 点： $$\frac{dq_r}{dt} > \frac{dq_g}{dt} \tag{3-63}$$

而 P 点： $$\frac{dq_r}{dt} < \frac{dq_g}{dt} \tag{3-64}$$

因此，$\frac{dq_r}{dt} > \frac{dq_g}{dt}$ 为稳定操作点的必要条件。

进料温度与反应器操作温度的关系：进料温度在T_A与T_D之间，存在两个稳定操作点。T_D为点火点，开车时此时温度从T_G升高至T_D点，操作曲线在F点会发生跃迁增高至D点，继续升高不会再出现突变现象而平稳。T_A为熄火点，停车时T_E温度降低到T_A点，操作曲线在B点会发生跃迁降低直至A点，继续降低会趋于平稳。工业上利用这两种特殊操作状态，可以实现反应器设备开停车控制过程自动化，如图3-13所示。

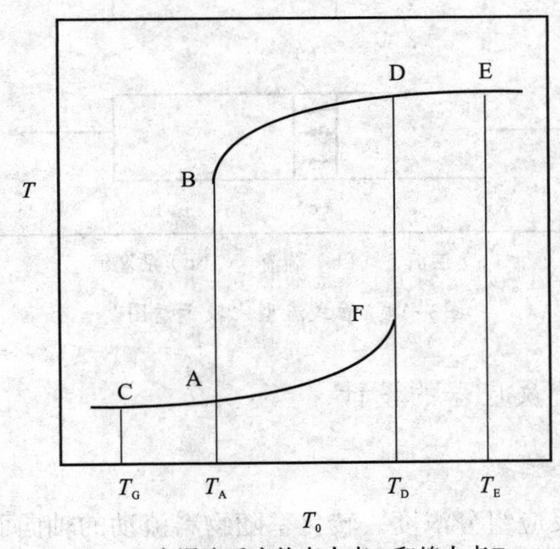

图3-13　定态方程点火点和熄火点曲线

宇宙大爆炸理论，天气中的蝴蝶效应与釜式反应器稳定性的数学关系，在数学理论形式上有惊人的相似性。近代系统工程关于这方面的理论起源之一是工程上对反应器稳定性问题的研究。

3.3　管式流反应器

管式流反应器，也称活塞流或平推流反应器模型（Plugflowreactor，PFR）。反应器的长径比较大，连续流动下，各个截面上的各种参数既受流体流动过程的影响，也受传热及化学反应的影响，在流动方向垂直截面上，反应物料具有不相同的停留时间。活塞流反应器模型假定径向流速分布均匀，即所有的流体质点以相同的速率从入口流向出口，就像活塞运动一样，所以理想置换所对应的流型又称为活塞流，轴向上的同截面上浓度、温度分布均匀，湍流操作（$Re>10^4$）时，上述假设与实际情况基本吻合，如图3-14所示。

管式反应器既可用于均相反应又可用于多相反应。具有结构简单、加工方便、传热面积大、传热系数高、耐高压、生产能力大、易实现自动控制等特点。可常压操作也可加压操作，常用于对温度不敏感的快速反应。常见型式有水平、立式、盘管、U型管等。

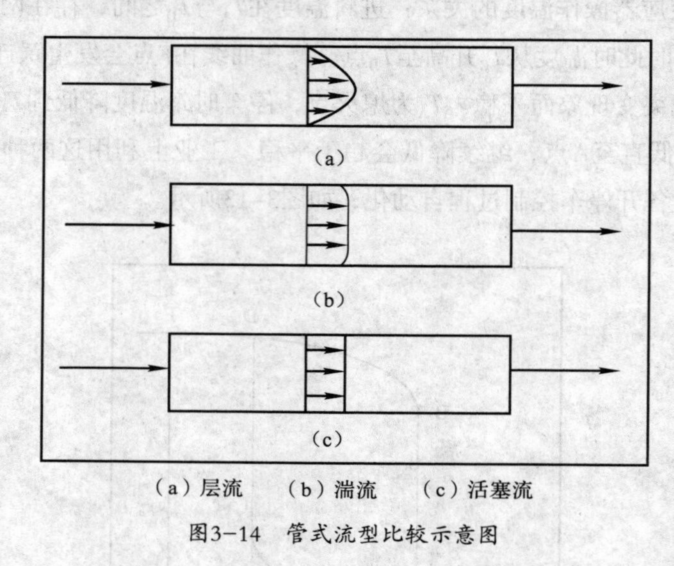

（a）层流　（b）湍流　（c）活塞流

图3-14　管式流型比较示意图

3.3.1　等温管式流反应器的设计

1.恒容管式反应器

在管式反应器内，反应组分浓度、转化率随物料流动的轴向而变化，故可取微元体积dV_R对关键组分A作物料衡算：

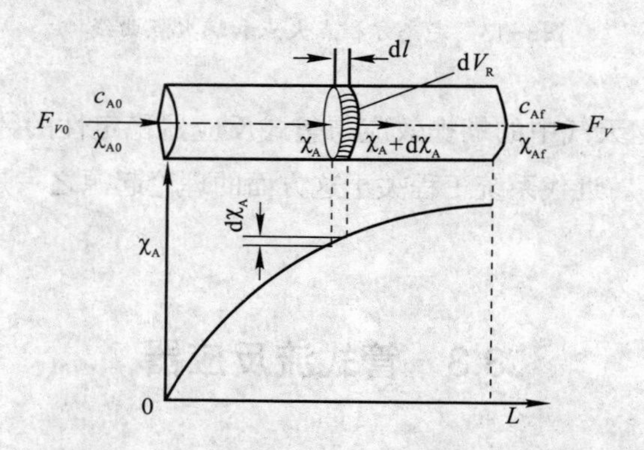

图3-15　管式反应器的物料衡算模型的建立

流入量=流出量+反应量+累积量

$$F_{nA}=F_{nA}+\mathrm{d}F_{nA}+r_A\mathrm{d}V_R \tag{3-65}$$

因为连续反应中流入量等于流出量，则有

$$(-r_A)V=-\frac{\mathrm{d}n_A}{\mathrm{d}t} \tag{3-66}$$

积分可得

$$\tau=\frac{n_{A0}}{V}\int_0^{x_{Af}}\frac{\mathrm{d}x_A}{(-r_A)}=-\int_{c_{A0}}^{c_{Af}}\frac{\mathrm{d}c_A}{(-r_A)}=\frac{V_R}{V_0} \tag{3-67}$$

式中，τ为空间时间，反应器的有效容积与进口处的体积流量之比。

例3-6　同前例3-1，计算转化率分别为80%，90%时所需平推流反应器的大小。

解　对PFR，有

$$\frac{V_R}{v_0}=c_{A0}\int_0^{\chi_{A_2}}\frac{\mathrm{d}\chi_A}{kc_{A0}^2\left(1-\chi_A\right)^2}=\frac{1}{kc_{A0}}\frac{\chi_{A_2}}{\left(1-\chi_{A_2}\right)}$$

$$\tau=\frac{V_R}{v_0}=c_{A0}\int_{\chi_{A_1}}^{\chi_{A_2}}\frac{\mathrm{d}\chi_A}{(-r_A)}$$

代入数据χ_A=0.8时，有

$$V_R=\frac{0.214}{1.97\times10^{-3}\times4}\times\frac{0.8}{(1-0.8)}\times\frac{1}{60}=1.81\mathrm{m}^3$$

管径与管长的确定：在管式反应器反应体积V_R确定后，便可进行管径和管长的设计，由$V_R=\pi d^2L/4$可知，d、L可有多解，但应使$Re>10^4$，满足湍流操作。通常有以下几种算法：先规定流体的$Re(>10^4)$，据此确定管径d，再计算管长L；先规定流体流速u，据此确定管径d，再计算管长L，再检验Re是否$>10^4$；根据标准管材规格确定管径d，再计算管长L，再检验Re是否$>10^4$；对于传热型的管式反应器，可根据热量衡算得出的传热面积A，确定管径d和管长L，再检验Re是否$>10^4$。

例题3-7　化学反应A+2B⟶C+D在管式反应器中实现，$(-r_A)=1.98\times10^{-2}c_Ac_B\,\mathrm{kmol/(m^3\cdot min)}$。已知A，B的进料流量分别为0.08m³/h和0.48m³/h；混合后A，B的初浓度分别为1.2kmol/m³和15.5kmol/m³；密度分别为1 350.0kg/m³和881.0kg/m³；混合物黏度为1.5×10^{-4}Pa·s。要求使A的转化率达到0.98，求反应体积，并从$\phi24\times6$，$\phi35\times9$，$\phi43\times10$三种管材中选择一种。

解　反应物的体积流量　$v_0=v_{A0}+v_{B0}=0.56\mathrm{m^3/h}$

密度　$\rho=(v_{A0}\rho_A+v_{B0}\rho_B)/(v_{A0}+v_{B0})=948.0\mathrm{kg/m^3}$

反应器任意位置：$c_A=c_{A0}(1-x_A)$，$c_B=c_{B0}-2c_{A0}\chi_A$，则有

$$r_A=kc_Ac_B=c_{A0}(1-\chi_A)(c_{B0}-2c_{A0}\chi_A)$$

$$V_R=F_{v0}c_{A0}\int_0^{\chi_A}\frac{\mathrm{d}\chi_A}{(-r_A)}=$$

$$F_{V0}\int_0^{\chi_A}\frac{d\chi_A}{k(1-\chi_A)(c_{B0}-2c_{A0}\chi_A)}=$$

$$\frac{F_{V0}}{k(2c_{A0}-c_{B0})}\ln\frac{1-\chi_A}{1-2c_{A0}\chi_A/c_{B0}}$$

代入已知数据得V_R=0.134m^3，分别计算3种管材的管长、Re值见表3-4。

表3-4　计算数据

管材	V_R/m^3	d/m	L/m	Re/10^{-4}
$\phi 24\times 6$	0.134	0.012	1 184.8	10.4
$\phi 35\times 9$		0.017	590.4	7.4
$\phi 43\times 10$		0.023	322.5	5.4

可见，3种管材均可满足$Re>10^4$的要求，但采用$\phi 24\times 6$管长太长，而采用$\phi 43\times 10$管材时，Re值偏小，所以采用$\phi 35\times 9$管材。

2.变容管式反应器

对于液相反应，认为反应物在反应前后的体积不变，即恒容反应，是符合绝大多数实际情况的近似。但对于管式反应器中进行的气相反应，这种近似与实际情况的出入往往很大，其原因是管式反应器在恒压下操作，由化学反应而导致反应体系摩尔数的变化必然引起反应体积的变化，故这种情况不能作为恒容处理。因此，引入变容反应膨胀因子，对于变容反应膨胀因子ε_A，其物理意义为变化1mol反应物A时，引起的反应物系的总摩尔数的变化量。于是，对于n级不可逆反应$(-r_A)=kc_A^{\ n}$，其速率方程可表达为

$$(-r_A)=k\left(\frac{c_{A0}(1-\chi_A)}{1+y_{A0}\varepsilon_A\chi_A}\right)^n \tag{3-68}$$

例3-8　等温二级不可逆反应2A→R，在理想置换管式反应器中进行，已知气相物料的起始流量为360.0m^3/h，A的初浓度均为0.8kmol/m^3，其余的惰性气体的浓度为2.4kmol/m^3，速率常数为8.0m^3/(kmol · min)。要使A的转化率达到0.90，求停留时间和反应体积。

解

$$c_A=\frac{c_{A0}(1-\chi_A)}{1+y_{A0}\varepsilon_A\chi_A}$$

$$(-r_A)=k\left(\frac{c_{A0}(1-\chi_A)}{1+y_{A0}\varepsilon_A\chi_A}\right)^2$$

由$(-r_A)=kc_A^{\ 2}$，得

$$\tau=\frac{1}{kc_{A0}}\int_0^{\chi_A}\left(\frac{1+y_{A0}\varepsilon_A\chi_A}{1-\chi_A}\right)^2 d\chi_A=$$

$$\frac{1}{kc_{A0}}(2y_{A0}\varepsilon_A(1+y_{A0}\varepsilon_A)\ln(1-\chi_A)+(y_{A0}\varepsilon_A)^2\chi_A+(1+y_{A0}\varepsilon_A)^2\frac{\chi_A}{1-\chi_A})$$

其中，
$$\varepsilon_A=-1,\quad y_{A0}=\frac{0.8}{0.8+2.4\times2}=0.2$$

$$\text{上式}=\frac{1}{kc_{A0}}\left[0.4(1-0.2)\ln(1-\chi_A)+0.04\chi_A+0.64\frac{\chi_A}{1-\chi_A}\right]$$

$\tau=1.02\,\text{min}$，则

$$V_R=F_{V0}\tau=\frac{360\times1.02}{60}=6.12\text{m}^3$$

3.3.2　变温管式反应器

在工业生产中绝大多数的化学反应过程是在变温条件下进行。这一方面由于化学反应过程都伴随着热效应，有些热效应还相当大，即使采用各种换热方式移走热量（放热反应）或输入热量（吸热反应），工业反应器都难以完全维持恒温。另一方面许多反应过程等温操作的效果并不好，而要求有最佳温度分布。因此，对于变温管式反应器的设计计算必不可少（见图3-16）。

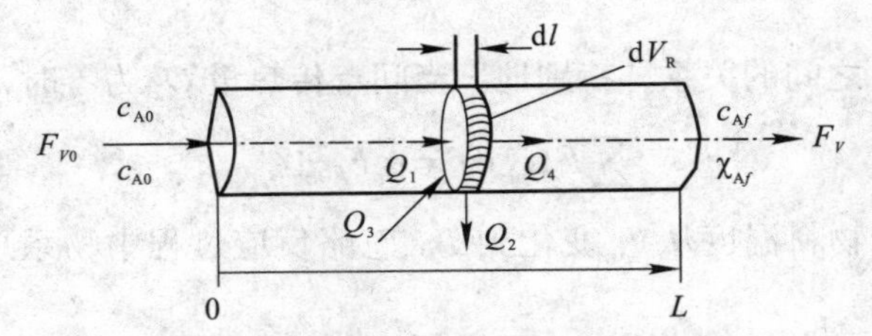

图3-16　变温管式反应器热量衡算示意图

变温操作时，尽管反应器内物料径向混合均匀，但沿轴向(物料流动的方向)物料的浓度、温度都发生变化，而速率常数又是温度的函数。因此，要对反应进程进行数学描述，需要联立物料衡算方程(速率方程)和热平衡方程。

设Q_1，Q_4分别为单位时间内物料带入、带出微元体积的热量；Q_2表示单位时间内间壁传热量；Q_3表示单位时间内化学反应产生的热；热累积为零。

稳态操作下，热平衡方程为

$$Q_1+Q_3=Q_4+Q_2 \tag{3-69}$$

其中反应的热效应 Q_3 包括反应热 Q_R 和物理变化热 Q_P，设物理变化热 $Q_P=0$，所以

$$Q_4-Q_1=Q_r-Q_2 \tag{3-70}$$

各项热量的计算方法为

$$Q_4-Q_1=\sum F_i C_{pi}\mathrm{d}T \tag{3-71}$$

该式的物理意义为物料通过微元体积时显热的变化。F_i，C_{pi}分别表示进入微元体积的组分i的摩尔流量和定压摩尔热容；$\mathrm{d}T$为物料经过微元体积时温度的变化。

间壁传热量：

$$Q_2=K(T-T_s)\mathrm{dA}=K(T-T_s)\pi d\mathrm{d}l \tag{3-72}$$

式中K为总传热系数；$\mathrm{d}A$为微元体积的传热面积；d为管内径；T为反应物温度；T_s为传热介质温度。

化学反应热：

$$Q_r=q_r r_A \mathrm{d}V_R=q_r F_{A0}\mathrm{d}\chi_A \tag{3-73}$$

式中q_r为以组分A为基准的摩尔反应热；F_{A0}为A组分的起始摩尔流量，将上面的具体算式代入热平衡方程，得

$$\sum F_i C_{pi}\,\mathrm{d}T=q_r F_{A0}\mathrm{d}\chi_A-K(T-T_s)\pi d\mathrm{d}l \tag{3-74}$$

与物料平衡方程联立，有

$$\begin{aligned} &F_{V_0}\, c_{A0}\mathrm{d}\chi_A=r_A\frac{\pi d^2}{4}\mathrm{d}l \\ &\sum F_i C_{pi}\,\mathrm{d}T=q_r F_{A0}\mathrm{d}\chi_A-K(T-T_s)\pi d\mathrm{d}l \end{aligned} \tag{3-75}$$

求解可得χ_A~T~l之间的关系，特别地，当间壁传热量Q_2为零时，即绝热过程为

$$\sum F_i C_{pi}\,\mathrm{d}T=q_r F_{A0}\mathrm{d}\chi_A \tag{3-76}$$

假设在反应器中物料温度从T_0变化到T，忽略反应过程中物系总摩尔数的变化，上式左端可积分为

$$\int_{T_0}^{T}\sum F_i C_{pi}\,\mathrm{d}T=\int_{T_0}^{T}F_0\overline{C_p}\mathrm{d}T=F_0\overline{C_p}(T-T_0) \tag{3-77}$$

式中F_0为反应物系起始的摩尔流量；为反应物系在T_0~T之间的平均定压热容。

又设$F_{A0}=F_0 y_{A0}$（y_{A0}为反应开始时A组分的摩尔分率），相应于温度从T_0到T的变化，组分A的转化率从χ_{A0}变化到χ_A，则上式右端可积分为

$$\int_{\chi_{A0}}^{\chi_A}q_r F_{A0}\mathrm{d}\chi_A=q_r F_0 y_{A0}(\chi_A-\chi_{A0}) \tag{3-78}$$

$$F_0\overline{C_p}(T-T_0)=q_r F_0 y_{A0}(\chi_A-\chi_{A0}) \tag{3-79}$$

也就是

$$T-T_0=\frac{q_r y_{A0}}{\overline{C_p}}(\chi_A-\chi_{A0}) \tag{3-80}$$

称为绝热温升或温降，其物理意义为反应物中的A组分完全转化时，引起物系温度变化的度数。

令$\lambda=\frac{q_r y_{A0}}{\overline{C}_p}$，则

$$T-T_0=\lambda(\chi_A-\chi_{A0}) \quad (3-81)$$

此式称为绝热方程，说明了绝热反应过程中A组分的转化率χ_A和反应温度T之间的关系。上式与间歇反应器、全混流反应器在绝热情况推导出的公式完全一样，所以绝热方程适用于各类反应器。虽然绝热方程反映了三类反应器在绝热条件下操作温度与转化率的关系，但本质上还是有区别的：平推流反应器反映的是绝热条件下，不同轴向位置温度与转化率的关系；间歇反应器反映的是绝热条件下，不同反应时间温度与转化率的关系；全混流反应器反映的是绝热条件下，出口转化率与操作温度关系。

变温操作的管式反应器对于不可逆反应和可逆吸热反应，需要确定最佳操作温度序列，即反应器的最佳轴向温度分布，最佳操作温度序列应遵循先低后高这一原则，温度逐渐上升，可补偿由于浓度降低而引起的反应速率减小；对于可逆吸热反应，只有保持反应器出口较高的温度，才有可能获得较大的平衡转化率，提高最终转化率。可逆放热反应，最佳操作温度序列则是由高温到低温。

例3-9　计算甲苯氢解反应$C_6H_5CH_3+H_2 \longrightarrow C_6H_6+CH_4$的绝热温升。原料气温度为873K，氢及甲苯的摩尔比为5。反应热（$-\Delta H_{298}$）= −49 974J/mol。热容（$J \cdot mol^{-1} \cdot K^{-1}$）数据如下：

H_2：C_P=20.786　　　　CH$_4$：C_P=0.044 14T+27.87

C_6H_6：C_P=0.106 7T+103.18　　　　$C_6H_5CH_3$：C_P=0.035 35T+124.85

（1）推导出绝热平推流反应器与转化率关系微分方程；

（2）将微分方程简化为线性代数方程，并注明各符号简化依据和条件；

（3）求绝热温升；

（4）在T_0=873K，χ_{A0}=0，χ_A=0.7的条件下，如甲苯最终转化率达到70%，试计算绝热反应器的出口温度。

解　（1）绝热管式反应器反应物料温度T与转化率χ_A的微分方程为

$$dT=\frac{w_{A0}(-\Delta H_r)_{T_r}}{M_A C_{pt}}\,d\chi_A \quad (A)$$

式中$(-\Delta H_r)T_r$为基准温度下的热效应；C_{pt}为反应物料在基准温度下与反应温度T之间的热容；w_{A0}为组分A的初始质量分率；M_A为组分A的相对分子质量。

（2）如果不考虑热容C_{pt}随物料组成及温度的变化，即用平均温度及平均组成下的热容$\overline{C}_{pt}$代替，则积分（A）式得

$$T-T_0=\lambda(\chi_A-\chi_{A0}) \quad (B)$$

式中，T_0为反应入口；χ_{A0}为初始转化率：

$$\lambda=\frac{w_{A0}(-\Delta H_r)_{T_r}}{M_A\overline{C}_{pt}}$$

此时式（A）化为线性方程。当χ_{A0}=0时，又可写成：

$$T=T_0+\lambda\chi_A$$

（3）求绝热温升。已知T_0=873K，χ_{A0}=0，A表示关键组分甲苯，其初始摩尔分率y_{A0}=1/6，为计算方便将式（B）改写为

$$T-T_0=\frac{y_{A0}(-\Delta H_r)_{T_0}}{\overline{C'_{pt}}} \tag{C}$$

此时$\overline{C'_{pt}}$是以摩尔数为基准的。选入口T_0为基准温度，需求出反应热$(-\Delta H_r)_{873}$，以转化1mol甲苯为计算基准，则有

$$(-\Delta H_r)_{873}=49\ 974+20.786(298-873)+\int_{873}^{298}(0.035\ 35T+124.85)\mathrm{d}T+$$

$$\int_{873}^{298}(0.044\ 14T+27.87)\mathrm{d}T+\int_{873}^{298}(0.10\ 67T+103.18)\mathrm{d}T=80\ 468.2\mathrm{J/mol}$$

从基准温度T_0到出口温度反应物料的平均热容为

$$\overline{C'_{pt}}=\frac{4}{6}\overline{C}_{p,H_2}+\frac{1}{6}\overline{C}_{p,CH_4}+\frac{1}{6}\overline{C}_{p,C_6H_6} \tag{D}$$

式中各组分热容为各组分从基准温度至出口温度的平均热容。其绝热温升：

$$\lambda=\frac{y_{A0}(-\Delta H_r)_{873}}{\overline{C'_{pt}}}=\frac{1/6\times 80\ 468.2}{\overline{C'_{pt}}} \tag{E}$$

因为反应出口未知，所以需将式(C)，(D)及(E)联立试差求解得：λ＝222K

（4）当χ_A=0.7时，绝热反应器的出口温度为

$$T_j=873+222\times 0.70=1\ 028.4\mathrm{K}$$

对于复杂反应，要获得最佳操作温度序列，往往需要通过复杂的计算才能确定，已经有专门的软件用于此方面的计算。

管式反应器也存在热稳定性问题，也有最大允许径向温差和最大管径限制，对于管径过大的反应器才会出现不稳定这种情况，因此一般管式反应器管径都有限制。一般对于管式反应器，放热反应在进口处传热不能及时移走热量，沿着轴向还存在温度升高，随着反应进行，反应物浓度降低，轴向温度也会随之降低。沿着温度分布曲线存在最大值，此极值温度点称为热点。因为催化剂遭遇过高温度会发生熔化失活等问题，所以反应器设计中对此参数测定和分析显得尤为必要。

3.4 管式与釜式反应器比较

对于正常反应动力学，达到同样反应结果间歇反应器比平推流反应器所需反应体积略大些，这是由于间歇过程需辅助工作时间所造成的。而全混釜反应器比平推流反应器、间歇反应器所需反应体积大得多，这是由于全混釜的返混造成反应速率下降所致。当转化

率增加时，所需反应体积迅速增加。

由于无返混，所以管式反应器效率远高于连续全混釜式反应器。典型的是军工中的火炸药和石油炼制都采用管式反应器。对于反常反应动力学，上述结论刚好相反，连续全混釜反应效率最高，在高分子聚合合成中就有应用。

对于平推流反应器，在恒温下进行，其设计式为

$$\tau_{\mathrm{P}}=\frac{1}{kc_{\mathrm{A0}}^{n-1}}=\int_0^{\chi_{\mathrm{A}}}\left(\frac{1+\varepsilon_{\mathrm{A}}\chi_{\mathrm{A}}}{1-\chi_{\mathrm{A}}}\right)^n\mathrm{d}\chi_{\mathrm{A}} \tag{3-82}$$

对于全混流反应器，在恒温下进行，其设计式为

$$\tau_{\mathrm{m}}=\frac{\chi_{\mathrm{A}}}{kc_{\mathrm{A0}}^{n-1}}\left(\frac{1+\varepsilon_{\mathrm{A}}\chi_{\mathrm{A}}}{1-\chi_{\mathrm{A}}}\right)^n \tag{3-83}$$

二式相除，当初始条件和反应温度相同时，有

$$\frac{\tau_{\mathrm{m}}}{\tau_{\mathrm{p}}}=\frac{(V_{\mathrm{R}})_{\mathrm{m}}}{(V_{\mathrm{R}})_{\mathrm{p}}}=\frac{\chi_{\mathrm{A}}\left(\frac{1+\varepsilon_{\mathrm{A}}\chi_{\mathrm{A}}}{1-\chi_{\mathrm{A}}}\right)^n}{\int_0^{\chi_{\mathrm{A}}}\left(\frac{1+\varepsilon_{\mathrm{A}}\chi_{\mathrm{A}}}{1-\chi_{\mathrm{A}}}\right)^n\mathrm{d}\chi_{\mathrm{A}}} \tag{3-84}$$

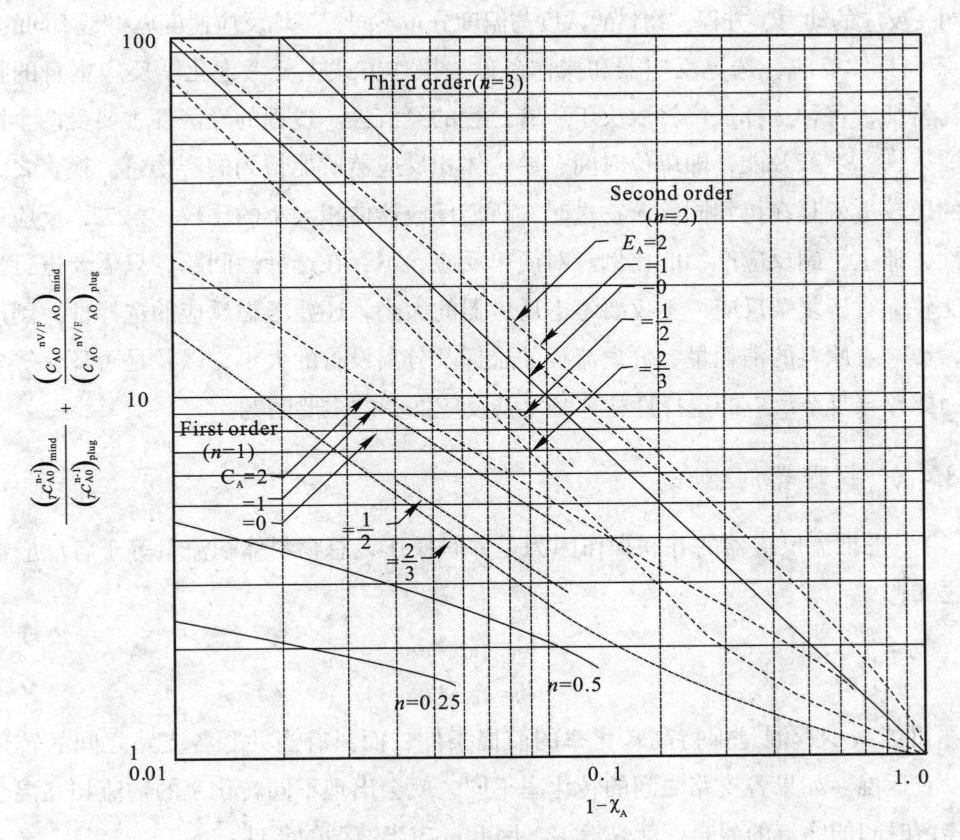

图3-17　n级反应在反应器中性能比较

由图3–17可以看出：

相同条件下全混流$V_{PM}>V_{RP}$（平推流），前者存在返混造成。

（1）当转化率较小时，反应器性能对流体流动状况的影响较小。采用低转化率操作，可减少返混带来的影响。随着转化率的增大，二者体积相差愈来愈显著。由此可知，过程要求转化率越高，返混也越大。

（2）转化率越小，两者体积差别越小，但原料得不到充分利用，可采用循环流程。

（3）当转化率一定时，随着反应级数的增高，返混对反应的影响越严重。二者体积相差愈来愈显著。级数高的反应在生产中应注意减少返混。

（4）当转化率、反应级数一定时，随着膨胀率ε_A的增大，二者体积相差增大。但相对流动状况的影响较小。

3.4.1 总选择性和总收率

工业规模化学反应器中进行的过程，其中既有化学反应过程，又有传质、传热和流体不均匀流动等物理过程，物理过程与化学反应过程交互影响反应结果，具体是比较复杂的。流体的流动、传质、传热过程会影响实际反应器内物料的浓度和温度在时间、空间上的分布，就是同一反应的动力学方程，物料的浓度与温度分布不同，平均反应速度也将是不同的。

某个具体反应，选择反应器和操作条件、操作方式主要考虑化学反应本身的特性与反应器特征，每种选择最终将取决于所有过程的经济性。过程的经济性主要受两个因素所影响。第一、生产效能，即单位时间、单位体积反应器所能得到的产物量。换言之，生产效能的比较也就是在得到同等产物量时，所需反应器体积大小的比较。第二，反应产物的选择性，即主、副反应产物的比例。对简单反应，不存在选择性问题，只需要进行生产能力的比较。对于复杂反应，不仅要考虑反应器的大小，还要考虑反应的选择性。副产物的多少，影响着原料的消耗量、分离流程的选择及分离设备的大小，以及是否环保等多个方面。因此改善复杂反应的选择性往往是复杂反应面临的主要问题。

3.4.2 反应器的组合

（1）平推流反应器的并联操作因为是并联操作，总物料体积流量等于各反应器体积流量之和；

$$V_R=V_{R1}+V_{R2}$$

$$V_0=V_{01}+V_{02}$$

尽可能减少返混是保持高转化率的前提条件，而只有当并联各支路之间的转化率相同时没有返混。如果各支路之间的转化率不同，就会出现不同转化率的物流相互混合，即不同停留时间的物流的混合，就是返混。因此，应当遵循的条件：

$$\tau_1=\tau_2 \tag{3-85}$$

$$V_{R1}:V_{R2}=V_{01}:V_{02} \tag{3-86}$$

（2）全混流反应器的并联操作，多个全混流反应器并联操作时，达到相同转化率使反应器体积最小，与平推流反应器并联操作道理相同，必须满足的条件相同。

（3）平推流反应器的串联操作，考虑N个平推流反应器的串联操作等于一个总体积相同管式反应器。图3-18直观表示了在相同转化率下，不同形式反应器的容积生产效率。采用多级全混流反应器串联操作可以减少返混，提高反应推动力，使V_{RM}与V_{RP}的差别减少。

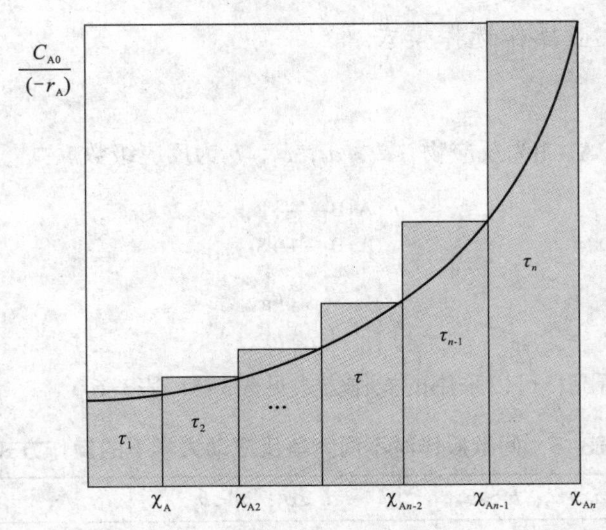

图3-18　管式流反应器和多釜串联反应器空时效率比较图

例3-10　一级反应，$r_A=kc_A$，已知A的初浓度为1.0kmol/m^3，速率常数为1.0/min。要求转化率达到90.0%，分别采用单釜连续、两等体积釜连续和管式反应器实现，反应时间分别是多少

解　①单釜连续时，有

$$\tau=\frac{c_{A0}(\chi_A-\chi_{A0})}{r_A}=\frac{c_{A0}\chi_A}{kc_{A0}(1-\chi_A)}=9.0\text{min}$$

②两等体积釜连续时，有

$$\tau_T=2\tau=\frac{2}{k}\left[\left(\frac{1}{1-x_A}\right)^{\frac{1}{2}}-1\right]=4.3\,\text{min}$$

③采用管式反应器时，有

$$\tau=c_{A0}\int_0^{\chi_A}\frac{d\chi_A}{r_A}=c_{A0}\int_0^{\chi_A}\frac{d\chi_A}{kc_{A0}(1-\chi_A)}=$$

$$c_{A0}\int_0^{\chi_A}\frac{d\chi_A}{kc_{A0}(1-\chi_A)}=\frac{1}{k}\ln\left(\frac{1}{1-\chi_A}\right)=2.3\,\text{min}$$

由以上例题可看出，当物料处理量、物料的初浓度及终点转化率一定时，完成一定正级数反应的时间按单釜连续、多釜串联连续、管式连续反应器的次序递减。原因主要是因为就釜式连续这种操作方式而言，存在物料返混现象，致使反应物浓度降低，使得反应的推动力降低，其结果就是反应时间长。换而言之，在其他操作条件相同时：①要求达到的转化率越高，容积效率越低；②反应级数越高，容积效率越低，说明高级数反应对返混更为敏感；③多釜连续操作时，串联的数目越多，容积效率越高，是因为数目增多可抑制返混，使反应过程中各釜的浓度梯度更接近理想置换。

3.4.3 平行反应操作选择模式

1.平行反应

对于平行反应，A，B为反应物，a_1，a_2，b_1，b_2为反应级数。

$$\begin{cases} A+B \xrightarrow{k_1} R \\ A+B \xrightarrow{k_2} S \end{cases} \tag{3-87}$$

$$\begin{cases} r_R = k_1 c_A^{a_1} c_B^{b_1} \\ r_s = k_2 c_A^{a_2} c_B^{b_2} \end{cases} \tag{3-88}$$

根据不同参数情况，可以采用的操作方式见表3-5，表3-6。

表3-5 间歇操作时不同竞争反应动力学下的操作方式

动力学特点	$a_1>a_2$；$b_1>b_2$	$a_1<a_2$；$b_1<b_2$	$a_1>a_2$；$b_1<b_2$
控制浓度要求	应使c_A，c_B都高	应使c_A，c_B都低	应使c_A高，c_B低
操作示意图	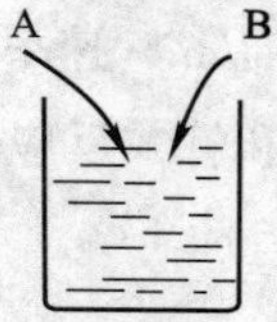 A B	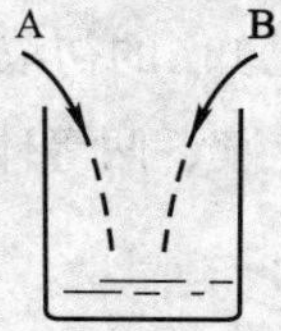 A B	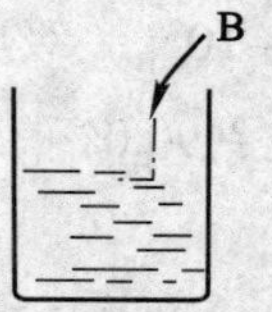 B
加料方法	瞬间加入所有的A和B	缓慢加入A和B	先把全部A加入，然后缓慢加B

表3-6 连续操作时不同竞争反应动力学下的操作方式及其浓度分布

动力学特点	$a_1>a_2$；$b_1>b_2$	$a_1<a_2$；$b_1<b_2$	$a_1>a_2$；$b_1<b_2$
控制浓度要求	应使c_A，c_B都高	应使c_A，c_B都低	应使c_A高，C_B低
操作示意图	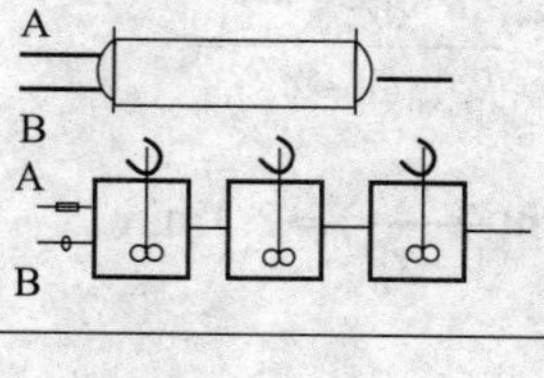 A B A B	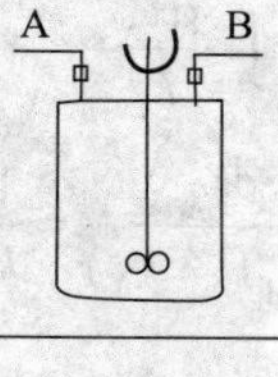 A B	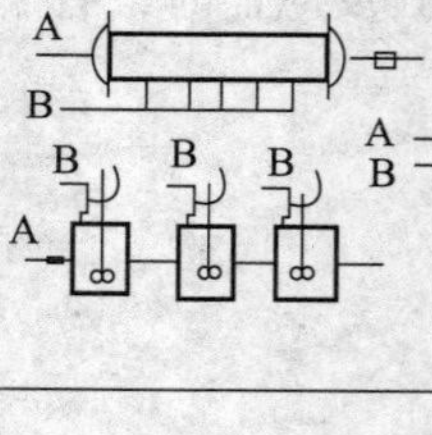 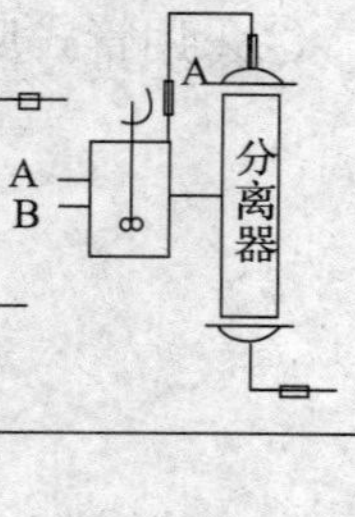 A B B B B A A A B 分离器

续表

浓度分布图	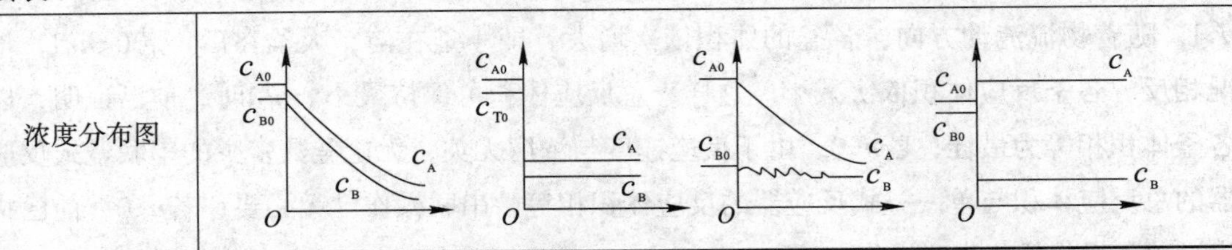

各种操作方式的目的均为保证反应速率和目的产物R选择性最大化，可从每种操作反应物浓度分布分析得出这一结论。

2. 连串反应

当连串反应在间歇釜式或管式反应器中进行时，反应物A的浓度在反应初期较大，而目的产物R和副产品S的浓度均较小，随着反应的进行，A组分浓度渐小，R的浓度渐大，随之生成S的速率变大。

当连串反应在理想混合反应器中进行时，反应物A进入反应器后，立即被稀释为出口浓度，所以，生成目的产物R的速率较低；另一方面，目的产物R的浓度也与出口浓度相同，为尽量多地获得R，应使其浓度尽量大，此时生成副产品S的速率也最大。因此，当反应物A的转化率相同时，从理想混合反应器所获得的R的收率要低于间歇釜式反应器或理想置换反应器这显然是不利的。连串反应的特点是：R生成量增加，则有利于S的生成，特别是$k_2 \geqslant k_1$时，故以R为目的产物时，应保持较低的单程转化率。当$k_1 \geqslant k_2$时，可保持较高的反应转化率，因这样收率降低不多，但反应后的分离负荷可以大为减轻（见图3–19）。

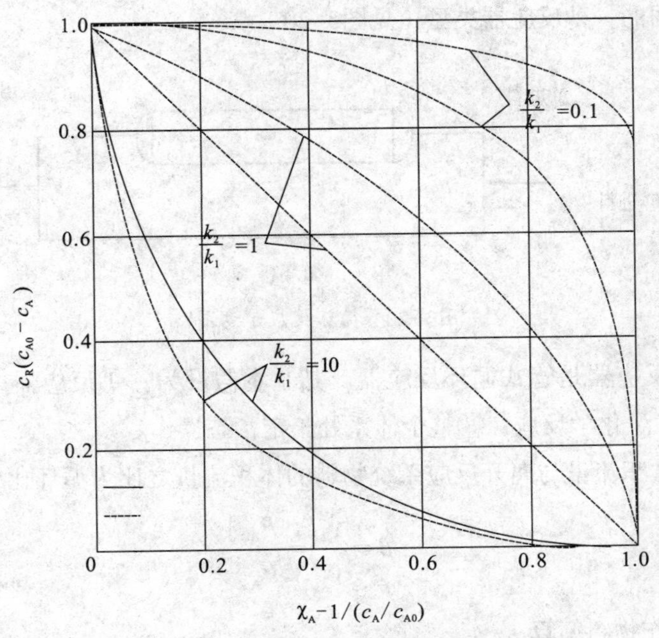

图3–19　不同反应器连串反应转化率和收率

全混釜与串联釜式反应器比较，一般说来，用串联釜式反应器进行n级反应时，若$n>1$，随着物流流动方向，各釜的体积依次增大，即小釜在前，大釜在后；若$0<n<1$，情况相反，各釜反应体积依次减小。这样，总反应体积可保持最小。$n=1$时，前已证明，以各釜体积相等为最佳；若$n=0$，由于反应速度与浓度无关，无论釜数多少的串联釜式反应器的总反应体积与单一釜式反应器的反应体积相等，串联操作已无必要；若$n<0$，前已指出，单釜操作优于串联操作。

复合反应选型要考虑生产效率和收率、原料、目的产物及副产物的价格高低，归根到底是取决于经济效益因素。

3.5 循环反应器

循环反应器广泛地用于自催化反应、生化反应和某些自热反应。不同类型的循环反应器有不同的目的。对于反应热很大的反应，采用循环反应器可以进行器外换热，更好地控制床层温度；对于自催化反应，循环部分产品可以加快反应速率；对于连串反应转化率高时二次反应快的反应，采用循环反应器可以降低原料的一次反应深度，提高主要产品的选择性，还有工业上有些反应过程，如合成氨、合成甲醇以及乙烯水合生产乙醇等，由于化学平衡的限制以致单程转化率不高，为了提高原料的利用率，通常是将反应器流出的物料中的产品分离再循环至反应器的入口，与新鲜原料一道进入反应器再行反应，这类反应器都叫作循环反应器。有物料循环，从宏观上看，又存在物料返混，故是一种介于理想置换和理想混合之间的一种反应器类型（见图3-20）。

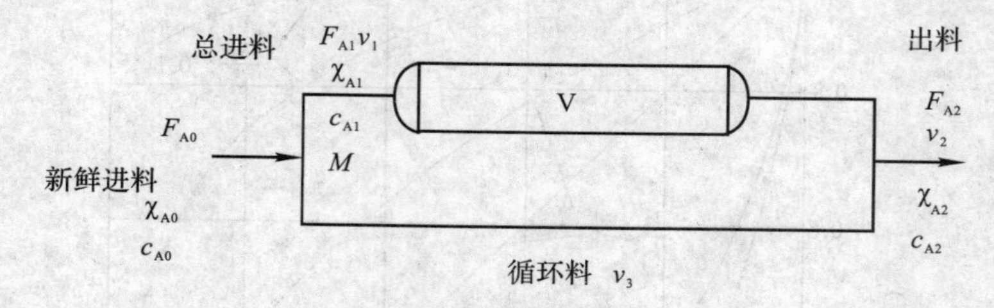

图3-20　循环反应示意图

常见的循环反应器是管式循环反应器。其基本假设为：①反应器内为理想活塞流流动；②管线内不发生化学反应；③整个体系处于定常态操作。

设循环物料体积流量与离开反应系统物料的体积流量之比为循环比β，即

$$\beta=\frac{v_3}{v_2}=\frac{F_{A3}}{F_{A2}} \tag{3-89}$$

对图中M点作物料衡算：

$$c_{A1}=\frac{F_{A1}}{v_1}=\frac{F_{A0}+F_{A3}}{v_0+v_3}=\frac{F_{A0}+\beta F_{A2}}{v_0+\beta v_2} \tag{3-90}$$

对整个体系而言，有

$$F_{A2}=F_{A0}(1-\chi_{A2}) \tag{3-91}$$

$$v_2=v_0(1+\varepsilon_A\chi_{A2}) \tag{3-92}$$

可以推导出

$$\chi_{A1}=\frac{\beta}{1+\beta}\chi_{A2} \tag{3-93}$$

按照管式流反应器计算，得到循环反应器体积为

$$V_R=(1+\beta)F_{A0}\int_{\frac{\beta}{1+\beta}\chi_{A2}}^{\chi_{A2}}\frac{d\chi_A}{(-r_A)} \tag{3-94}$$

讨论：

（1）当$\beta=0$时，$\chi_{A1}=\chi_{A0}$，有

$$V_R=v_0c_{A0}\int_{\chi_{A1}}^{\chi_{A2}}\frac{d\chi_A}{(-r_A)} \tag{3-95}$$

即PFR。

（2）当$\beta=\infty$时，（$-r_A$）为一常数，故得

$$V_R=\lim_{\beta\to\infty}(1+\beta)v_0c_{A0}\int_{\frac{\beta}{1+\beta}\chi_{A2}}^{\chi_{A2}}\frac{d\chi_A}{(-r_A)} \tag{3-96}$$

$$V_R=\lim_{\beta\to\infty}\frac{v_0c_{A0}}{(-r_A)}(1+\beta)(\chi_{A2}-\frac{\beta}{\beta+1}\chi_{A2})$$

$$V_R=\lim_{\beta\to\infty}\frac{v_0c_{A0}\chi_{A2}}{(-r_A)}(1+\beta)(1-\frac{\beta}{\beta+1}) \tag{3-97}$$

$$V_R=\frac{v_0c_{A0}\chi_{A2}}{(-r_A)}$$

一般当$\beta>25$时可以近似认为是等浓度和等温操作，并且按全混釜式反应器来处理；循环比β等于0，反应器属于管式流反应器。改变循环比就可以模拟不同反应器，因此作为试验使用，循环反应器有重要意义。循环反应器特别适用于工业上转化率低，需要重复利用原料的反应，因此很多工业产品、生物细菌和生化活性产品的生产培养制造广泛使用。

习　题

一、多项选择题

1．关于理想的间歇式反应器、平推流反应器和全混流反应器，下列描述正确的是（　　）。

A.三者同为理想反应器，但理想的内涵是不同的

B.理想的间歇式反应器和全混流反应器的理想的内涵是一样的，都是反应器内温度和组成处处相同

C.理想的间歇式反应器和全混流反应器的理想的内涵是不一样的，虽然都是反应器内温度和组成处处相同，但前者随着时间的变化温度和组成可能都发生变化，而后者则不随时间变化

D.平推流和全混流反应器都是连续流动式反应器，前者的返混为零，后者为无穷大

2.关于积分法和微分法，认识正确的是（　　）。

A.积分法和微分法是两种求取动力学参数的数据处理方法，前者对数据的精度要求比后者低

B.积分法不能处理动力学较为复杂的（反应物和产物不止一种、正反应和逆反应的反应级数不同）可逆反应

C.积分法得到的动力学参数比微分法可靠

3.对于一级恒容和一级变容不可逆反应，下面叙述正确的是（　　）。

A.在同一平推流反应器内、在同样条件下进行反应，反应的转化率是一样的

B.在同一全混流反应器内、在同样条件下进行反应，反应的转化率是一样的

C.在同一间歇式反应器内、在同样条件下进行反应，反应的转化率是一样的

D.在同一平推流反应器或间歇式反应器内、在同样条件下进行反应，反应的转化率是一样的

4.对于瞬时收率和总收率，下列正确的判断是（　　）。

A.对于全混流反应器，反应的瞬时收率与总收率相等

B.对于平推流反应器，反应的瞬时收率与总收率相等

C.对于平推流反应器，反应的瞬时收率与总收率之间是积分关系

D.对于全混流反应器，反应的瞬时收率与总收率之间是积分关系

5.对于化学反应的认识，下面正确的是（　　）。

A.化学反应的转化率、目的产物的收率仅与化学反应本身和使用的催化剂有关系

B.化学反应的转化率、目的产物的收率不仅与化学反应本身和使用的催化剂有关，而且还与反应器内流体的流动方式有关

C.反应器仅仅是化学反应进行的场所，与反应目的产物的选择性无关

D.反应器的类型可能直接影响到一个化学反应的产物分布

6.对于一个连串反应，目的产物是中间产物，适宜的反应器是（　　）。

A.全混流反应器

B.平推流反应器

C.循环反应器

D.平推流与全混流串联在一起的反应器

7.分批式操作的完全混合反应器非生产性时间t_0不包括下列哪一项（　　）。

A.加料时间　　B.反应时间

C.物料冷却时间　　D.清洗釜所用时间

8.在全混流反应器中，反应器的有效容积与进料流体的容积流速之比为（　　）。

A.空时τ　　B.反应时间t　　C.停留时间t　　D.平均停留时间

9.全混流反应器的容积效率η大于1.0时，且随着χ_A的增大而增大，此时该反应的反应级数n（　　）。

A.<0　　B.=0　　C.≥0　　D.>0

10.全混流反应器的容积效率η小于1.0时，且随着χ_A的增大而减小，此时该反应的反应级数n（　　）。

A.<0　　B.=0　　C.≥0　　D.>0

11.全混流反应器的容积效率η=1.0时，该反应的反应级数n（　　）。

A.<0　　B.=0　　C.≥0　　D.>0

12.全混流釜式反应器最多可能有（　　）个定常态操作点。

A.1　　B.2　　C.3　　D.4

13.全混流反应器中有（　　）个稳定的定常态操作点。

A.1　　B.2　　C.3　　D.4

14.对于（　　）的反应器在恒容反应过程的平均停留时间、反应时间、空时是一致的。

A.间歇式反应器　　B.全混流反应器

C.搅拌釜式反应器　　D.平推流管式反应器

15.对于可逆放热反应，过程接近平衡时，为提高反应速率可（　　）。

A.提高压力　　B.降低压力　　C.提高温度　　D.降低温度

16.对于自催化反应，合适的反应器为（　　）。

A.全混流反应器　　B.平推流反应器

C.循环操作的平推流反应器　　　　　　D.全混流串接平推流反应器

17.对于绝热操作的放热反应，合适的反应器为（　　）。

A.平推流反应器　　　　　　B.全混流反应器

C.循环操作的平推流反应器　　　　　　D.全混流串接平推流反应器

18.对于反应级数$n<0$的不可逆等温反应，为降低反应器容积，应选用（　　）。

A.平推流反应器　　　　　　B.全混流反应器

C.循环操作的平推流反应器　　　　　　D.全混流串接平推流反应器

19.对于反应级数$n>0$的不可逆等温反应，为降低反应器容积，应选用（　　）。

A.平推流反应器　　　　　　B.全混流反应器

C.循环操作的平推流反应器　　　　　　D.全混流串接平推流反应器

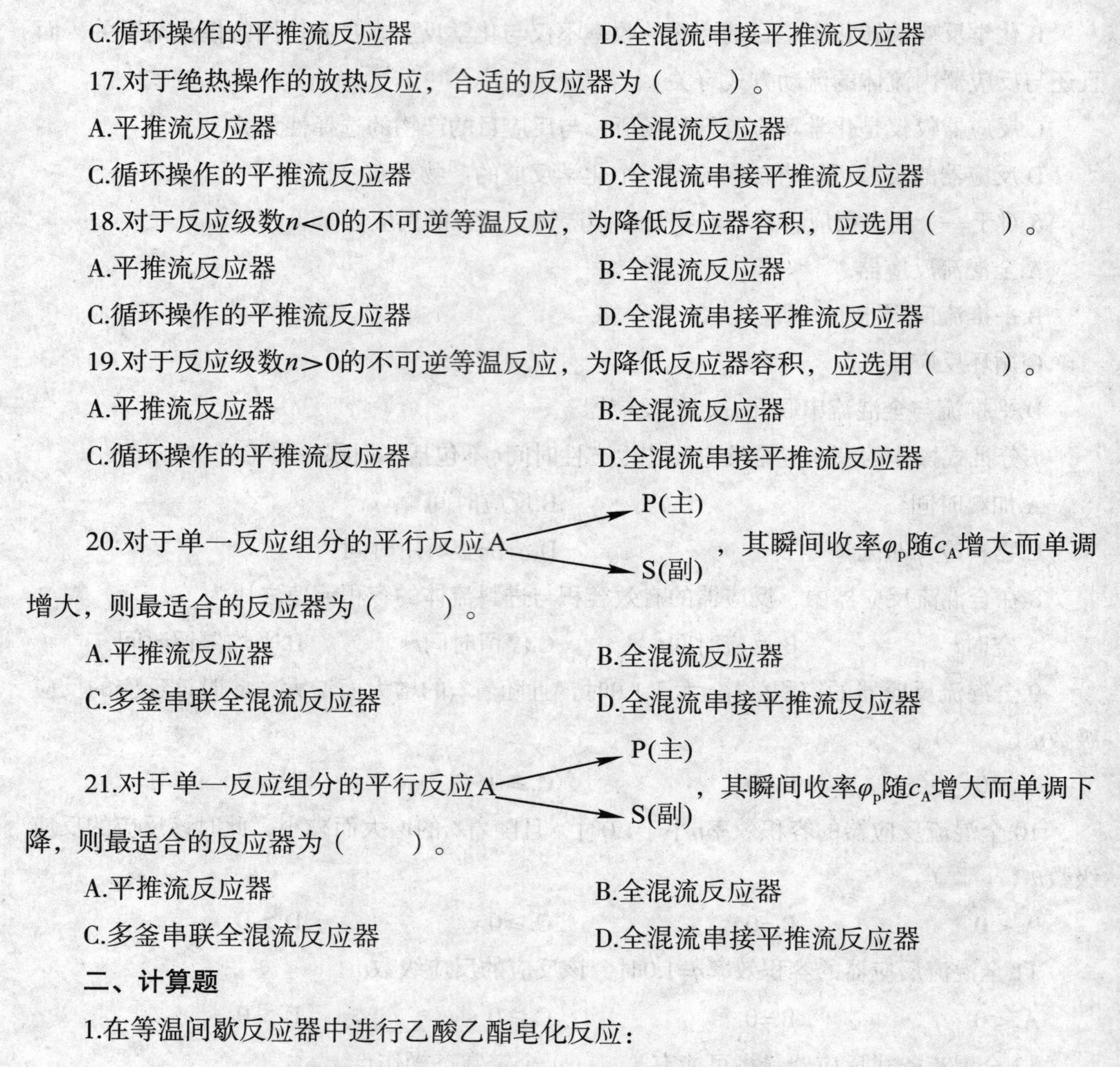

20.对于单一反应组分的平行反应A $\rightarrow$ P(主)，A $\rightarrow$ S(副)，其瞬间收率φ_p随c_A增大而单调增大，则最适合的反应器为（　　）。

A.平推流反应器　　　　　　B.全混流反应器

C.多釜串联全混流反应器　　　　　　D.全混流串接平推流反应器

21.对于单一反应组分的平行反应A $\rightarrow$ P(主)，A $\rightarrow$ S(副)，其瞬间收率φ_p随c_A增大而单调下降，则最适合的反应器为（　　）。

A.平推流反应器　　　　　　B.全混流反应器

C.多釜串联全混流反应器　　　　　　D.全混流串接平推流反应器

二、计算题

1.在等温间歇反应器中进行乙酸乙酯皂化反应：

$$CH_3COOC_2H_5+NaOH \longrightarrow CH_3COONa+C_2H_5OH$$

该反应对乙酸乙酯及氢氧化钠均为一级。反应开始时乙酸乙酯及氢氧化钠的浓度均为0.05mol/L，反应速率常数等于5.8L/(mol·min)。要求最终转化率达到98%。试问：

（1）当反应器的反应体积为1m^{3}时，需要多长的反应时间？

（2）若反应器的反应体积为2m^3，所需的反应时间又是多少？

2.拟设计一反应装置等温进行下列液相反应：

$$A+2B \longrightarrow R \qquad r_R=k_1c_Ac_B^2$$

$$2A+B \longrightarrow S \qquad r_S=k_2c_A^2c_B$$

目的产物为R，B的价格远较A贵且不易回收，试问：

（1）如何选择原料配比？

（2）若采用多段全混流反应器串联，何种加料方式最好？

（3）若用半间歇反应器，加料方式又如何？

3．在两个全混流反应器串联的系统中等温进行液相反应：

$$\begin{cases} 2A \longrightarrow B & r_A=6.8c_A^2 \quad kmol/(m^3 \cdot h) \\ B \longrightarrow R & r_R=1.4c_B \quad kmol/(m^3 \cdot h) \end{cases}$$

加料中组分A的浓度为0.2kmol/m^3，流量为3m^3/h，要求A的最终转化率为92%，试问：

（1）总反应体积的最小值是多少？

（2）此时目的产物B的收率是多少？

（3）如优化目标函数改为B的收率最大，最终转化率为多少？此时总反应体积最小值是多少？

4.在反应体积为560cm^{3}的CSTR中进行氨与甲醛生成乌洛托品的反应：

$$4NH_3+6HCHO \longrightarrow (CH_2)_6N_4+6H_2O$$

反应速率方程为：$(-r_A)=kc_Ac_B^2$mol/（L·s）

式中A为NH_3，B为HCHO，$k=1.42\times10^3\exp(-3\,090/T)$。

氨水和甲醛水溶液的浓度分别为1.06mol/L和6.23mol/L，各自以2.60cm^3/s的流量进入反应器，反应温度可取为36℃，假设该系统密度恒定，试求氨的转化率χ_A及反应器出口物料中氨和甲醛的浓度c_A及c_B。

5.等温下进行1.5级液相不可逆反应：A$\longrightarrow$B+C。反应速率常数等于6m$^{1.5}$/(kmol$^{0.5}$·h)，A的浓度为2kmol/m^{3}的溶液进入反应装置的流量为1.8m^3/h，试分别计算下列情况下A的转化率达90%时所需的反应体积：（1）全混流反应器;（2）两个等体积的全混流反应器串联；（3）保证总反应体积最小的前提下，两个全混流反应器串联。

6.在内径为76.2mm的活塞流反应器中将乙烷热裂解以生产乙烯：

$$C_2H_6 \longrightarrow C_2H_4+H_2$$

反应压力及温度分别为2.026×10^5Pa及825℃。进料含50%(mol)C_2H_6，其余为水蒸气。进料量等于0.288kg/s。反应速率方程为

$$-\frac{dp_A}{dt}=kp_A$$

式中p_A为乙烷分压。在825℃时，速率常数k=1.0s^{-1}，平衡常数$K=7.5\times10^4$Pa，假定其他副反应可忽略，试求：

（1）此条件下的平衡转化率；

（2）乙烷的转化率为平衡转化率的50%时，所需的反应管长。

7.在管式反应器中进行气相基元反应：$A+B \longrightarrow C$，加入物料A为气相，B为液体，产物C为气体。B在管的下部，气相为B所饱和，反应在气相中进行。

已知操作压力为1.013×10^5Pa，B的饱和蒸气压为2.532×10^4Pa，反应温度360℃，反

应速率常数为$10^2m^3/(mol \cdot min)$，计算A的转化率达50%时，A的转化速率。如A的流量为$0.15m^3/min$，反应体积是多少？

8．拟设计一等温反应器进行下列液相反应：

$$A+B \longrightarrow R，r_R=k_1c_Ac_B$$

$$2A \longrightarrow S，r_S=k_2c_A^2$$

目的产物为R，且R与B极难分离。试问：

（1）在原料配比上有何要求？

（2）若采用活塞流反应器，应采用什么样的加料方式？

（3）如用间歇反应器，又应采用什么样的加料方式？

9.在一活塞流反应器中进行下列反应：

$$A \xrightarrow{k_1} P \xrightarrow{k_2} Q$$

两反应均为一级，反应温度下，$k_1=0.32min^{-1}$，$k_2=0.11min^{-1}$。A的进料流量为$3m^3/h$，其中不含P和Q，试计算P的最高收率和总选择性及达到最大收率时所需的反应体积。

10.半衰期为20h的放射性流体以$0.1m^3 \cdot h \cdot r^{-1}$的流量通过两个串联的$40m^3$全混流反应器后，其放射性衰减了多少？

11.$CH_2=CH—CH=CH_2(A)+CH_2=CH—COOCH_3(B) \longrightarrow$ ⌬$COOCH_3(C)$该反应在全混流反应器中进行，以$AlCl_3$为催化剂，反应温度20℃，液料的体积流速为$0.5m^3/h$，丁二烯和丙烯酸甲酯的初始浓度分别为$c_{A0}=96.5mol/m^3$，$c_{B0}=183mol/m^3$，催化剂的浓度为$c_D=6.66mol/m^3$。速率方程，式中$k=1.18\times10^{-3}m^3/（mol \cdot ks）$，若要求丁二烯转化率为40%。求反应器的体积$V_R$。

12. $(CH_3CO)_2(A)+H_2O(B) \longrightarrow 2CH_3COOH(C)$乙酸酐发生水解，反应温度25℃，$k=0.1\ 556min^{-1}$，采用三个等体积的串联全混流釜进行反应，每个釜体积为$1\ 850cm^3$，求使乙酸酐的总转化率为60%时，进料速度v_0。

13．两个按最优容积比串联的全混流釜进行不可逆的一级液相反应，假定各釜的容积和操作温度都相同，已知此时的速率常数$k=0.93h^{-1}$，原料液的进料速度$v_0=11m^3/h$，要求最终转化率$\chi_a=0.95$，试求V_1、V_2和总容积V。

14．径为$D=12.6cm$的管式反应器来进行一级不可逆的气体A的热分解反应，其计量方程为A=R+S；速率方程为$(-r_A)=kc_A$；而$k=7.9\times10^9exp[-19\ 220/T](s^{-1})$，原料为纯气体A，反应压力$p=5atm$下恒压反应，$T=5\ 000$℃。$\chi_A=0.95$，$F_{A0}=1.56kmol/h$，求所需反应器的管长$L$，停留时间$t$，空时$\tau$（理想气体）。

15．液相原料中反应物A进入平推流反应器中进行$2A \longrightarrow R$的反应，已知

$c_{A0}=1mol/L$, $V=2L$, $(-r_A)=0.05c_A^2\ mol/（L \cdot s）$

求：（1）当出口浓度c_A=0.5mol/L时的进料流 。

（2）当进料流量v_0=0.5mol/L时出口浓度c_{Af}。

16．自催化反应A+R$\longrightarrow$2R，其速率方程为：$-r_A=kc_Ac_R$，在70℃下等温地进行此反应，在此温度下k=1.518m^3/(kmol·h)；其他数据如下：c_{A0}=0.99kmol/m^3；c_{R0}=0.01kmol/m^3；v_0=12m^3/h；要求反应的转化率χ_A=0.99。

试求：（1）在全混流反应器中反应所需的容积；

（2）在平推流反应器中反应所需的容积。

17．醋酸甲酯的水解反应如下：$CH_3COOCH_3+H_2O\longrightarrow CH_3COOH+CH_3OH$，产物$CH_3COOH$在反应中起催化剂的作用，已知反应速度与醋酸甲酯和醋酸的浓度积成正比。

（1）在间歇反应器中进行上述反应。醋酸甲酯和醋酸的初始浓度分别为500mol/m^{3}和50mol/m^3。实验测得当反应时间为5 600s时，醋酸甲酯的转化率为75%，求反应速率数和最大反应速度。

（2）如果反应改在连续搅拌釜中进行，χ_A=0.8时停留时间应为多少。

（3）如果采用管式流动反应器，χ_A =0.8时停留时间。

18.在一定的恒容反应温度下A发生下述平行反应：

$$\begin{cases} A \xrightarrow{k_1} R & r_1=2.0c_A \quad kmol/(m^3\cdot h) \\ 2A \xrightarrow{k_2} S & r_2=0.2c_A^2 \quad kmol/(m^3\cdot h) \end{cases}$$

其中R是主产物，S是副产物。反应原料为纯的反应物A，其初始浓度为12kmol/m^3。在反应器出口A的转化率为80%。反应在连续搅拌釜中进行时，A转化为R的选择性、R的收率以及反应物的平均停留时间。

19．醋酸在高温下可分解为乙烯酮和水，而副反应生成甲烷和二氧化碳：

$$CH_3COOH \xrightarrow{k_1} CH_2=CO+H_2O \qquad CH_3COOH \xrightarrow{k_2} CH_4+CO_2$$

已知在916℃时k_1=4.65s^{-1}，k_2=3.74s^{-1}，试计算：

（1）95%的醋酸反应掉的时间；

（2）在此反应条件下醋酸转化成乙烯酮的选择性。

20．一级连串反应$A\xrightarrow{k_1}P\xrightarrow{k_2}S$，$(-r_A)=k_1c_A$，$r_P=k_1c_A-k_2c_P$，进料流率为$v_0$，反应在恒温恒容的条件下进行，求在全混流釜式反应器中目的产物P的最大浓度$c_{P,max}$？

21．反应A+B$\longrightarrow$R+S，已知V_R=0.001m^3，物料进料速率$v_0=0.5\times10^{-3}$m^3·min^{-1}，$c_{A0}=c_{B0}$=5mol·m^3，动力学方程式为$(-r_A)=kc_Ac_B$，其中k=100m^3·kmol^{-1}·min^{-1}。

求：（1）反应在平推流反应器中进行时出口转化率是多少？（2）欲用全混流反应器得到相同的出口转化率，反应器体积应多大？（3）若全混流反应器体积v_R=0.001m^3，可达到的转化率为多少？

已知k=1m^{3}kmol^{-1}·hr^{-1}，c_{B0}=3kmol·m^{-3}，c_A=0.02kmol·m^{-3}，水溶液流量为10 m^3·hr^{-1}。

22.在如图3-21所示的T-x图上，①为平衡曲线，②为最佳温度曲线，AMN为等转化率曲线，指出最大速率点和最小速率点。BCD为等温线，指出最大速率点和最小速率点。

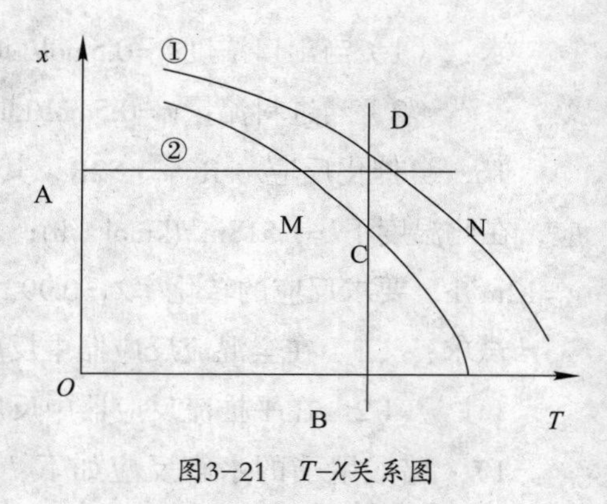

图3-21 T-X关系图

23.（1）写出绝热管式反应器反应物料温度与转化率关系的微分方程；

（2）在什么情况下该方程可化为线性代数方程，并写出方程。回答问题（1），（2）时必须说明所使用的符号意义；

（3）计算甲苯氢解反应$C_6H_5CH_3+H_2 \longrightarrow C_6H_6+CH_4$的绝热温升。原料气温度为893K，氢及甲苯的摩尔比为6，反应热$\Delta H_{298}=-49.97$kJ/mol。热容（J/mol·K）数据如下：

H_2：$C_P=20.786$　　　CH_4：$C_P=0.044\,14T+27.87$

C_6H_6：$C_P=0.106\,7T+103.18$　　　$C_6H_5CH_3$：$C_P=0.035\,35T+124.85$

（4）在（3）的条件下，如甲苯最终转化率达到80%，试计算绝热反应器的出口温度。

第4章　停留时间分布与反应器的流动模型

反应器内的反应，机理相同情况下，操作结果却差异很大，这是反应物和产物在反应器内时空分布上的差异导致的。计算实际中的反应器，先要确定其内部流体流动状况，然后才能导出计算关系。若相互混合的物料是在同一时间进入反应器的，具有同样的反应程度，混合后的物料必然与混合前的物料完全相同。这种发生在停留时间相同的物料之间的均匀化过程，称之为简单混合。如果发生混合前的物料在反应器内停留时间不同，反应程度也就不同，组成也不会相同，混合之后的物料组成与混合前必然不同，反应速率也会随之发生变化。这种发生在停留时间不同的物料之间的均匀化过程，称之为返混。返混是化学反应器研究的一个重要概念，通常反应器流体流动情况采用返混程度来表示。本章对停留时间分布与流体流动状况，以及反应器的流动模型之间的关系进行讨论。

4.1　停留时间分布

对于平推流反应器和全混流反应器，在相同的情况下两者的操作效果有很大的差别，究其原因是由于反应物料在反应器内的流动状况不同，即停留时间分布不同。停留时间分布可以定量的评估返混程度。前面计算管式反应器问题时则使用了活塞流的假定，没有返混；连续釜式反应器的设计时使用全混流假定，完全返混，这是两种极端的情况。但是实际反应器的流动过程中一般只是存在着一定程度的返混，介于两者之间，不符合这两种假定，就需要依据其真实停留时间分布，建立符合其特征的流动模型。

反应物料在反应器内停留的时间越长，反应进行的越完全。对于间歇反应器，在任何时刻下反应器内所有物料在其中的停留时间都是一样，不存在停留时间分布问题。对于流动系统，由于流体是假定连续的，组成流体的各粒子微团在反应器中的停留时间长短不一，有的流体微团停留时间很长，有的则瞬间离去，完全是一个随机过程，从而形成了停留时间的分布。但是也不排除会存在大体近似相等的情况，对管式反应器所作的活塞流假定就是基于这一情况。根据实验结果，可绘出停留时间直方图，图4-1是停留时间分布直方图。

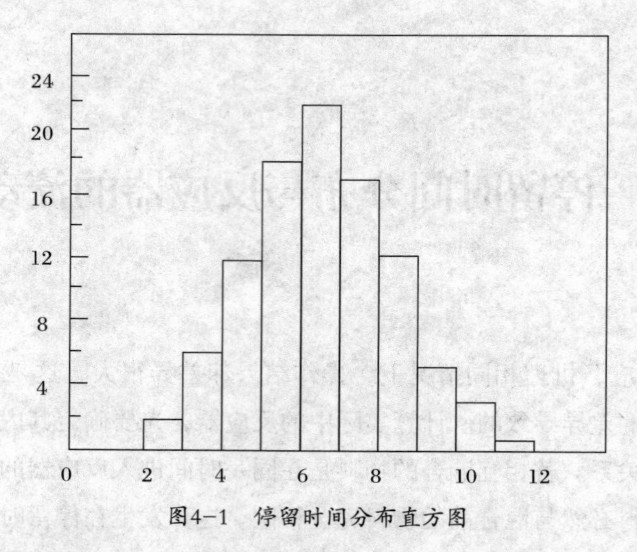

图4-1　停留时间分布直方图

4.1.1　停留时间分布的定量描述

由于物料在反应器内的停留时间分布完全是随机的，因此可以根据概率分布的概念对物料在反应器内的停留时间分布作定性的描述。

1.停留时间分布密度函数

定义：在稳定连续流动系统中，同时进入反应器的N个流体粒子中，其停留时间为$t \sim t+\mathrm{d}t$的那部分粒子占总粒子数N的分率（见图4-2），记作

$$\frac{\mathrm{d}N}{N}=E(t)\mathrm{d}t \tag{4-1}$$

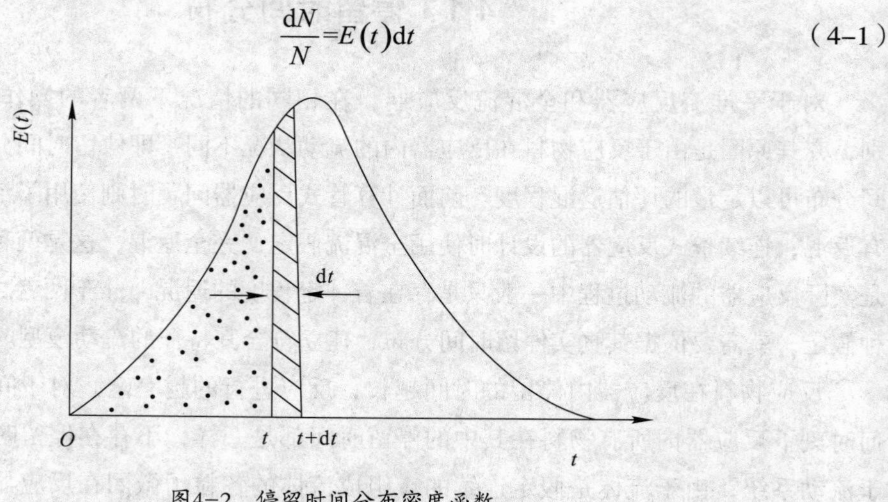

图4-2　停留时间分布密度函数

依此定义，停留时间分布函数具有归一化的性质，即

$$\int_0^{\infty} E(t)\mathrm{d}t=1 \tag{4-2}$$

2.停留时间分布累积函数

定义：在稳定连续流动系统中，同时进入反应器的N个流体粒子中，其停留时间小于t

的那部分粒子占总粒子数N的分率，记作。

$$F(t)=\int_0^t \frac{\mathrm{d}N}{N} \tag{4-3}$$

3. $E(t)$与$F(t)$之间的关系

$$F(t)=\int_0^t \frac{\mathrm{d}N}{N}=\int_0^t E(t)\,\mathrm{d}t \tag{4-4}$$

$$E(t)=\frac{\mathrm{d}F(t)}{\mathrm{d}t} \tag{4-5}$$

$$t=0 \Rightarrow F(0)=0$$

$$t\to\infty \Rightarrow \quad F(\infty)=\int_0^\infty E(t)\,\mathrm{d}t=1.0 \tag{4-6}$$

由于工业反应器内流体流动情况的复杂性，一般而言，停留时间分布函数需要实验测定才能确定。

4.1.2　停留时间分布的统计特征值

与其他统计分布一样，为了比较不同的停留时间分布，通常是比较其统计特征值，在此采用的一个是数学期望$\bar{t}$（均值），一个是方差σ_t^2。

1.数学期望：

$$\bar{t}=\frac{\int_0^\infty tE(t)\mathrm{d}t}{\int_0^\infty E(t)\mathrm{d}t}=\int_0^\infty tE(t)\mathrm{d}t \tag{4-7}$$

$$\bar{t}=\int_0^\infty t\frac{\mathrm{d}F(t)}{\mathrm{d}t}\mathrm{d}t=\int_{F(t)=0}^{F(t)=1} t\mathrm{dF}(t) \tag{4-8}$$

$$\bar{t}=\frac{\sum tE(t)\Delta t}{\sum E(t)\Delta t}=\frac{\sum tE(t)}{\sum E(t)} \tag{4-9}$$

2.方差：

$$\sigma_t^{\ 2}=\frac{\int_0^\infty \left(t-\bar{t}\right)^2 E(t)\mathrm{d}t}{\int_0^\infty E(t)\mathrm{d}t}=\int_0^\infty \left(t-\bar{t}\right)^2 E(t)\mathrm{d}t=\int_0^\infty t^2E(t)\mathrm{d}t-\bar{t}^2 \tag{4-10}$$

无因次对比时间：

$$\theta=\frac{t}{\tau}=\frac{vt}{V}\text{，}\quad \bar{\theta}=\frac{\bar{t}}{\tau}=1\text{，}\quad \int_0^\infty E(\theta)\mathrm{d}\theta=1\text{，}\quad F(\theta)=F(t) \tag{4-11}$$

相应的停留时间分布密度：

$$E(\theta)=\frac{\mathrm{d}F(\theta)}{\mathrm{d}\theta}=\frac{\mathrm{d}F(t)}{\mathrm{d}(t/\tau)}=\tau\frac{\mathrm{d}F(t)}{\mathrm{d}t}=\tau E(t) \tag{4-12}$$

用θ表示方差${\sigma_\theta}^2$，有：

$$\begin{aligned}{\sigma_\theta}^2&=\int_0^\infty(\theta-1)^2E(\theta)\mathrm{d}\theta=\int_0^\infty(\theta-1)^2E(t)\tau\mathrm{d}\theta=\\&\frac{1}{\tau^2}\int_0^\infty(t-\hat{t})^2E(t)\mathrm{d}t=\frac{{\sigma_t}^2}{\tau^2}\end{aligned} \tag{4-13}$$

${\sigma_\theta}^2$表明流体停留时间分布的分散程度。

平推流反应器（PFR）停留时间分布方差是${\sigma_\theta}^2=0$；全混流反应器(CSTR)停留时间分布方差为${\sigma_\theta}^2=1$，非理想反应器方差介于两者之间。散度${\sigma_\theta}^2$可以作为反应器流型的判定依据，并且定量的判定返混的程度。

4.2 停留时间分布的测定

停留时间分布实验的目的是为测定某一反应器中物料的停留时间分布规律。目前采用的方法为示踪法，即在反应器物料进口处给系统输入一个讯号，然后在反应器的物料出口处测定输出讯号的变化，根据输入讯号的方式及讯号变化的规律确定物料在反应器内的停留时间分布规律。由于输入讯号是采用把示踪剂加入到系统的方法产生的，故称示踪法。

示踪剂应满足下述要求：①示踪剂与原物料是互溶的，但与原物料之间无化学反应发生；②示踪剂的加入必须对主流体的流动形态没有影响；③示踪剂必须是能用简便而又精确的方法加以确定的物质；④示踪剂尽量选用无毒、不燃、无腐蚀，同时又价格较低廉的物质。

在入口物料输入示踪剂称为激励，在出口处获得的示踪剂随时间变化的输出讯号称为响应。目前主要以示踪剂加入方式分为阶跃输入法和脉冲法两种。

阶跃输入法是在瞬间将定常流动的输入物料全部切换为流量相同的示踪剂流体或者相反过程，形成进料中示踪物浓度一个阶跃式突变，然后同时测定出口示踪剂浓度，前者为升阶法，反之后者称为降阶法。测试后会得到示踪剂浓度随时间变化响应数据曲线（见图4-3）。

$$c_0(t)=0,\quad t<0$$

$$c_0(t)=c(\infty)=\text{常数},\quad t\geqslant 0$$

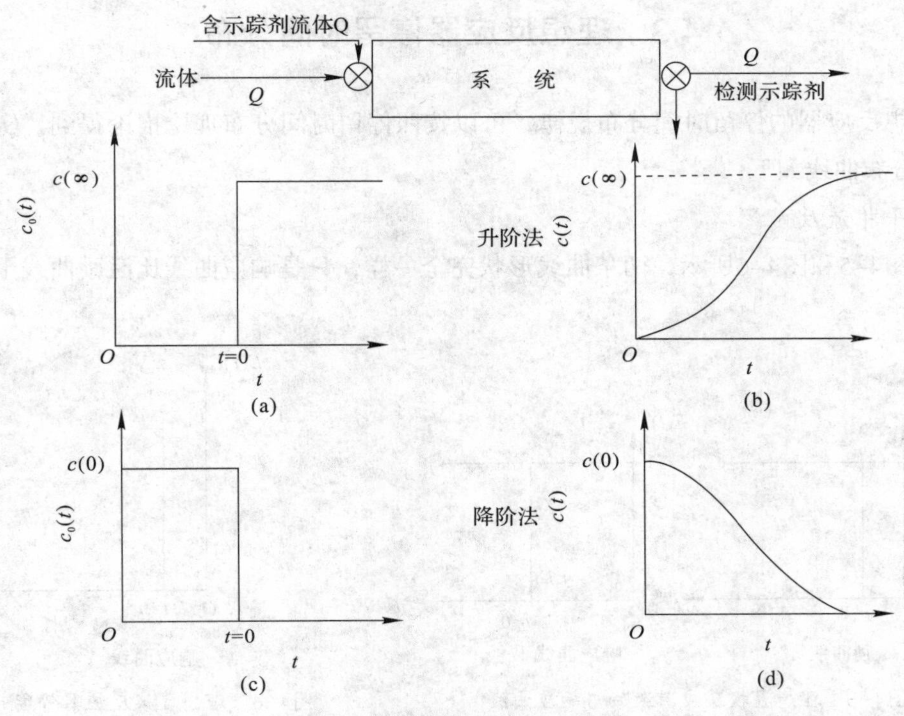

图4-3　阶跃法测定停留时间分布

脉冲法是在很短时间内加入示踪剂，或者瞬间切换进口物料全部为示踪剂，然后又立刻恢复为进口物料，理想操作状态是示踪剂介入过程时间为零。等同于给进口物料一个脉冲信号，同时测定出口示踪剂浓度响应信号，即测定出口示踪剂浓度与时间变化关系，得到响应数据曲线（见图4–4）。

脉冲法的特点：由实验数据直接求得$E(t)$，示踪剂瞬间加入，示踪剂用量少。阶跃法的特点：由实验数据直接求得$F(t)$，示踪过程易于实现，示踪剂用量大，但由$F(t)$求$E(t)$，涉及求导数值计算。两者都在实验中被广泛应用。

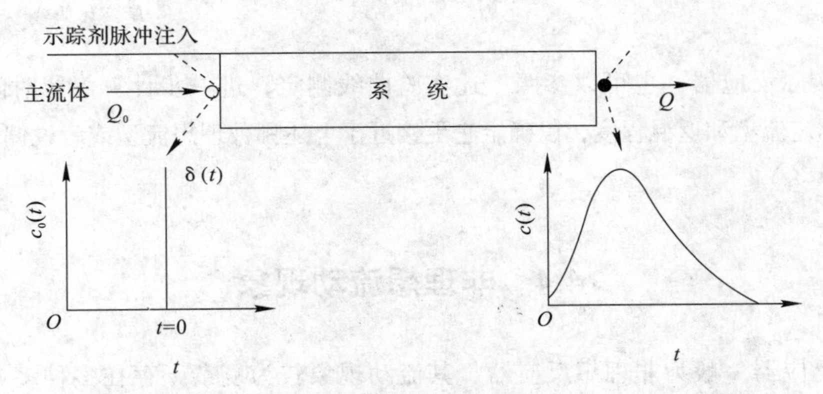

图4–4　脉冲法测定停留时间分布

4.3　理想反应器停留时间分布

理想反应器的停留时间分布规律，可以按照停留时间分布理论推论得到。实验测定推定的分布曲线如下：

1. 平推流反应器

如图4-5和图4-6所示，两条曲线形状完全一样，只是响应曲线比激励曲线平移了一段距离。

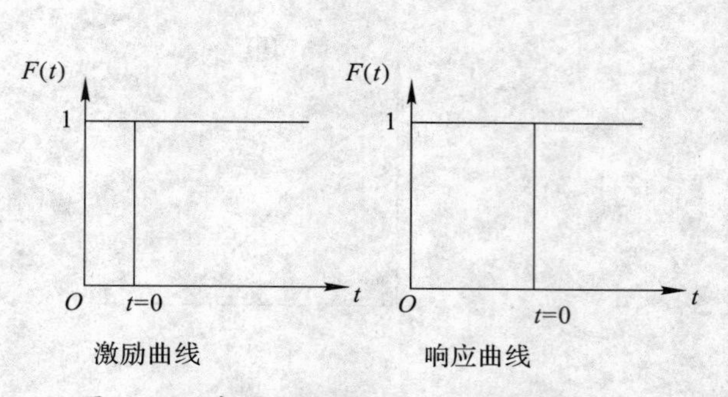

图4-5　理想置换反应器激励与响应曲线

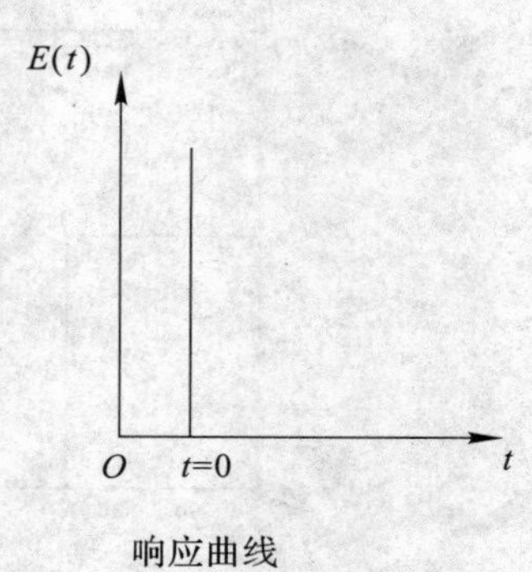

图4-6　理想置换反应器停留时间分布密度函数曲线

2. 全混流反应器

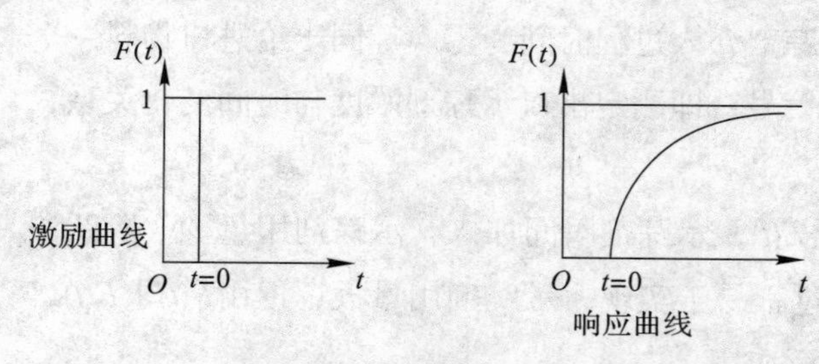

图4-7　理想全混流反应器激励与响应曲线

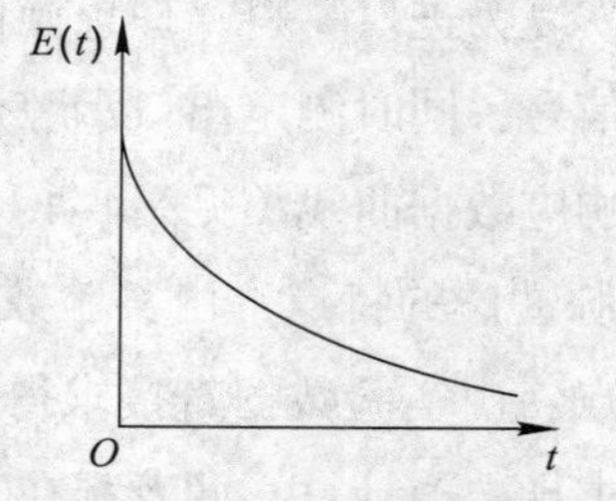

图4-8　理想全混流反应器停留时间分布密度函数曲线

对于实际反应器，也可以参照上述实验曲线测定，进一步计算停留时间分布的散度，定量判定流型和返混程度，以确定它更接近于上述哪种理想流型或者说偏离程度（见图4-7，图4-8）。

4.4　非理想流动现象

工业反应器一般为非理想反应器，其流动现象较为复杂，存在多种多样的流动状态，主要导致非理想流动有下述原因。

（1）滞留区的存在。滞留区主要产生于设备的死角中，如设备两端，挡板与设备壁交接处及设备内设有其他障碍物处，易产生死角（见图4-9）。减少滞留区主要靠设计来保证。至于现存的设备，则可通过停留时间分布的测定，来检查是否有滞留区存在。

（2）存在沟流和短路。在固定床反应器、填料塔以及滴流床反应器中，由于催化剂颗粒或填料装填不匀，会造成低阻力的通道，使部分流体快速地从此通道流过，而形成沟流。停留时间分布图的特征为曲线存在双峰，设备设计不良时会产生物流短路现象，即流体在设备内停留时间极短，就从出口排出。

（3）循环流。在实际的釜式反应器、鼓泡塔和流化床中都存在着流体循环运动。近年来，特定反应还有意识地在反应器内设置导流筒，以气提或喷射等方式以达到强化或控制循环流的目的，存在循环流时，停留时间分布曲线特征是存在多峰现象。

（4）流速分布不均。由于流体在反应器内的径向流速分布的不均匀，从而造成反应器内的物流停留时间有长短，反应器内停留时间小于一半的分布为零，是其主要特征。

（5）扩散。由于分子扩散及涡流扩散的存在而造成流体粒子之间的混合。使停留时间分布偏离理想流动。这常见于活塞流的偏离现象中。

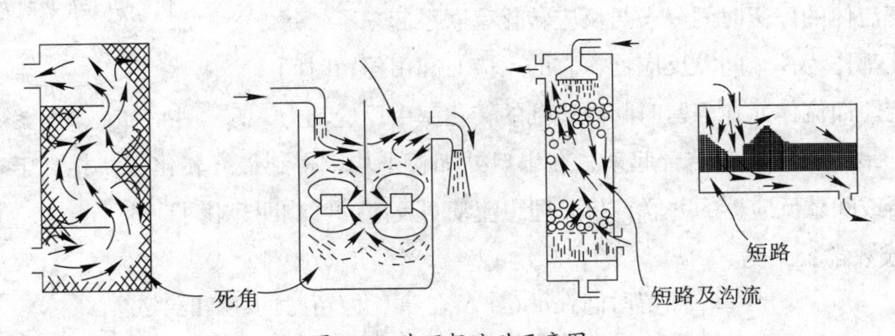

图4-9　非理想流动示意图

以上讨论的是关于形成非理想流动的原因，对于一个反应系统可能全部存在，也可能只存在其中几种。

改善非理想流动的措施，主要是使其更接近于理想反应器。流体流动型式接近理想全混流混合流型的措施主要是：加强搅拌，选择适宜型式的搅拌器，搅拌器的层数、安装方式；要达到反应器内物料迅速、均匀混合，搅拌器的功率必须要足够大；反应釜的结构要有利于消除死角，为使物料搅拌剧烈，可在器壁上增设挡板等。接近理想置换流型的措施有：增大流体的湍动程度或增加管子的长径比，一般空管$Re>10^4$或$L/D>50$可收到满意的效果，装填填料塔应采用合理装填方式，避免沟流及短路，$L/D_P>100$即可（L为管长，D_P为填充物的直径），增加设备级数或在设备内增设档板；采用适当的气流分布装置或调节各反应管的阻力，使压力降均匀一致。

4.5 非理想流动模型

非理想流动模型用来描述介于两种理想状况之间的流型，并通过对流型的描述，定量预估在非理想流动状态下的反应结果。将流型与化学反应联系起来，预计反应体积、处理量、转化率等之间的关系。

现在介绍常见的3种非理想流动反应器模型：离析流模型、多釜串联模型和轴向扩散模型。

4.5.1 离析流模型

流体以流体元的方式流过反应器，这些流体元彼此之间不发生混合，每个流体元相当于一个小反应器（见图4-10）。由于返混的作用，流体元在反应器内的停留时间不同，达到的转化率因而不同，在反应器出口处的宏观转化率，就是各不同停留时间的流体元达到的转化率的平均值。这样就把流体的停留时间分布与反应转化率联系起来了，每个流体元都作为一个间歇反应器，它的反应时间由停留时间分布决定。而流体元在停留时间内达到的转化率由反应动力学决定。最后，将二者结合起来，在出口处加权平均，得到最终转化率。相当于若干平推流反应器或间歇反应器的并联，将非理想流动对反应的影响明显化了。

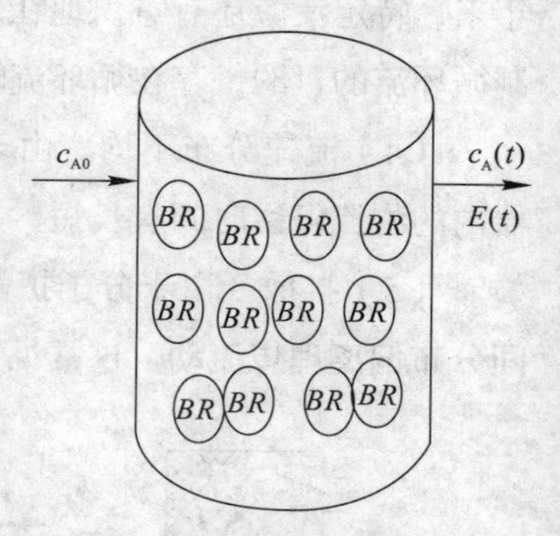

图4-10 离析流模型

写成数学公式为

$$\chi_{\mathrm{Af}}=\sum_{t=0}^{\infty}\begin{pmatrix}\text{停留时间在}t\text{和}t+\Delta t\text{之}\\ \text{间的微元达到的转化率}\end{pmatrix}\times\begin{pmatrix}\text{停留时间在}t\text{和}t+\Delta t\\ \text{之间的微元和分率}\end{pmatrix}$$

如果是连续函数，则有

$$\chi_{\mathrm{Af}}=\int_0^{\infty}\chi_{\mathrm{A}}E(t)\mathrm{d}t \text{ 或} \chi_{\mathrm{Af}}=\int_0^{1}\chi_{\mathrm{A}}\mathrm{d}F(t) \tag{4-14}$$

χ_A为单个流体微元的转化率，当然是t的函数

例4-1 某非理想流动反应器，其停留时间分布规律测试计算见表4-1。

表4-1 数据计算

t/s	$c/(\mathrm{g\cdot m^{-3}})$	$\sum c$	$F(t)$	$E(t)$	$t\cdot c$	$t^2\cdot c$
0	0.0	0	0	0	0	0
120	6.5	6.5	0.13	0.001 083	780	93 600
240	12.5	19.0	0.38	0.002 083	3 000	720 000
360	12.5	31.5	0.63	0.002 083	4 500	1 620 00

续表

t/s	c/(g·m⁻³)	$\sum c$	F(t)	E(t)	$t\cdot c$	$t^2\cdot c$
480	10.0	41.5	0.83	0.001 67	4 800	2 304 000
600	5.0	46.5	0.93	0.00 823	3 000	180 000
720	2.5	49.0	0.98	0.000 416 7	1 800	1 296 000
840	1.0	50.0	1.00	0.000 167	840	705 600
960	0.0	50.0	1.00	0	0	0
1080	0.0	50.0	1.00	0	0	0
$\sum$	50.0			.	18 720	8 539 200

在该反应器内进行一级反应，动力学方程为$(-r_A)=3.331\times10^{-3}c_A$，请确定该反应器的出口转化率（反应物A的化学计量系数为1）。

解　采用凝集流模型进行计算。

对于一级反应，在间歇反应器中转化率与反应时间关系为

$$t=c_{A0}\int_0^{\chi_A}\frac{d\chi_A}{-r_A}=c_{A0}\int_0^{\chi_A}\frac{d\chi_A}{kc_{A0}(1-\chi_A)}=\frac{-1}{k}\ln(1-\chi_A)$$

$$\chi_A=1-\exp(-kt)$$

$$\overline{\chi}_A=\sum_0^{\infty}\chi_{Ai}\Delta F(t)=\sum_0^{\infty}\left[1-\exp(-kt)\right]\Delta F(t)=1-\sum_0^{\infty}\exp(-kt)\frac{c}{\sum c}$$

计算数据见表4-2。

表4-2　计算数据

时　间/s	示踪剂浓度c/(g·m⁻³)	$\Delta F(t)$	$\exp(-kt)\frac{c}{\sum c}$
0	0	0	0
120	6.5	0.13	0.087 2
240	12.5	0.25	0.112 4
360	12.5	0.25	0.075 4
480	10.0	0.20	0.046 4
600	5.0	0.10	0.013 6
720	2.5	0.05	0.004 5
840	1.0	0.02	0.001 2
960	0	0	0
1 000	0	0	0
$\sum$	50		0.334 7

$$\overline{\chi}_{\mathrm{A}}=1-\sum_{0}^{\infty}\exp(-kt)\frac{c}{\sum c}=1-0.334\,7=0.665\,3$$

4.5.2 多釜串联模型

多釜串联模型是用N个全混釜串联来模拟一个实际的非理想反应器（见图4-11）。联接管线模型假设：反应器是由若干大小相等的全混流反应器串联而成。这些全混流反应器之间没有返混，没有反应，过程为定常态操作。

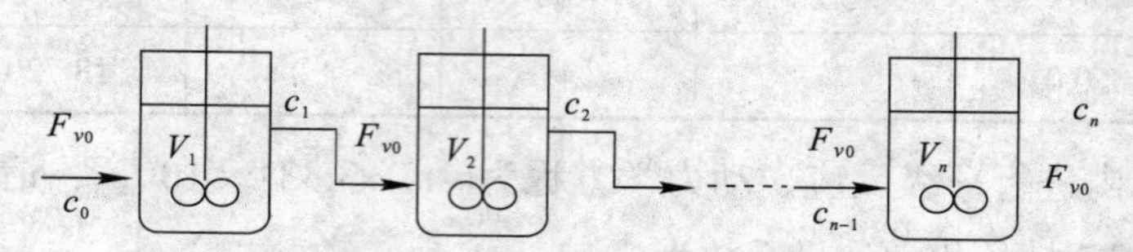

图4-11 多釜串联模型示意图

对系统施加脉冲示踪剂A后，作示踪剂的物料衡算。

第N釜流出的物料中示踪剂浓度为

$$\frac{c_{\mathrm{A}N}}{c_0}=\frac{1}{(N-1)!\bar{t}_i}\left(\frac{t}{\bar{t}_1}\right)^{N-1}\exp\left(-\frac{t}{\bar{t}_i}\right) \tag{4-15}$$

$$E(t)=\frac{c_{\mathrm{A}N}}{c_0}$$

脉冲示踪：

$$E(t)=\frac{c_{\mathrm{A}N}}{c_0}=\frac{1}{(N-1)!\bar{t}_i}\left(\frac{t}{\bar{t}_i}\right)^{N-1}\exp\left(-\frac{t}{\bar{t}_i}\right) \tag{4-16}$$

$$\bar{t}=\frac{V_{\mathrm{R}}}{F_{V0}},V_i=\frac{V_{\mathrm{R}}}{N}\Rightarrow\bar{t}_i=\frac{V_i}{F_{V0}}=\frac{V_{\mathrm{R}}}{NF_{V0}}=\frac{\bar{t}}{N} \tag{4-17}$$

$$E(t)=\frac{N^N}{(N-1)!\bar{t}}\left(\frac{t}{\bar{t}}\right)^{N-1}\exp\left(-\frac{Nt}{\bar{t}}\right) \tag{4-18}$$

设定无因次量：
$$\theta=\frac{t}{\bar{t}}$$

$$E(\theta)=\frac{N^N}{(N-1)!}\theta^{N-1}\exp(-N\theta) \tag{4-19}$$

$$F(\theta)=1-\exp(-N\theta)\sum_{P=1}^{N}\frac{(N\theta)^{P-1}}{(P-1)!} \tag{4-20}$$

则无因次平均停留时间为

$$\bar{\theta}=\int_0^{\infty}\theta E(\theta)\mathrm{d}\theta=\int_0^{\infty}\frac{(N\theta)^N}{(N-1)!N}\mathrm{e}^{-N\theta}\mathrm{d}(N\theta)=\frac{\Gamma(N+1)}{N!}=\frac{N!}{N!}=1 \tag{4-21}$$

无因次方差：

$$\sigma_\theta^2=\int_0^{\infty}\theta^2E(\theta)\mathrm{d}\theta-\bar{\theta}^2=\int_0^{\infty}\frac{(N\theta)^{N+1}}{(N-1)!N^2}\mathrm{e}^{-N}\theta\mathrm{d}(N\theta)-1=\frac{\Gamma(N+2)}{N!N}-1=\frac{(N+1)!}{N!N}-1=\frac{N+1}{N}-1=\frac{1}{N} \tag{4-22}$$

模型参数N

$$N=\frac{1}{\sigma_\theta^2} \tag{4-23}$$

N=1，全混流；

$N\Rightarrow\infty$，平推流；

N等于某一值，意味着该反应器的返混程度相当于N个理想混合反应器的串联。

N只是一个虚拟值，因此，N可以是整数也可以是小数。

停留时间分布密度函数的散度为釜数的倒数。

N为不同值时的$E(\theta)$–θ及$F(\theta)$–θ曲线如图4–12所示。

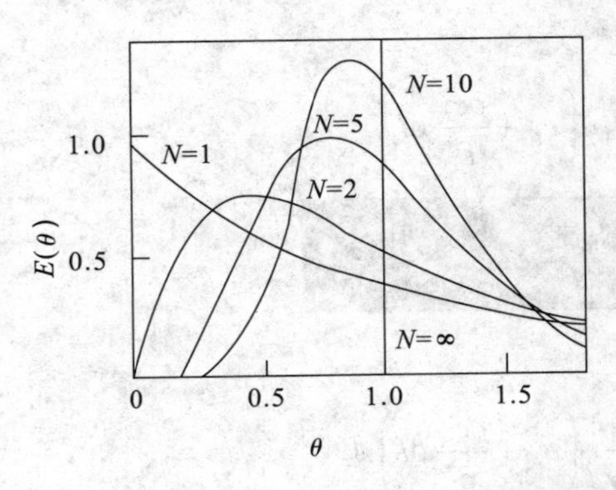

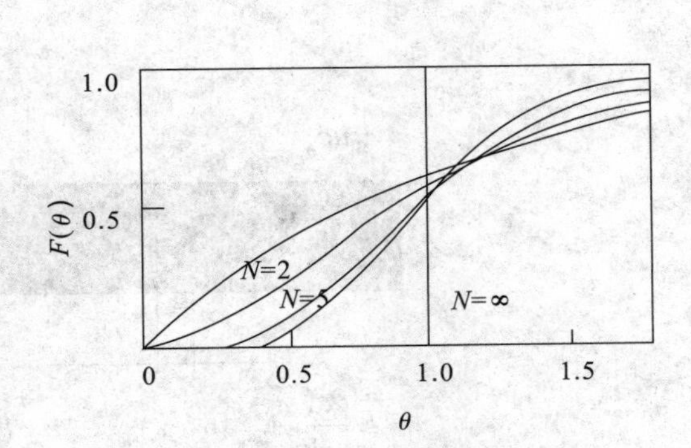

不同N的值时的$E(\theta)$，$F(\theta)$曲线

图4–12 全混流反应器串联理论计算作图

多釜串联模型模拟一个实际反应器的步骤如下：测定该反应器的停留时间分布；其次求出该分布的方差；将方差代入式$N=\frac{1}{\sigma_\theta^2}$求模型参数$N$；首先从第一釜开始，逐釜计算。采用上述方法来估计模型参数N的值时，会出现N为非整数的情况，用四舍五入圆整成整数是一个粗略的处理方法，精确些的办法是把小数部分又视作一个体积较小的反应器。

例4–2 采用多级混合槽模型计算例4–1中反应器出口物料的转化率。参照前面的停留时间分布规律可得

$$\bar{t}=374.41,\ \sigma_t^2=0.217\,9,\ 得N=4.589$$

按照多级混合槽模型，该非理想反应器相当于4.589个CSTR反应器串联的反应效果。则可以计算出反应器出口转化率为

$$\chi_A = 1-\frac{1}{\left(1+\frac{k\bar{t}}{N}\right)^N} = \frac{1}{\left(1+\frac{30\ 331\times10^{-3}\times374.41}{4.589}\right)^{4.589}} = 0.6681$$

4.5.3 轴向扩散模型

由于分子扩散、涡流扩散以及流速分布的不均匀等原因，导致流动状况偏离理想流动时，也可用轴向扩散模型来模拟。

模型假设：

（1）流体只沿轴向有参数变化，径向参数均一；

（2）主体流动为平推流叠加一逆向涡流扩散；

（3）逆向涡流扩散遵循费克扩散定律，在整个反应器内轴向扩散系数近似为常数。

费克扩散定律(Fick’s law)：

轴向扩散模型的建立如图4-13所示。

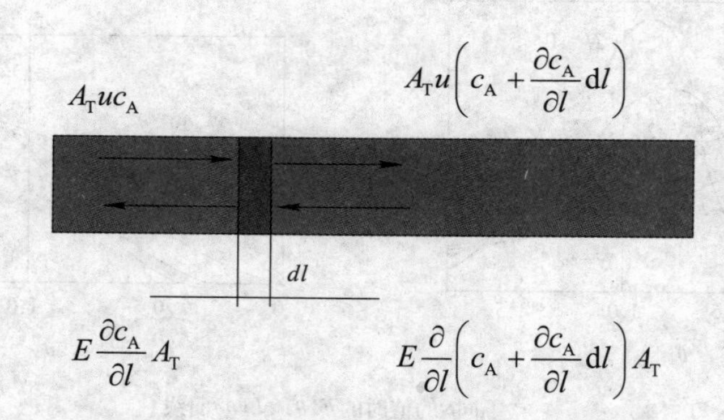

图4-13 轴向扩散模型物料衡算示意图

$$\begin{pmatrix} 流入 & + & 轴向扩散入 \\ A_T u c_A + & & E\frac{\partial}{\partial l}\left(c_A+\frac{\partial c_A}{\partial l}dl\right)A_T \end{pmatrix} - \begin{pmatrix} 流出 & + & 轴向扩散出 \\ A_T u\left(c_A+\frac{\partial c_A}{\partial l}dl\right)+ & & E\frac{\partial c_A}{\partial l}A_T \end{pmatrix} =$$

$$\begin{pmatrix} 反应 \\ (-r_A)A_T dl \end{pmatrix} + \begin{pmatrix} 积累 \\ \frac{\partial c_A}{\partial t}A_T dl \end{pmatrix} \qquad (4\text{–}24)$$

将轴向扩散模型应用于管式反应器时，对管内微元段作反应组分A的物料衡算（见图

4–13所示）有

$$\frac{\partial c_A}{\partial t}=E_Z\frac{\partial^2 c_A}{\partial l^2}-u\frac{\partial c_A}{\partial l}+(-r_A) \tag{4–25}$$

此即轴向扩散模型方程，通常将上式化为无量纲形式，引入下列各无因次量：

$$c=\frac{c_A}{c_{A0}};\quad \theta=\frac{t}{\bar{t}}\quad\left(\bar{t}=\frac{L}{u}\right);\quad Z=\frac{l}{L} \tag{4–26}$$

代入前式得轴向扩散模型无因次方程为

$$\frac{\partial c}{\partial\theta}=\frac{E_Z}{uL}\frac{\partial^2 c}{\partial Z_2}-\frac{\partial c_A}{\partial Z}=\frac{1}{Pe}\frac{\partial^2 c}{\partial Z^2}-\frac{\partial c_A}{\partial c} \tag{4–27}$$

Pe为彼克列数，是模型的唯一参数。

令：$Pe=\dfrac{uL}{E}$　彼克列（Peclet）数

$$\frac{\partial c}{\partial\theta}=\frac{1}{Pe}\frac{\partial^2 c}{\partial Z^2}-\frac{\partial c}{\partial Z} \tag{4–28}$$

Pe的物理意义：流动量与扩散量的比值，数值越大返混程度越小。

扩散系数$E\Rightarrow\infty$，则$Pe\Rightarrow 0$，全混流；

扩散系数$E\Rightarrow 0$，则$Pe\Rightarrow\infty$，平推流。

轴向扩散模型不同的边界条件会有不同的结果。

依流体进出反应器时是否发生流型变化，共有4种边界，如图4–14所示。

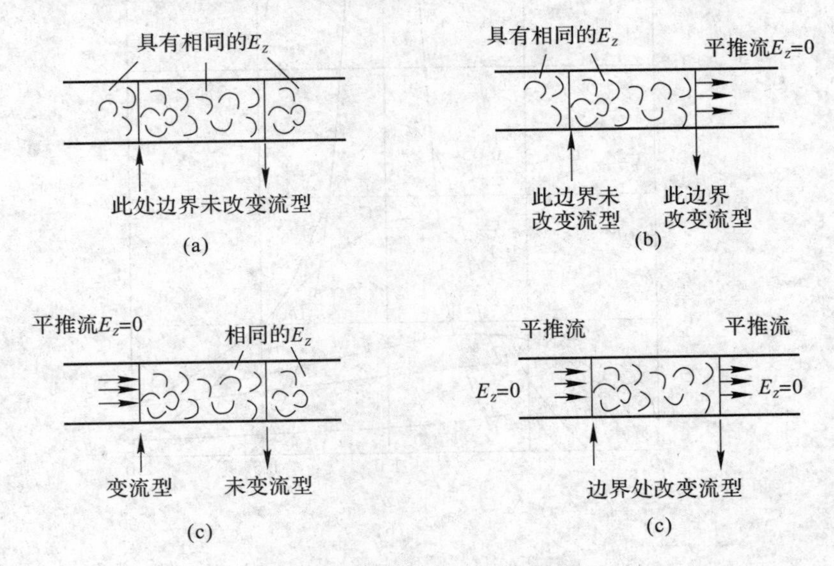

图4–14　轴向扩散边界条件示意图

反应器内有返混，如边界处有返混，则为开式边界条件，若边界处没有返混，则为闭式边界条件。初始条件及边界条件，随着示踪剂的输入方式而异，只有开-开式系统才有解析解，其他边界条件只有数值解，一般可以借助于计算机计算（见图4-15）。

$$\bar{\theta}=1+2\left(\frac{E_Z}{uL}\right)=1+\frac{2}{Pe} \tag{4-29}$$

$$\sigma_\theta^2=\frac{\sigma_t^2}{\bar{t}^2}=2\left(\frac{EZ}{uL}\right)+8\left(\frac{EZ}{uL}\right)^2=2\left(\frac{1}{Pe}\right)+8\left(\frac{1}{Pe}\right)^2 \tag{4-30}$$

特别当Pe大于100时，不论采用什么边界条件都近似得

$$\bar{\theta}=1.0\ ,\quad \sigma_\theta^2=\frac{2}{Pe}$$

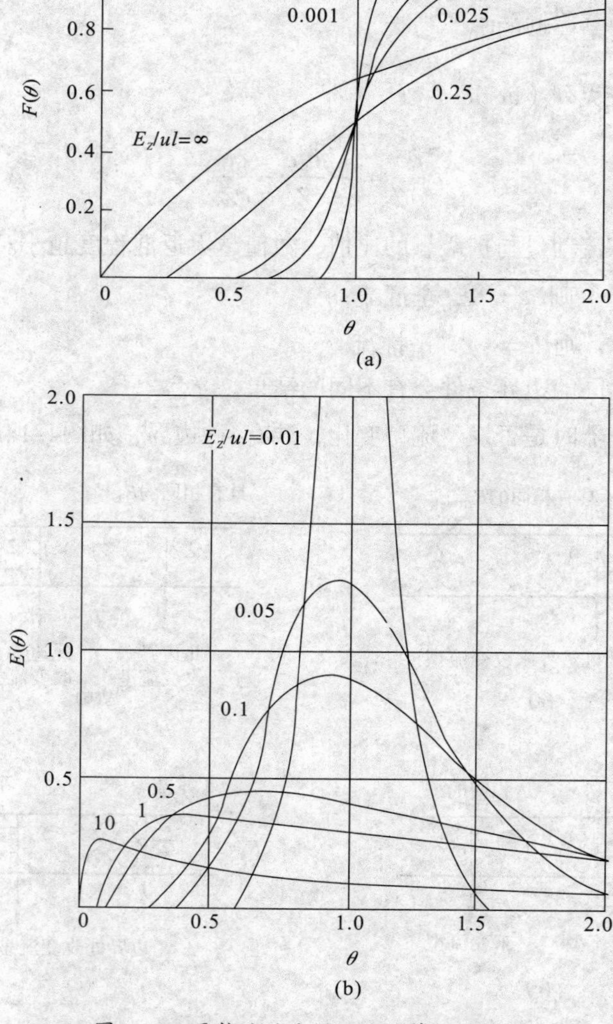

图4-15　平推流反应器理论计算数据作图

开-开式边界条件的$F(\theta)$,$E(\theta)$曲线
(a)F(θ)-θ曲线；(b)E(θ)-θ曲线

例4-3　试用轴向扩散模型中的开-开式边值条件及闭-闭式边值条件，计算例4-1中反应器出口物料的转化率。

解　本题中：$\bar{t}=374.4\text{s}$　　$\sigma_t^2=30\ 608\text{s}^2$

按开-开式边值条件：Pe=12.186

$$\bar{\theta}=\frac{\bar{t}}{\tau}=1+\frac{2}{Pe}=1+\frac{2}{12.186}=1.164$$

$$\tau=\frac{\bar{t}}{1.164}=\frac{374.4}{1.164}=321.65$$

计算β值：

$$\beta=\sqrt{1+\frac{4k\tau}{Pe}}=\sqrt{1+\frac{4\times3.33\times10^{-3}\times321.65}{12.186}}=1.163$$

计算出口转化率：

$$\bar{\chi}_{\text{A}}=1-\frac{4\beta\exp\left(\frac{Pe}{2}\right)}{(1+\beta)^2\exp\left(\frac{\beta Pe}{2}\right)-(1-\beta)^2\exp\left(\frac{-\beta Pe}{2}\right)}=$$

$$\frac{4\times1.163\exp\left(\frac{12.186}{2}\right)}{(1+1.163)^2\exp\left(\frac{1.163\times12.186}{2}\right)-(1-1.163)^2\exp\left(\frac{-1.163\times12.186}{2}\right)}=$$

$$1-0.369=0.631$$

按闭-闭式边值条件：Pe=8.039，$\tau=\bar{t}$=374.4

$$\beta=\sqrt{1+\frac{4k\tau}{Pe}}=\sqrt{1+\frac{4\times3.33\times10^{-3}\times374.4}{8.039}}=1.273$$

$$\bar{\chi}_{\text{A}}=\frac{4\times1.273\exp\left(\frac{8.039}{2}\right)}{(1+1.273)^2\exp\left(\frac{1.273\times8.039}{2}\right)-(1-1.273)^2\exp\left(\frac{-1.273\times8.039}{2}\right)}=$$

$$1-0.329=0.671$$

若按平推流反应器计算，其出口转化率为

$$\bar{\chi}_{\text{A}}=1-\exp(-kt)=1-\exp\left(-3.33\times10^{-3}\times374.4\right)=0.713$$

按全混釜式反应器计算其出口转化率，则有

$$\bar{\chi}_A=\frac{k\tau}{1+k\tau}=\frac{3.33\times10^{-3}\times374.4}{1+3.33\times10^{-3}\times374.4}=0.555$$

不同模型结果汇总见表4–3。

表4–3 不同模型计算结果汇总

模　型	反应器出口物料转化率
平推流反应器	0.713
全混流反应器	0.555
凝集流模型	0.665
多级混合模型	0.668
轴向扩散模型　闭–闭式	0.671
轴向扩散模型　开–开式	0.631

由此看出，非理想流动反应器按理想模型计算误差稍大，其余模型计算结果接近。说明不同非理想模型反映实际反应器真实流动状态都有很好的适用性，实际选用以简单方便、过程停留时间分布特征符合度接近程度高低为原则。

4.5.4 流体的混合态

流体混合分为宏观和微观混合两种观察尺度的概念。宏观混合指设备尺度上的混合现象，例如离析流模型，其基本假定是流体元从进入反应器起到离开反应器止，微元之间不发生任何物质交换，或者说微元之间不产生混合，这种状态称为完全离析，即各个微元都是孤立的，各不相干的。如果微元之间发生混合是分子尺度的，则这种混合称为微观混合，微团之间完全均一混合状态为均相反应，微团之间完全不混合状态为非均相反应，如介于中间混合状态——互不相溶液液微元等。当反应器不存在离析的流体微元时，微观混合达到最大，这种混合状态称为完全微观混合。两种极端的混合状态，一种是不存在微观混合的完全离析，此种流体称为宏观流体；另一种是不存在离析，即完全微观混合，相应的流体称为微观流体。介乎两者之间则称为部分离析或部分微观混合，即两者并存。

混合状态的不同，将对化学反应产生不同的影响。

设浓度分别为c_{A1}和c_{A2}体积相等的两个流体粒子，在其中进行α级不可逆反应。

如果这两个粒子是完全离析的，则其各自的反应速率应为$r_{A1}=kc_{A1}^{\alpha}$及$r_{A2}=kc_{A2}^{\alpha}$

其平均反应速率则为

$$\langle r_A \rangle = \frac{1}{2}(r_{A1} + r_{A2}) = \frac{1}{2}k\left(c_{A1}^{\infty} + c_{A2}^{\alpha}\right) \tag{4-31}$$

假如这两个微元间是微观混合，此种情况的平均反应速率应为：

$$\langle r_A' \rangle = k\left[\left(c_{A1} + c_{A2}\right)/2\right]^{\alpha} \tag{4-32}$$

对于实际混合状态的描述，须注意停留时间分布与返混并不是一一对应的关系，模型方法解决工业反应器中返混的影响，要依据真实流动状况，选择合理简化的流动模型，然后通过实验测定的停留时间分布，来检验筛选模型的准确程度，用数学方法拟合返混与停留时间分布的定量关系，最后结合反应动力学来预计反应结果。

模型建立的原则是：首先，简化得到最简单的模型数学描述形式；其次，简化模型要等效于研究对象的物理过程特征；最后，模型参数愈少愈有利于分析计算。这是解决非理想混合流动对于反应器影响问题计算的基本思路。

习 题

一、填空题

1.在半径为R的管内作层流流动的流体，在径向存在流速分布，轴心处的流速以u_o记，则距轴心处距离为r的流速u_r ______。

2.在半径为R的管内作层流流动的流体管壁处的流速u_R ______。

3.在半径为R的管内作层流流动的流体停留时间分布密度函数$E(t)$=______。

4.在半径为R的管内作层流流动的流体停留时间分布函数$F(t)$=______。

5.停留时间分布的密度函数，在$t<0$时，$E(t)$=______。

6.停留时间分布的密度函数，在$t\geqslant 0$时，$E(t)$ ______。

7.当t=0时，停留时间分布函数$F(t)$=______。

8.当$t=\infty$时，停留时间分布函数$F(t)$=______。

9.停留时间分布的密度函数$E(\theta)$=______$E(t)$。

10.停留时间分布的分散程度的表示量σ_θ^2______σ_t^2。

11.通过物理示踪法来测定反应器物料的停留时间的分布曲线，根据示踪剂的输入方式不同分为______、______。

12.平推流管式反应器$t=\bar{t}$时，$E(t)$=______。

13.平推流管式反应器$t\neq\bar{t}$时，$E(t)$=______。

14.平推流管式反应器$t\geqslant\bar{t}$时，$F(t)$=______。

15.平推流管式反应器$t<\bar{t}$时，$F(t)$=______。

16.平推流管式反应器其$E(\theta)$曲线的方差σ_t^2=______。

17.平推流管式反应器其$E(t)$曲线的方差σ_t^2=______。

18.全混流反应器t=0时$E(t)$=______。

19.全混流反应器其$E(\theta)$曲线的方差σ_θ^2=______。

20.全混流反应器其$E(t)$曲线的方差σ_t^2=______。

21.偏离全混流、平推流这两种理想流动的非理想流动，$E(\theta)$曲线的方差σ_θ^2为______。

22.脉冲示踪法测定停留时间分布$\frac{c_A}{c_0}$对应曲线为______。

23.阶跃示踪法测定停留时间分布$\frac{c_A}{c_0}$对应曲线为______。

24.非理想流动不一定是由______造成的。

25.非理想流动不一定是由返混造成的，但返混造成了______。

26.模拟返混所导致流体偏离平推流效果，可借助轴向返混与扩散过程的相似性，在______的基础上叠加上轴向返混扩散相来加以修正，并认为的假定轴向返混过程可用费克定律加以定量描述，所以，该模型称为______。

27.轴向扩散模型中，模型的参数彼克莱准数Pe______。

28.轴向扩散模型中，模型的参数彼克莱准数愈大，轴向返混程度就______。

29.轴向分散模型的偏微分方程的初始条件和边界条件取决于测试采用示踪剂的______、______、______的情况。

30.轴向分散模型计算的4种边界条件为______、______、______、______。

二、计算题

1.某一反应器用阶跃法测出口处不同时间的示踪剂质量浓度变化关系数据见表4–4。

表4–4　变化关系

t/min	0	2	4	6	8	10	12	14	16
c/(kg · m^{-3})	0	0.05	0.112	0.2	0.313	0.43	0.482	0.501	0.502

求其停留时间分布规律，即$F(t)$，$E(t)$，$\bar{t}$，σ_t^2。

2.有一有效容积V_R=1m^3，送入液体的流量为1.9m^3/h的反应器，现用脉冲示踪法测得其出口液体中示踪剂质量浓度变化关系见表4–5.

表4–5　变化关系

t/s	0	10	20	30	40	50	60	70	80
c/(kg · m^{-3})	0	3	6	5	4	3	2	1	0

求在此条件下$F(t)$，$E(t)$及$\bar{t}$与σ_t^2的值。

3.设$f(\theta)$及$F(\theta)$分别为某流动反应器的停留时间分布密度函数和停留时间分布函数，θ为对比时间。

（1）若该反应器为活塞流反应器，试求：

①$F(1)$；②$f(1)$；③$F(0.9)$；④$f(0.9)$；⑤$f(1.1)$。

（2）若该反应器为全混流反应器，试求：

① $F(1)$；② $f(1)$；③ $F(0.9)$；④ $f(0.9)$；⑤ $f(1.1)$。

（3）若该反应器为一非理想流动反应器，试求：

① $F(\infty)$；② $F(0)$；③）$f(\infty)$；④ $\int_0^\infty f(0)\,d(0)$；⑤ $\int_0^\infty \theta f(0)\,d(0)$。

4.在全混流反应器中进行液固反应，产物为固相，反应为1级，已知k=0.03min^{-1}，固体颗粒的平均停留时间为120min，求：平均转化率。

5.简述，如何用多釜串联模型来模拟一个实际反应器。

6.等体积的平推流反应器与全混流反应器按以下两种方法串联：（1）全混流在前，平推流在后，试画出反应器组合的停留时间分布函数与停留时间分布密度图；（2）平推流在前，全混流在后。

7.原料液以0.8m^3/h的流量通过体积为1m^{3}的液相反应器，当反应器达到定常操作后，所有反应组分均为惰性的示踪物料，以恒定的流速2×10^{-4}mol/h送入反应器。由于示踪物料体积与反应物料体积相比甚小，可忽略不计。

试问示踪物料加入1h后的瞬间，反应器出口的液体中，示踪物的浓度为多大，若：

（1）反应物料呈平推流；

（2）反应物料呈全混流。

8.有一中间试验反应器，其停留时间分布曲线函数式为：$F(t)=0$，t在0到400s之间，$F(t)=1-\exp[1-1.25(t/1\,000-0.4)]$，$t>400$s。

试计算：（1）平均停留时间$\bar{t}$；

（2）$A\xrightarrow{k}P$（k=0.008s^{-1}）等温操作，进行固相颗粒反应时，其转化率为多少？

（3）若用PFR，停留时间为550s，后接一个平均停留时间为900s的CSTR。问此时反应转化为多少？如果上述两个反应器串联顺序相反，其转化率又为多少？

9.液体以1m^3/h的流量通过1m^{3}的反应器。定常态时用惰性示踪物以恒定流量1.8×10^{-4}mol/h送入反应器（可以忽略示踪物流对流动的影响）。若反应器分别为PFR或CSTR，求示踪物料加入后1.3h时，反应器出口物流中示踪物的浓度为多少？

10.某反应器用示踪法测其流量，当边界为开-开式时，测得$\frac{Ez}{Ul}$=0.0825，在此反应器内进行一般不可逆反应，此反应若在活塞流反应器中进行，转化率为99%，若用多釜串联模型，求此反应器的出口转化率。

11.用多级全混流串联模型来模拟一管式反应装置中的脉冲实验，已知σ_t^2=8.970，t_2=6.19，求

（1）推算模型参数N；

（2）推算一级不可逆等温反应的出口转化率。

第5章　多相化学反应体系中的传递现象

近代化工工业生产中，因为追求效率的原因，90%以上反应器依赖催化反应体系，因此多数化学反应体系在多相系统中进行，如石油催化裂化、加工合成氨、乙烯氧化为环氧乙烷、乙炔与氯化氢合成氯乙烯等均属此类。多相系统的特征是系统中同时存在两个或两个以上的相态，发生化学反应的同时，也发生着相间和相内的质量传递和热量传递。发生化学催化反应，必然伴随这些传递现象。

多相系统中的反应可概括为以下3种基本类型。

（1）在两相界面处进行反应，所有气固反应或气固相催化反应，以及部分气液反应都属于这一类型；

（2）大多数气液反应在一个相内进行反应，此时进行反应的相叫作反应相；

（3）某些液液反应可在两个或多个相内同时发生反应。

本章首先讲述工业上应用最多的气固相催化反应器。

5.1　催化剂的结构和性质

绝大多数固体催化剂颗粒为多孔结构，使得催化剂颗粒内部存在着极其巨大的比表面积，化学反应便是在这些表面上发生的。比表面由实验测定得到，以m^2/g为单位，常用的测定方法是BET法或色谱法，近年来激光粒度仪也成为有效测试手段之一。

评价催化剂指标有多种，包括孔径分布、孔容、孔隙率、密度、粒径、形状系数和等效粒径等。

多孔催化剂的比表面与孔道的直径大小有关，孔径越细，则比表面越大。通常用孔径分布来描述催化剂颗粒内的孔道粗细情况，孔径分布是由实验测定的孔容分布计算得到。

孔容是指单位质量催化剂颗粒所具有的孔体积，常以cm^3/g为单位。

为了定量比较和计算上的方便，常用平均孔半径$\langle r_a \rangle$来表示催化剂孔的大小。若不同孔径r_a的孔容分布已知，平均孔径$\langle r_a \rangle$可由下式算出：

$$\langle r_a \rangle = \frac{1}{V_g}\int_0^{V_g} r_a \mathrm{d}V \tag{5-1}$$

式中：V为半径为r_a的孔的体积，按单位质量催化剂计算，V_g为催化剂的总孔容。

催化剂颗粒的孔体积也可用孔隙率 ε_p来表示。孔隙率等于孔隙体积与催化剂颗粒体积（固体体积与孔隙体积之和）之比，显然 $\varepsilon_p<1$。孔隙率与孔容两者的关系为

$$\varepsilon_P = V_g \rho_p \tag{5-2}$$

式中：ρ_p为颗粒密度，或称表观密度。二者的差别在于前者按单位颗粒体积，而后者按单位质量催化剂的孔体积。

颗粒密度ρ_p，按颗粒体积计算（为固体体积与孔体积之和）。真密度p_t只按固体体积计算。以单位床层体积中颗粒的质量来定义，则称为床层密度或堆积密度，以p_b表示之。床层体积包括颗粒体积和颗粒与颗粒间的空隙体积。堆积密度最小，真实密度最大。

颗粒密度ρ_p＝固体的质量/颗粒的体积

骨架密度ρ_t＝固体的质量/固体的体积

堆积密度ρ_b＝固体的质量/床层的体积

注意：床层空隙率是对一堆颗粒总体而言的，为颗粒间的空隙体积占床层体积的分率；孔隙率则对应单一颗粒而言，是颗粒内部的孔体积占颗粒体积的分率。

粒径、形状系数：

对于非球形粒子，其外表面积A_P必定大于同体积球形粒子的外表面积A_S，故可定义颗粒的形状系数（或称球形系数）为

$$\varphi_S = A_S / A_P \tag{5-3}$$

除球体的φ_S=1外，其他形状颗粒的φ_S均小于1。

表征颗粒特征的基本参数是粒径，一般笼统地以d_P表示。除圆球形颗粒外，d_P可有各种不同的定义。设粒子的体积为V_P，外表面积为A_p

体积等效直径d_V（以与颗粒体积相等的球体直径表示）：

$$V_P = \frac{1}{6}\pi d_V^3 \quad \Rightarrow \quad d_V = (6V_P/\pi)^{1/3} \tag{5-4}$$

面积等效直径 d_a（以与颗粒外表面积相等的球体直径表示）：

$$A_P = \pi d_a^2 \quad \Rightarrow \quad d_a = \sqrt{A_P/\pi} \tag{5-5}$$

比外表面等效直径 d_S（以与颗粒的比外表面积相等的球体直径表示）：

$$S_V = \frac{A_S}{V_P} = \frac{\pi d_S^2}{\pi d_S^3/6} = \frac{6}{d_S} \Rightarrow \quad d_S = 6/S_V = 6V_P/A_S \tag{5-6}$$

各不同表示的当量粒径之间的关系如为

$$\varphi_s d_V = d_S = 6V_P/A_p, \quad \varphi_S = (d_V/d_a)^2 \tag{5-7}$$

对于大小不等的混合颗粒，其平均直径可用筛分数据按下式求出：

$$d_P = 1/(\sum_{i=1}^{n}\frac{x_i}{d_i}) \qquad (5-8)$$

式中x_i为直径等于d_i的颗粒所占的质量分率。

这些表示方法工业实践和文献上都有采用，实际应用时必须要弄清是用哪一种基准作为表示方法，尤其是颗粒直径的关联式更应仔细核对。

5.2　气固相催化反应过程步骤

为了说明气固相催化反应过程步骤，在此以在多孔催化剂颗粒上进行不可逆反应

$$A(g) \longrightarrow B(g) \qquad (5-9)$$

为例，阐明过程进行的步骤。

图5.1为描述各过程步骤的示意图。颗粒内部为纵横交错的催化剂孔道，外表面为一气相层流边界层所包围，是气相主体与催化剂颗粒外表面间的传递的阻力之一。由于化学反应大多发生在催化剂表面上，因此反应物A必须先从气相主体向催化剂表面传递，而后在催化剂表面上生成的产物B，又从催化剂表面向气相主体扩散。

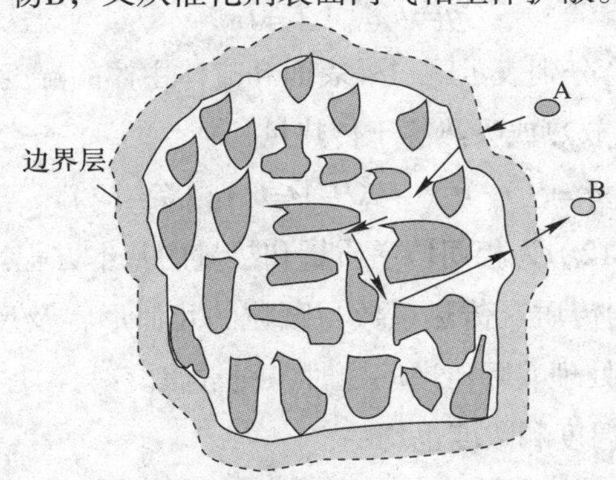

图5−1　各过程步骤示意图

具体步骤为：

（1）反应物A由气相主体扩散到颗粒外表面；

（2）反应物A由外表面向孔内扩散，到达可进行吸附/反应的活性中心；

（3），（4），（5）依次进行A的吸附，A在表面上反应生成B，产物B自表面解吸；

（6）产物B由内表面扩散到外表面；

（7）B由颗粒外表面扩散到气相主体。

步骤（1），（7）属外扩散。步骤（2），（6）属内扩散（孔扩散），步骤（3）～（5）属表面反应过程。在这些步骤中，催化剂颗粒内部发生内扩散和表面反应，两者几乎是同时进行的，属于并联过程，而组成表面反应过程的（3）～（5）三步则是串联的。外扩散发生于气相主流体与催化剂颗粒外表面之间，属于气固相间传递过程。外扩散与催

化剂颗粒内的扩散和反应也是串联进行的。由于传质扩散的影响，流体主体、催化剂外表面上及催化剂颗粒中心反应物的浓度c_{AG}，c_{AS}和c_{AC}将会不一样，且$c_{AG}>c_{AS}>c_{AC}>c_{Ae}$，$c_{Ae}$为反应物A的平衡浓度。对于反应产物$c_B$，其浓度高低顺序与之相反。

5.3　流体与催化剂颗粒外表面间的传递现象

相间质量热量传递的基本方程为物理化学和化工原理的相关理论知识，此处直接引用多相催化反应过程的第一步，反应物向催化剂颗粒外表面传递的速率可表示为

$$N_A=k_G a_m(c_{AG}-c_{AS}) \tag{5-10}$$

式中：a_m为单位质量催化剂颗粒的外表面积；k_G为传质系数

对于定态过程，传质速率等于反应速率：

$$N_A=r_A \tag{5-11}$$

由于化学反应进行时总是伴随着一定的热效应，因此在质量传递的同时，必然产生吸热或者放热的热量传递，传热速率可表示为

$$q=h_s A_m(T_S-T_G) \tag{5-12}$$

式中：h_s传热系数；T_S及T_G分别表示颗粒外表面和流体主体的温度，A_m为传热面积。

对于定态过程，反应放热或吸热等于传热量：

$$q=(r_A)(-\Delta H_r)=h_s A_m(T_s-T_G) \tag{5-13}$$

上述式（5-11）、式（5-12）为相间传递质量和热量的基本方程。

流体与固体颗粒间的传质、传热系数与颗粒的几何形状及尺寸、流体力学条件以及流体的物理性质有关。在处理实际传递问题时，通常假设：

（1）颗粒外表面上温度和浓度也均一；

（2）对于流体主体，其温度和浓度也做均一性的假定。

一般用j因子的办法来关联气固体传质和传热实验数据。

传质j因子j_D和传热j因子j_H的定义为

$$j_D=\frac{k_G\rho}{G}(Sc)^{\frac{2}{3}} \tag{5-14}$$

$$j_H=\frac{h_s}{GC_P}(Pr)^{\frac{2}{3}} \tag{5-15}$$

式中，Sc，Pr分别为斯密特数和普兰德数，即

$$Sc=\mu/pD \tag{5-16}$$

$$Pr=C_P\mu/\lambda_f \tag{5-17}$$

质量速度G，传质系数k_G，扩散系数D

根据传热与传质的类比原理有

$$j_D=j_H \quad (5\text{–}18)$$

传质j因子j_D和传热j因子j_H是雷诺数的函数，还与固定床反应器的结构形式具体相关，工业上有大量专门的经验公式来描述。随质量流速G增加，传质系数k_G变大，也就加快了外扩散传质速率；反之，质量流速下降，外扩散传质阻力变大，甚至成为过程控制步骤。实际生产中，在其他条件允许的前提下，尽量用较大的质量流速以提高设备的生产强度，故属于外扩散控制的气固催化反应过程较少。个别气固非催化反应，如硫的氧化燃烧，由于在高温下的燃烧反应速率很快，才属于外扩散控制。

流体与颗粒外表面间的浓度差和温度差可以建立如下联系：

$$k_G A_m (c_{AG}-c_{AS})(-\Delta H_r)=h_s A_m (T_S-T_G) \quad (5\text{–}19)$$

$$T_S-T_G=(c_{AG}-c_{AS})\frac{(-\Delta H_r)}{\rho C_P}\left(\frac{Pr}{Sc}\right)^{2/3}\left(\frac{j_D}{j_H}\right) \quad (5\text{–}20)$$

就多数气体而言，$Pr/Sc=1$，对于固定床，j_D与j_H近似相等，于是上式可简化为

$$T_S-T_G=(c_{AG}-c_{AS})\frac{(-\Delta H_r)}{\rho C_P} \quad (5\text{–}21)$$

对于热效应不显著的反应，只有浓度差比较大时，温度差才较大。而热效应大的反应，即使浓度差不显著，温度差依然可能相当大。在绝热条件下反应，流体相的浓度从c_{AG}降至c_{AS}时，由热量衡算知流体的温度变化为

$$(\Delta T)_{ad}=\frac{(-\Delta H_r)}{\rho C_P}(c_{AG}-c_{AS}) \quad (5\text{–}22)$$

5.4 气体在多孔介质中的扩散机制

在催化剂表面和内部的气体扩散，其机制复杂多样，固体催化剂中气体组分的扩散机制有多种形式。

5.4.1 孔扩散

孔扩散分为以下两种形式

（1）当$\lambda/2r_a \leqslant 10^{-2}$时，孔内扩散属正常分子扩散，这时的孔内扩散与通常的气体扩散完全相同。扩散速率主要受分子间相互碰撞的影响，与孔半径尺寸无关。λ气体分子运动平均自由程。可由$\lambda=1.013/p$cm估算。

（2）当$\lambda/2r_a \geqslant 10$时，孔内扩散为努森扩散，这时主要是气体分子与孔壁的碰撞、

故分子在孔内的努森扩散系数D_K只与孔半径r_a有关，与系统中共存的其他气体无关。

努森扩散：$2r<\lambda$组分的扩散受到孔隙的影响，这时主要是气体分子与孔壁的碰撞。

努森扩散系数: 孔半径小于分子运动平均自由程时必须考虑。在直圆孔中努森扩散系数$D_K=\frac{2}{3}r\bar{V}$。

r为孔半径，$\bar{v}$为平均分子运动速度，为$\bar{V}=\sqrt{8R_gT/\pi M}$

$$R_g=8.314\times10^7 erg/(\text{mol}\cdot\text{K}) \tag{5-23}$$

$$D_k=9\ 700r\sqrt{\frac{T}{M}} \tag{5-24}$$

上式显示，努森扩散系数与孔径半径成正比，与压力无关。

吸附在催化剂表面上的分子向着表面浓度降低的方向迁移的过程，此机制为界面表面扩散，此扩散研究的较少，无完善的理论。

当气体分子的平均自由程与颗粒孔半径的关系介于上述两种情况之间时，则两种扩散均起作用，这时应使用综合扩散系数D。

多孔物质的扩散与一般扩散不同之处在于：

（1）扩散极不规则，确切的长度不明。

（2）反应物被吸附后，还可能脱附下来或移动到附近的活性中心上去。

（3）扩散阻力不仅决定于分子间的碰撞，还决定于与孔壁的碰撞

5.4.2 正常扩散

分子扩散：$2r>\lambda$，$\lambda=1\ 000\text{Å}$左右，$1\text{Å}=10^{-10}\text{m}$。

与微孔无关，阻力是分子间磨擦碰撞产生，与通常的气体扩散完全相同。

分子扩散系数：

（1）双组分扩散系数。如缺乏实验值可按分子运动理论用下式进行计算，有

$$D_{AB}=\frac{0.001\,858T^{1.5}(\frac{1}{M_A}+\frac{1}{M_B})^{1/2}}{p\,\delta_{AB}^2\Omega_D}\propto\frac{T^{1.5}}{p} \tag{5-25}$$

M_A，M_B为组分相对分子质量。

分子扩散也叫容积扩散，是以分子间碰撞为阻力的扩散，扩散在相内进行，传质在相间进行。

（2）多组分体系的分子扩散系数。多组分体系中组分的扩散系数与体系的组成有关，对各组分有不同值，若体积中组分1的摩尔率为y_1，则它在m种组分混合物中的扩散系数D_{1m}可计算如下：

$$D_{1m}=\frac{1-y_1}{\sum_{j=2}^{m}\frac{y_j}{D_{1j}}} \tag{5-26}$$

5.4.3　综合扩散

一般综合扩散是指多种扩散的过渡区，综合扩散可按下式计算：

$$D=\frac{1}{\frac{1}{D_B}+\frac{1}{D_k}} \tag{5-27}$$

多孔颗粒中的扩散。在多孔催化剂或多孔固体颗粒中，组分i在催化剂中的有效扩散系数为

$$De_i=\frac{\varepsilon_P D_i}{\tau_m} \tag{5-28}$$

式中，τ_m为曲率因子，由实验测定，一般数值范围为3~5，孔隙率等于孔隙体积与催化剂颗粒体积之比。催化剂粒内的微孔不是简单的圆孔，是曲折大小相互沟通的，用综合扩散系数计算不行，必须引入等效扩散系数De表示，De是对整体催化剂考虑时测试或计算的扩散系数。

5.5　催化剂中的扩散和反应

多相催化反应中，反应物分子从气相主体穿过催化剂颗粒外表面的层流边界层，到达其外表面后，一部分反应物分子即开始反应。但由颗粒内部孔道壁面所构成的内表面相比颗粒外表面大得多，因此，绝大多数反应物分子要沿着孔道向颗粒内部扩散来完成反应，即所谓内扩散。由于这个原因，内扩散在催化反应中有更高重要性。它与外扩散不同的是，外扩散时反应物要先扩散到颗粒外表面才可发生反应，而内扩散是与反应并行进行的，随着扩散的进行，反应物的浓度逐渐下降，反应速率也相应地降低，到颗粒中心时反应物浓度最低（或等于零），反应速率也最小。我们首先讨论内扩散，其次分析外扩散问题。

5.5.1　多孔催化剂内反应组分的浓度分布

1. 薄片催化剂

假设图5-2所示薄片催化剂其厚度为$2L$，在其上进行一级不可逆反应。设该催化剂颗粒是等温的，且其孔隙结构均匀，各向同性。在颗粒内取厚度为dZ的微元，对此微元作反应物A的物料衡算即可计算反应组分浓度分布（见图5-2）。

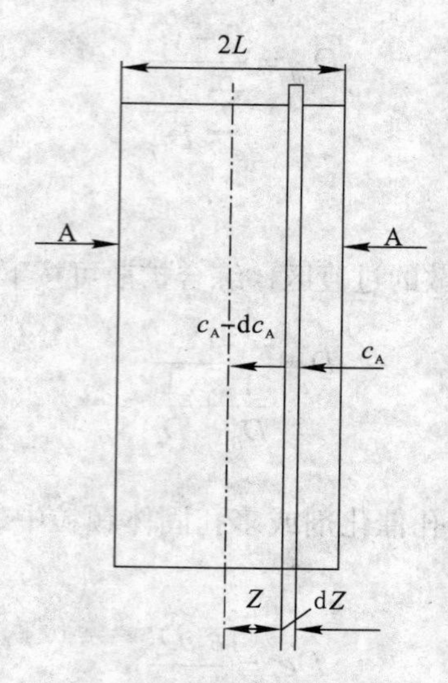

图5-2　薄片催化剂

假设该薄片催化剂的厚度远较其长度和宽度尺度为小，则反应物A从颗粒外表面积颗粒内部的扩散可按一维扩散问题处理，即只考虑与长方体两个大的侧面相垂直的方向（图5-2所示的Z方向）上的扩散，而忽略其他四个侧面方向上的扩散。对于定态过程，由质量守恒定律，设有效扩散系数De为常数，扩散面积为a，则上式可写成：

$$Dea[(\frac{dc_A}{dZ})_Z+\frac{d}{dZ}(\frac{dc_A}{dZ})dZ]-Dea(\frac{dc_A}{dZ})_Z=k_Pc_AadZ \qquad (5-29)$$

式中，k_P系以催化剂颗粒体积为基准的反应速率常数。

化简后可得

$$\frac{d^2c_A}{dZ^2}=\frac{k_P}{De}c_A \qquad (5-30)$$

就是薄片催化剂上进行一级不可逆反应时的反应扩散方程，其边界条件为

$$\begin{cases} Z=L，c_A=c_{AS} \\ Z=0，dc_A/dZ=0 \end{cases} \qquad (5-31)$$

解此二阶常系数线性齐次微分方程，通解为

$$c_A=A_1e^{\sqrt{\frac{k_P}{De}}Z}+A_2e^{-\sqrt{\frac{k_P}{De}}Z} \qquad (5-32)$$

代入边界条件：

$$c_{As} = A_1 e^{\sqrt{\frac{k_p}{De}}L} + A_2 e^{-\sqrt{\frac{k_p}{De}}L} \tag{5-33}$$

$$A_1 = A_2 = \frac{c_{AS}}{\exp(\sqrt{\frac{k_p}{De}}L) + \exp(-\sqrt{\frac{k_p}{De}}L)} \tag{5-34}$$

令

$$\phi = \sqrt{\frac{k_p}{De}}L \tag{5-35}$$

则薄片催化剂内反应物的浓度分布方程为

$$c_A = \frac{c_{AS}}{\exp(\phi) + \exp(-\phi)}\exp(\phi Z/L) + \frac{c_{AS}}{\exp(\phi) + \exp(-\phi)}\exp(-\phi Z/L) \tag{5-36}$$

$$\frac{c_A}{c_{As}} = \frac{\exp(\phi Z/L) + \exp(-\phi Z/L)}{\exp(\phi) + \exp(-\phi)} = \frac{\cos h(\phi Z/L)}{\cos h(\phi)} \tag{5-37}$$

其中$\phi = \sqrt{\frac{k_p}{De}}L$，$\phi$称为称西・勒模数Thiele。

由定义并作适当的改写可得

$$\varphi^2 = L^2 \frac{k_p}{De} = \frac{aLk_p c_{AS}}{Dea(c_{AS} - 0)/L} = \frac{表面反应速率}{内扩散速率} \tag{5-38}$$

西勒模数物理意义：西勒模数表示表面反应速率与内扩散速率的相对大小。

内扩散有效因子η，可用于计算催化剂颗粒上的反应速率：

内扩散有效因子η定义：

$$\eta = \frac{内扩散对过程有影响时的反应速率}{内扩散对过程无影响时的反应速率} \tag{5-39}$$

内扩散有影响时催化剂颗粒内的浓度是不均匀的，需要求出此时的平均反应速率为

$$\langle r_A \rangle = \frac{1}{L}\int_0^L k_p c_A \mathrm{d}Z \tag{5-40}$$

内扩散有效因子计算式的推导步骤：

（1）建立颗粒内反应物浓度分布的微分方程，确定相应的边界条件，解微分方程；

（2）根据浓度分布而求得颗粒内的平均反应速率；

（3）由内扩散有效因子的定义导出其计算式。

薄片催化剂内扩散有影响时的反应速率

$$\langle r_A \rangle = \frac{1}{L}\int_0^L k_P c_{AS} \frac{\cos h(\phi Z/L)}{\cos h(\phi)} dZ = \frac{k_P c_{AS} \sin h(\phi)}{\phi \cos h(\phi)} = \frac{\tan h(\phi)}{\phi} k_P c_{AS} \tag{5-41}$$

内扩散没有影响时，颗粒内部的浓度均与外表面上的浓度c_{AS}相等，反应速率为$k_P c_{AS}$。将两个反应速率代入，可得

$$\eta = \frac{\tan h(\phi)}{\phi} \tag{5-42}$$

2. 球形催化剂

对于半径为R的球形催化剂粒子，在粒内进行等温一级不可逆反应，取任一半径r处厚度为dr的壳层，对组分A作物料衡算。其示意图见图5-3。

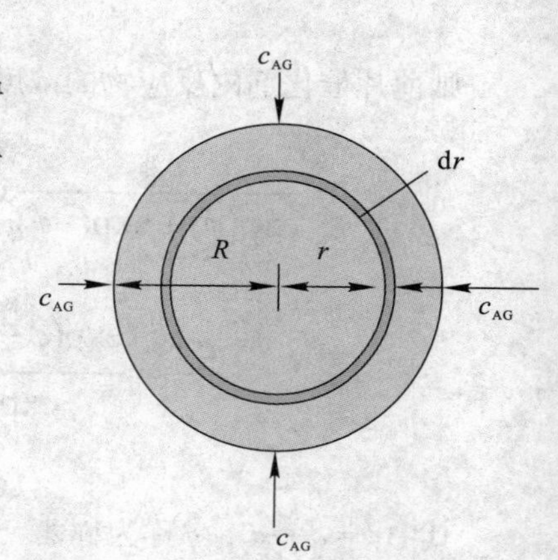

图5-3 球形催化剂示意图

扩散入： $4\pi(r+\mathrm{d}r)^2 De \frac{\mathrm{d}}{\mathrm{d}r}\left[c_A + \frac{\mathrm{d}c_A}{\mathrm{d}r}\mathrm{d}r\right]$

扩散出： $4\pi r^2 De \frac{\partial}{\partial r}[c_A]$

反应量： $(4\pi r^2 \mathrm{d}r) k_P c_A$

边界条件：$r = R$，$c_A = c_{AS}$；$r = 0$，$\frac{\mathrm{d}c_A}{\mathrm{d}r} = 0$。

扩散入－扩散出=反应量

代入后略去无穷小量，其扩散方程为

$$\frac{\mathrm{d}^2 c_A}{\mathrm{d}r^2} + \frac{2}{r}\frac{\mathrm{d}c_A}{\mathrm{d}r} = \frac{k_P}{De} c_A \tag{5-43}$$

结合边界条件，得

$$\frac{c_A}{c_{AS}} = \frac{R \sin h(3\phi\, r/R)}{r \sin h(3\phi)} \qquad (\phi = \frac{R}{3}\sqrt{\frac{k_P}{De}}) \tag{5-44}$$

由于整个粒子内的反应速率等于从外表面定常扩散进去的速率，即

$$r_P = 4\pi R^2 De (\frac{\mathrm{d}c_A}{\mathrm{d}r})_{r=R} \tag{5-45}$$

$$(\frac{\mathrm{d}c_A}{\mathrm{d}r})_{r=R} = \frac{Rc_{AS}}{\sin h(3\phi)}\left\{\frac{r(3\phi/R)\cos h[3\phi(r/R)] - \sin h[3\phi(r/R)]}{r^2}\right\}_{r=R} =$$

$$\frac{Rc_{AS}}{\sin h(3\phi)} \frac{3\phi \cos h(3\phi) - \sin h(3\phi)}{R^2} =$$

$$r_{\mathrm{p}}=4\pi R^{2}De(\frac{\mathrm{d}c_{\mathrm{A}}}{\mathrm{d}r})_{r=R} \tag{5-46}$$

$$r_{P}=4\pi R^{2}De\frac{3\phi c_{\mathrm{AS}}}{R}\left[\frac{1}{\tan h(3\phi)}-\frac{1}{3\phi}\right]=$$

$$4\pi R^{2}c_{\mathrm{AS}}\sqrt{k_{p}De}\left[\frac{1}{\tan h(3\phi)}-\frac{1}{3\phi}\right] \tag{5-47}$$

没有内扩散影响时颗粒反应速率为$\frac{4}{3}\pi R^{3}k_{\mathrm{p}}c_{\mathrm{AS}}$，有

$$\eta=\frac{1}{\phi}\left[\frac{1}{\tan h(3\phi)}-\frac{1}{3\phi}\right] \tag{5-48}$$

3. 圆柱形催化剂

对于半径为R的无限长圆柱或两端面无孔的有限长圆柱，其扩散反应方程为

$$\frac{\mathrm{d}^{2}c_{\mathrm{A}}}{\mathrm{d}r^{2}}+\frac{1}{r}\frac{\mathrm{d}c_{\mathrm{A}}}{\mathrm{d}r}=\frac{k_{\mathrm{P}}}{De}c_{\mathrm{A}} \tag{5-49}$$

边界条件：　$r=R$，$c_{\mathrm{A}}=c_{\mathrm{AS}}$；$r=0$，$\frac{\mathrm{d}c_{\mathrm{A}}}{\mathrm{d}r}=0$。　(5-50)

解此微分方程得

$$\frac{c_{\mathrm{A}}}{c_{\mathrm{AS}}}=\frac{I_{0}[2\phi(r/R)]}{I_{0}(2\phi)} \tag{5-51}$$

故

$$\eta=\frac{I_{1}(2\phi)}{\phi I_{0}(2\phi)} \tag{5-52}$$

式中I_0为零阶一类变型贝塞尔函数。

I_1为一阶一类变型贝塞尔函数，可以借助计算机来完成上述计算。

ϕ为适用于不同几何形状的催化剂的西勒模数，有相同表述形式：

$$\phi=\frac{V_{\mathrm{P}}}{a_{\mathrm{p}}}\sqrt{\frac{k_{\mathrm{p}}}{De}} \tag{5-53}$$

V_{P}和a_{p}分别为颗粒的体积与外表面积。

5.5.2　不同形貌催化剂效率比较

比较不同几何形状催化剂颗粒的内扩散有效因子，以η对ϕ作图见图5-4。

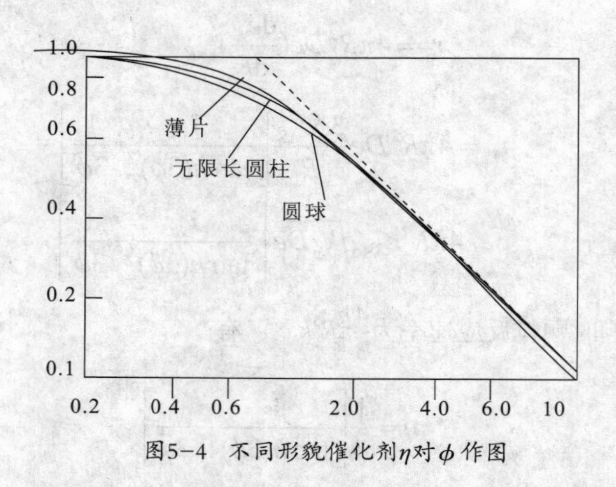

图5-4　不同形貌催化剂η对ϕ作图

图上3条曲线几乎重合在一起，只有当$0.4<\phi<3$时，三者才有较明显的差别。纵使在这一区域内，它们之间相差只不过10%～20%。说明催化剂形貌在多数情况下影响不显著，当$\phi<0.4$时，$\eta\approx1$，当$\phi>3.0$时，$\eta=1/\phi$，η是ϕ的函数，总是随ϕ值的增大而单调地下降。

提高η办法：

（1）减小催化剂颗粒的尺寸，ϕ值减小，η值可增大。

（2）增大催化剂的孔容和孔半径，可提高有效扩散系数De的值，使ϕ值减小，η值增大。

以上的讨论只适用于等温下进行一级不可逆反应的情况。处理非一级反应的扩散反应问题，原则上上述所采用的方法与步骤完全适用，只是在数学处理上比较繁琐，现在都可以借助于有关软件来完成。

5.6　内扩散对复合反应的影响

内扩散存在使得颗粒内反应物浓度降低，反应速率变慢，现对复合反应影响作下述分析。

5.6.1　平行反应：

$$\begin{cases} A \xrightarrow{k_1} B, \quad r_B = k_1 c_{AS}^{\alpha} \\ A \xrightarrow{k_2} D, \quad r_D = k_2 c_{AS}^{\beta} \end{cases} \tag{5-54}$$

B为目的产物。若内扩散对反应过程无影响，则催化剂颗粒内反应物浓度与外表面处的浓度c_{AS}相等，由瞬时选择性定义得

$$\varphi' = r_B/(r_B + r_D) = 1/(1 + k_2 c_{AS}^{\beta-\alpha}/k_1) \tag{5-55}$$

如内扩散有影响时，催化剂颗粒内反应物A的平均浓度为$\langle c_A \rangle$，则相应的瞬时选择性为

$$\varphi = 1/(1 + k_2 \langle c_A \rangle^{\beta-\alpha} / k_1) \tag{5-56}$$

比较以上二式，内扩散对于平行反应选择性的影响如下：

（1）$\alpha=\beta$，则$S=S'$，即内扩散对目的产物B的选择性无影响；

（2）$\alpha>\beta$，则$S<S'$，即内扩散的影响使生成目的产物B的选择性降低；

（3）$\alpha<\beta$，则$S>S'$，即内扩散影响使生成目的产物B的选择性上升。

5.6.2 连串反应：

$$A \xrightarrow{k_1} B \xrightarrow{k_2} D \tag{5-57}$$

B为目的产物。定态下，组分A的转化速率应等于组分A从外表面向催化剂颗粒内部扩散的速率，同样组分B的生成速率应等于组分B从催化剂颗粒内部向外表面扩散的速率。假设A和B的有效扩散系数相等，即$De_A=De_B$，则可导出瞬时选择性为

$$\varphi = \frac{r_B^*}{r_A^*} = \frac{1}{1+\sqrt{k_1/k_2}} - \sqrt{\frac{k_2}{k_1}} \times \frac{c_{BS}}{c_{AS}} \tag{5-58}$$

如果内扩散不发生影响，则反应的瞬时选择性为

$$\varphi = \frac{r_B}{r_A} = 1 - \frac{k_2}{k_1} \times \frac{c_{BS}}{c_{AS}} \tag{5-59}$$

比较上两式可知，内扩散使反应的瞬时选择性降低。内扩散的存在，使目的产物B的收率降低，且内扩散的影响越严重，收率降低得越多。对于多相催化反应，如果不考虑内扩散的影响时，目的产物B存在一最大收率。内扩散有影响时，目的产物B也存在一最大收率，但是要低很多。

5.7 外扩散对反应的影响

5.7.1 单一反应

为了说明外扩散对多相催化反应的影响，引入外扩散有效因子η_x，有

$$\eta_x = \frac{\text{外扩散有影响时颗粒外表面处的反应速率}}{\text{外扩散无影响时颗粒外表面处的反应速率}} \tag{5-60}$$

显然，c_{AS}总是小于c_{AG}，因此，只要反应级数为正，则$\eta_x \leqslant 1$；反应级数为负时，$\eta_x \geqslant 1$。

现在讨论颗粒外表面与气相主体间不存在温度差且粒内也不存在内扩散阻力时的情况。

对于一级不可逆反应，无外扩散影响的本征反应速率为$k_w c_{AG}$，有影响反应速率为$k_w c_{AS}$，故

$$\eta_x = \frac{k_w c_{AS}}{k_w c_{AG}} = \frac{c_{AS}}{c_{AG}} \quad (5-61)$$

对于定态过程：

$$k_G a_m (c_{AG} - c_{AS}) = k_W c_{AS} \quad (5-62)$$

解上式得

$$c_{AS} = c_{AG}/(1 + Da) \quad (5-63)$$

$$Da = k_w / k_G a_m \quad (5-64)$$

故一级不可逆反应的外扩散有效因子为

$$\eta_x = 1/(1 + Da) \quad (5-65)$$

Da称丹克莱尔数，是化学反应速率与外扩散速率之比，当k_w一定时，此值越小，即外扩散影响越小。除反应级数为负外，外扩散有效因子总是随丹克莱尔数的增加而降低；且α越大，η_x随Da增加而下降得越明显；无论α为何值：Da趋于零时，η_x总是趋于1。

5.7.2 平行反应：

$$\begin{cases} A \xrightarrow{k_1} B, & r_B = k_1 c_{AS}^{\alpha} \\ A \xrightarrow{k_2} D, & r_D = k_2 c_{AS}^{\beta} \end{cases} \quad (5-66)$$

B为目的产物，瞬时选择性：

$$\varphi = r_B / (r_B + r_D) = 1/(1 + k_2 c_{AS}^{\beta-\alpha} / k_1) \quad (5-67)$$

如无外扩散影响，则$c_{AS} = c_{AG}$，此时的瞬时选择性为

$$\varphi' = 1/(1 + k_2 c_{AG}^{\beta-\alpha} / k_1) \quad (5-68)$$

比较以上二式，外扩散对于平行反应选择性有下述影响：

若$\alpha > \beta$，则$S < S'$，即外扩散影响的存在，使生成目的产物B的选择性降低。

若$\alpha < \beta$，则$S > S'$，即外扩散影响的存在，使生成目的产物B的选择性上升。

5.7.3 连串反应：

$$A \xrightarrow{k_1} B \xrightarrow{k_2} D \quad (5-69)$$

B为目的产物，假设A，B和D的传质系数均相等，当过程为定态时可写出

$$\left.\begin{aligned} k_G a_m(c_{AG}-c_{AS}) &= k_1 c_{AS} \\ k_G a_m(c_{BS}-c_{BG}) &= k_1 c_{AS}-k_2 c_{BS} \\ k_G a_m(c_{DS}-c_{DG}) &= k_2 c_{BS} \end{aligned}\right\} \tag{5-70}$$

令 $Da_1=k_1/k_Ga_m$，$Da_2=k_2/k_Ga_m$

得

$$c_{AS}=c_{AG}/(1+Da_1) \tag{5-71}$$

$$c_{BS}=\frac{k_1c_{AS}+k_Ga_mc_{BG}}{k_2+k_Ga_m}=\frac{Da_1c_{AS}+c_{BG}}{Da_2+1}=\frac{Da_1c_{AG}}{(1+Da_1)(1+Da_2)}+(\frac{c_{BG}}{1+Da_2}) \tag{5-72}$$

瞬时选择性：

$$\varphi=\frac{k_1c_{AS}-k_2c_{BS}}{k_1c_{AS}}=1-\frac{k_2c_{BS}}{k_1c_{AS}}=1-\frac{k_2Da_1}{k_1(1+Da_2)}-\frac{k_2(1+Da_1)c_{BG}}{k_1(1+Da_2)c_{AG}} \tag{5-73}$$

而$Da_2=k_2Da_1/k_1$，则有

$$\varphi=\frac{1}{(1+Da_2)}-\frac{k_2(1+Da_1)c_{BG}}{k_1(1+Da_2)c_{AG}} \tag{5-74}$$

当$Da_1=Da_2=0$，即外扩散对过程没有影响时，有

$$\varphi'=1-\frac{k_2c_{BG}}{k_1c_{AG}} \tag{5-75}$$

比较可知，外扩散阻力的存在，使连串反应的选择性降低，因此对于连串反应，需设法降低外扩散阻力，以提高反应的选择性。

5.8 多相催化反应中扩散影响的判定

多相催化反应步骤较多，确定反应机理必须首先确定速率控制步骤，对于反应工艺条件应当优先满足动力学控制区的要求，所以确定内、外扩散阻力与反应过程影响程度显得尤为重要，这对于本征动力学研究和催化反应器设计都是必需的基础工作。

5.8.1 外扩散影响的判定

对外扩散影响实验判定，主要通过改变床层的流体质量速度G来进行。

在保证其他条件（如温度、反应物浓度、空时）相同的前提下，改变流体质量速度

G。具体方法是：

（1）选用一管式反应器，装入催化剂的体积为V_1，输入原料流量Q_1，可计算得流体质量速度为G_1，空速为Q_1 / V_1。在所选定的条件下进行实验，测得出口转化率为x_1。

（2）在同一反应器中依次改变催化剂的装量为V_2，V_3……，输入原料流量为Q_2，Q_3（保持各次实验的空速相等），……，计算得流体质量流速分别为G_2，G_3，……。测出口转化率χ_2，χ_3，……。

（3）如图5-5所示，当流体质量流速超过某一数值G_0时，G增加而出口转化率不再改变时，说明外扩散影响已经消除。

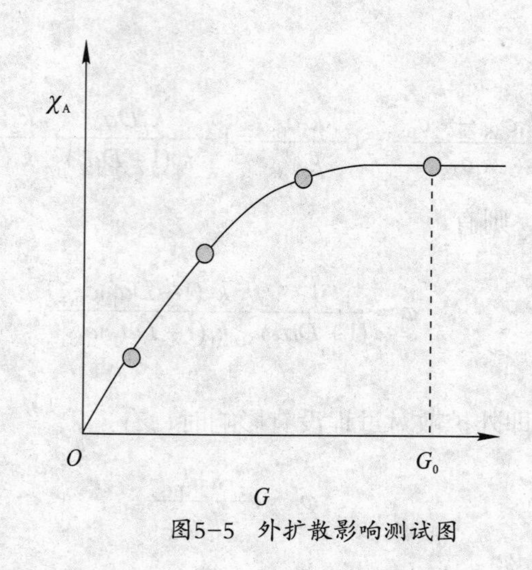

图5-5　外扩散影响测试图

$G>>G_0$外扩散对反应过程无影响。

用表观反应速率计算，若表观反应速率可测得，则可用下列判据来判定主体与催化剂外表面的浓度差、温度差是否可以忽略不计。

$$\frac{r_A^* L}{c_{AG} k_G} < \frac{0.15}{\alpha} \quad , \quad \frac{r_A^* L(-\Delta H_r)}{h_S T_G} < 0.15 \frac{RT_G}{E} \tag{5-76}$$

如符合上式时，忽略相间温度浓度差而造成反应速率的偏差一般不会大于5%，外扩散可以忽略不计。

5.8.2内扩散影响的判定

在外扩散影响被消除，颗粒内部近似视为等温情况下，可以定量测试内扩散的影响。改变催化剂粒度大小，是可以有效测试内扩散影响的实验方法。

用η值判断，当外扩散影响已排除，实验测定得到的表观反应速率为r_A，k_P已知，

$$R_{A}^{*}=\eta\,k_{P}c_{AG} \tag{5-77}$$

则可求出η，通过η值的大小来判断内扩散的影响程度。

对于一级反应：

$$R_{A}^{*}=\eta k_{P}c_{AG} \qquad R_{A}^{*}=De\varphi^{2}\eta c_{AG}/L^{2} \tag{5-78}$$

$$k_{P}=De\varphi^{2}/L^{2} \qquad 令R_{A}^{*}L^{2}/Dec_{AG}=\varphi_{S} \tag{5-79}$$

则φ_{s}=$\varphi^{2}\eta$，此值可由实验测定。

由前可知$\varphi\leqslant1$时，$\eta\approx1$。

故$\varphi_{s}\ll1$则内扩散对过程无影响。

内扩散影响严重时，有

$$\frac{r_{A1}^{*}}{r_{A2}^{*}}=\frac{\eta_{1}}{\eta_{2}}=\frac{\phi_{2}}{\phi1}=\frac{R_{2}}{R_{1}} \tag{5-80}$$

不存在内扩散影响时，有

$$\eta_{1}=\eta_{2}=1 \tag{5-81}$$

反应速率不随颗粒尺寸而改变　　$r_{A1}^{*}=r_{A2}^{*}$　　（5-82）

减小催化剂粒度，测反应速率。如图5-6所示，当粒度减小到某一尺寸R_{c}后，再减小粒度而反应速率不再变化时，可以认为没有内扩散影响。这时测得的反应速率，若外扩散阻力也已证明是没有影响的话，则可视之为本征反应速率，用这个本征反应速率可以计算大颗粒催化剂的有效因子。需要指出，内扩散不发生影响的粒度，与温度有关，也与浓度有关（一级反应例外）。反应温度越高，消除内扩散影响所要求的粒度越小。

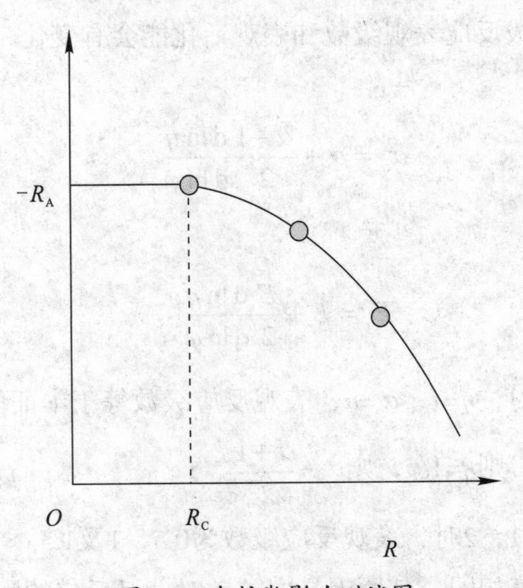

图5-6　内扩散影响测试图

不存在内扩散影响时，$\eta_1=\eta_2$，故$R_1=R_2$，即反应速率不随颗粒尺寸而改变。内扩散影响严重时，反应速率与颗粒尺寸成反比，随颗粒尺寸的增大而减小。

5.9　扩散干扰下的动力学假象

扩散影响严重时，会导致表观反应动力学与本征反应动力学差异大，导致试验测定本征动力学参数失真的问题，导致动力学假象。

5.9.1　外扩散干扰下的动力学假象

$$\left(-R_{\mathrm{A}}\right)=k_{\mathrm{G}}a_{\mathrm{m}}\left(c_{\mathrm{AG}}-c_{\mathrm{AS}}\right)=\eta k_{\mathrm{w}}c_{\mathrm{AS}} \tag{5-83}$$

$$c_{\mathrm{AS}}=\frac{k_{\mathrm{G}}a_{\mathrm{m}}c_{\mathrm{AG}}}{\eta k+k_{\mathrm{G}}a_{\mathrm{m}}} \tag{5-84}$$

$$\left(-R_{\mathrm{A}}\right)=\frac{c_{\mathrm{AG}}}{\dfrac{1}{\eta k_{\mathrm{w}}}+\dfrac{1}{k_{\mathrm{G}}a_{\mathrm{m}}}} \tag{5-85}$$

因此外扩散控制反应，在表观上都变成了一级反应，而掩盖了其本征动力学特征。

5.9.2　内扩散干扰下的动力学假象

内扩散干扰下的非一级反应表观级数和表观活化能会有变化，只有一级反应不变。

表观级数：

$$\alpha_{\mathrm{a}}=\alpha+\frac{\alpha-1}{2}\frac{\mathrm{d}\ln\eta}{\mathrm{d}\ln\varphi} \tag{5-86}$$

表观活化能：

$$E_{\mathrm{a}}=E+\frac{E}{2}\frac{\mathrm{d}\ln\eta}{\mathrm{d}\ln\varphi} \tag{5-87}$$

当内扩散影响不存在时，$\eta=1$，$\alpha_{\mathrm{a}}=\alpha$，表观反应级数等于本征值。

若内扩散的影响严重，则$\eta=1/\varphi$，则$\alpha_{\mathrm{a}}=\dfrac{\alpha+1}{2}$。

若本征反应级数为0，1，2时，表观反应级数为0.5，1及1.5。

只有一级反应两者的值相同，其原因是内扩散对一级反应的影响与浓度无关。

其他反应则随着内扩散干扰程度的不同，反应级数从$\frac{\alpha+1}{2}$至α的范围内变化。

催化剂粒度不同，则内扩散影响也不同，同一粒度的实验点均落在同一直线上，根据直线的斜率可确定反应的活化能。粒度越小，直线斜率越大。所以，反应的表观活化能随催化剂粒度的增加而减小，亦即随内扩散影响的增加而减小。

φ值很小时，$\eta\approx1$，此时表观活化能等于本征活化能。

φ值很大时，内扩散影响严重，$E_a=E/2$，表观活化能为本征活化能的一半。

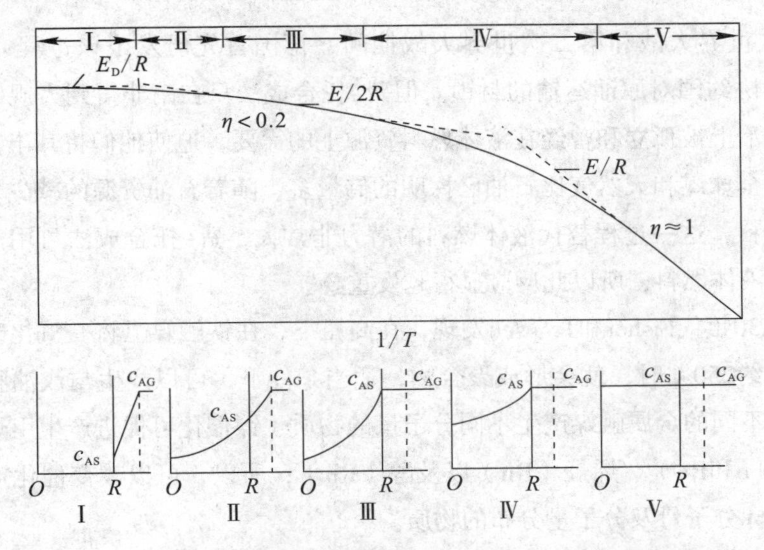

图5-7　不同温度范围下的反应活化能示意图

图5-7中Ⅰ为高温区，此时过程为外扩散控制，反应活化能E_D值几乎为零，一般为4~12kJ/mol，为活化能最小区域。

Ⅱ为内外扩散过渡区，两种扩散的作用均不可忽略，反应活化能随温度而改变。

Ⅲ为强内扩散区，外扩散阻力可忽略不计，活化能接近于常数，为本征活化能的一半，颗粒中心浓度接近于平衡浓度，内扩散有效因子很小，小于0.2。

Ⅳ为内扩散动力学过渡区，活化能随温度的变化较Ⅱ更为显著。

Ⅴ为动力学控制区，属低温区，有效因子接近1，内外扩散影响已排除，活化能为本征活化能，其值不再随温度而改变。

总之，多相催化反应的活化能是温度的函数，当反应处于外扩散控制区、强内扩散区或动力学控制时，才近似为定值，且这3个区的活化能值依次增高。这种差别是因为温度对化学反应和传质过程的影响不同，前者十分敏感而后者则较迟钝。就一个反应而言，温度的改变会使过程从一个控制区转到另一个区，随着温度的降低，扩散影响趋于减弱。

5.10 重要催化反应介绍

费–托（Fisher–Tropsch）合成是把一氧化碳和氢气的混合物作为合成气原料合成很多化学品的过程，它以我国储量更大的煤炭为原料来制备甲醇燃料等。一氧化碳和氢气的费–托合成法可用来合成柴油，这个过程包含一氧化碳和氢气反应生成碳氢化合物：

$$nCO + 2nH_2 \longrightarrow (CH_2)_n + nH_2O \tag{5–88}$$

第一次世界大战和第二次世界大战期间，德国首先研发了该过程，来合成液体燃料，来补偿协约国对原油运输的封锁。但费–托合成法只在南非得到大规模应用发展，由于一度在政治上被孤立和曾经在液体燃料资源上的需要，迫使他们将其丰富的煤炭资源制成合成气。全球煤和天然气比石油已探明的储量多，随着石油资源的减少，要更多利用煤作为碳源燃料，这一过程替代液体燃料的潜力非常大，费–托合成法可用于技术生产交通运输所用的液体燃料，所以此反应显得越发重要。

20世纪30年代Fisher和Tropsch发现，在高压下，在铁触媒上将一氧化碳和氢气的混合气加热到大约250℃时，就会形成聚合物，适当条件下，可以产生与汽油和柴油分子量相近的物质。不同的金属触媒产生不同分子量的物质（镍催化可促进产生甲烷）和不同分子量的烷烃（Fe和Re）、烯烃（Ru）以及醇（Rh）；所以，可以改变催化剂及过程条件来产生不同目标分子量及分子量分布的物质。

产物基本上都是直链分子，对于烯烃和醇类，末端碳原子上有双键或羟基（α–烯烃和α–醇）。这个聚合过程的机理与乙烯和丙烯在钛上的齐格勒–纳塔聚合作用机理相似（但是也有很多不同点）。一氧化碳吸附在与吸附烷基R临近的吸附位点上，并与氢化合。如果CH_2进入到金属和R之间，就会吸附形成RCH_2—，它又可进一步加CH_2形成RCH_2CH_2—，这个链会重复增长下去，直到吸附烷基脱氢生成烯烃，或与氢化合成烷烃，或羟基化生成α–醇。虽然催化剂和反应条件与齐格勒–纳塔聚合作用的不大相同（水是齐格勒–纳塔聚合作用中的重要毒物，但却是Fisher–Tropsch聚合过程的产物），但机理相似。

费–托合成的原料由以下式反应得到：

$$C + H_2O \longrightarrow CO + H_2 \tag{5–89}$$

也可以用石脑油或其他碳氢化合物制成合成气，现在，制合成气最有前景的资源是天然气中的甲烷，反应式为

$$CH_4 + H_2O \longrightarrow CO + 3H_2 \tag{5–90}$$

需要注意的是，煤炭产生的CO和H_2的比例为1：1，石脑油的为1：2，而甲烷是

1：3。通常要求H_2是过量的，所以，烷烃是制合成气最好的原料。现代合成气工厂是用液态压缩空气装置中的纯氧气直接氧化天然气，制成合成气：

$$CH_4 + \frac{1}{2}O_2 \longrightarrow CO + 2H_2 \tag{5-91}$$

这个过程被称作自热式转化，它利用绝热反应器中的放热反应产生的CO和H_2，其摩尔比为1：2，是非常理想制备甲醇或费-托合成法反应的过程。

按目前消费水平，从已探明的煤炭储量来看，煤制烃技术能供应世界至少可以使用200年的液体碳氢化合物。这一催化反应过程未来有可能是人类由煤或天然气制得大部分液体燃料的主要方法。

习　题

一、填空题

1.工业催化剂所必备的3个主要条件是：_______、_______、_______。

2.气体在固体表面上的吸附中物理吸附是靠_______结合的，而化学吸附是靠_______结合的。

3.气体在固体表面上的吸附中物理吸附是_______分子层的，而化学吸附是_______分子层的。

4.气体在固体表面上发生吸附时，描述在一定温度下气体吸附量与压力的关系式称为_______。

5._______吸附等温方程式是假定吸附热是随着表面覆盖度的增加而随幂数关系减少的。

6._______吸附等温方程式是按吸附及脱附速率与覆盖率成指数函数的关系导出的。

7.固体催化剂的比表面积的经典测定方法是基于_______方程。

8.在气-固相催化反应中，反应速率一般是以单位催化剂的重量为基准的，如反应A→B，A的反应速率的定义为_______。

9.对于气-固相催化反应，要测定真实的反应速率，必须首先排除_______和_______的影响。

10.测定气固相催化速率检验外扩散影响时，可以同时改变催化剂装量和进料流量，但保持_______不变。

11.测定气固相催化速率检验外扩散影响时，可以同时改变_______和_______，但保持W/F_{A0}不变。

12.测定气固相催化速率检验内扩散影响时，可改变催化剂的_______，在恒定的W/F_{A0}下测_______，看二者的变化关系。

13.测定气固相催化速率检验内扩散影响时，可改变催化剂的粒度（直径d_p），在恒定的_______下测转化率，看二者的变化关系。

14.催化剂回转式反应器是把催化剂夹在框架中快速回转，从而排除_______影响和达到气相_______及反应器_______的目的。

15.流动循环（无梯度）式反应器是指消除_______、_______的存在，使实验的准确性提高。

16.对于多孔性的催化剂，分子扩散很复杂，当孔径较大时，扩散阻力是由_______

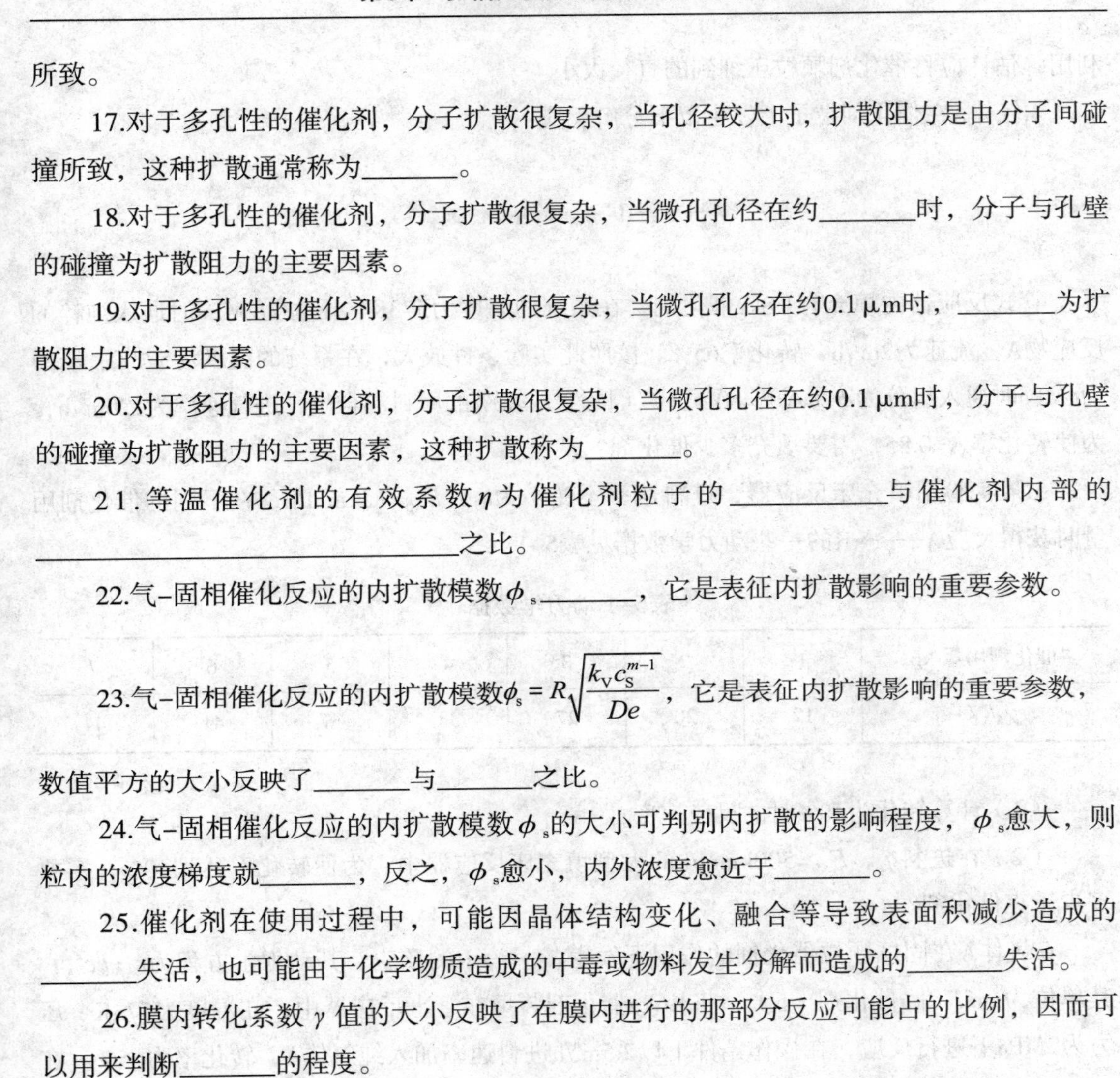

所致。

17.对于多孔性的催化剂，分子扩散很复杂，当孔径较大时，扩散阻力是由分子间碰撞所致，这种扩散通常称为______。

18.对于多孔性的催化剂，分子扩散很复杂，当微孔孔径在约______时，分子与孔壁的碰撞为扩散阻力的主要因素。

19.对于多孔性的催化剂，分子扩散很复杂，当微孔孔径在约0.1 μm时，______为扩散阻力的主要因素。

20.对于多孔性的催化剂，分子扩散很复杂，当微孔孔径在约0.1 μm时，分子与孔壁的碰撞为扩散阻力的主要因素，这种扩散称为______。

21.等温催化剂的有效系数η为催化剂粒子的__________与催化剂内部的______________________________之比。

22.气–固相催化反应的内扩散模数ϕ_s______，它是表征内扩散影响的重要参数。

23.气–固相催化反应的内扩散模数$\phi_s = R\sqrt{\dfrac{k_V c_S^{m-1}}{De}}$，它是表征内扩散影响的重要参数，数值平方的大小反映了______与______之比。

24.气–固相催化反应的内扩散模数ϕ_s的大小可判别内扩散的影响程度，ϕ_s愈大，则粒内的浓度梯度就______，反之，ϕ_s愈小，内外浓度愈近于______。

25.催化剂在使用过程中，可能因晶体结构变化、融合等导致表面积减少造成的______失活，也可能由于化学物质造成的中毒或物料发生分解而造成的______失活。

26.膜内转化系数γ值的大小反映了在膜内进行的那部分反应可能占的比例，因而可以用来判断______的程度。

二、计算题

1.固体催化剂颗粒的空隙率可以用以下方法测得。汞能占满固体颗粒间的空隙，但不能占据颗粒内部的空隙，而气体氦既能占满颗粒间空隙，也能占满颗粒内空隙的性质，据此可以测定颗粒内空隙体积，然后算出孔隙率。

2.从一个活化硅胶颗粒状（5～15目）样品测得以下数据：称得催化剂样品质量=101.1g；测得该质量样品排代的汞体积=89.7cm^3；测得该质量样品排代的氦气体积=46.1cm^3。试计算颗粒内唯恐的体积及孔隙率。

3.石油馏分催化裂化的一种氧化硅–氧化铝催化剂，当它的球形颗粒直径为0.53cm时，在一定条件下的反应速率为2.75×10^{-5}mol/（s · cm^3）（粒子体积）。当它的粒径直径为0.086cm时，在相同条件下的反应速率为1.10×10^{-1}mol/（s · cm^3）（粒子体积）。试估计这两种不同直径的催化剂颗粒的内表面利用率ζ^2。若要催化剂颗粒的表面积得到充分利用，估计应将催化剂颗粒压细到的直径大小。

4.气体A在催化剂粒子上发生以下分解反应：

$$A \longrightarrow R \quad r_A = kc_A^2$$

管式反应器内填充有1.8kg催化剂，在系统的温度为573K、压力为2MPa时通入纯粹的反应物A，流速为2m^3/h，转化率65%。按照此实验条件放大，在系统的温度为573K、压力为4MPa时通入组分为ϕ（A）=60%、ϕ（惰性）=40%的原料混合气，进气速率为120m^3/h，为使转化率χ_A=0.85，需要填充多少催化剂？

5.某实验用填充床反应器，进料速率不变，为q_n，F_{A0}=12kmol/h，在不同的催化剂用量时获得反应A——►R的一些动力学数据见表5-1。

表5-1 动力学数据

催化剂用量/kg	1	2	3	4	5	6	7
χ_A/(%)	12	20	27	33	37	41	44

（1）计算转化为40%时的反应速率；

（2）在进料q_n，F_{A0}=500kmol/h的大型填充床反应器中，为使转化率达到40%，需要多少千克催化剂？

6.气体A在固体颗粒催化剂的作用下发生A——►R的反应，其动力学方程为$r_A=kc_A^2$，其单位为mol/（kg催化剂·h），将1.6kg催化剂装填在管事反应器中，在温度为573K、压力为2MPa下进行反应，在操作条件下以2.5m^3/h进料速率加入纯气体A，转化率为65%。在实际生产中，反应器的温度为573K，压力为4MPa，加料速率为110m^3/h。原料气中ϕ（A）=60%、ϕ（惰性）=40%，为使A的转化率达到85%，求所需的催化剂量。已知催化剂的堆积密度Q_R=800/m^3，求反应器的床层体积V_R。

7.在固定床反应器中充填ZnO-Fe_2O_3催化剂，进行乙炔水合反应：

$$2C_2H_2 + 3H_2O \longrightarrow CH_3COCH_3 + CO_2 + 2H_2$$

已知床层某处的压力和温度分别为0.101MPa和450℃，气相中C_2H_2摩尔分数为8%。该反应速度率方程为

$$r = kc_A$$

式中c_A为C_2H_2的浓度，速率常数k=7.06×107exp[-61 570/（RT）]s^{-1}。试求该处的外扩散有效因子。

数据：催化剂颗粒直径0.6cm，颗粒密度1.6g/cm^3，C_2H_2的扩散系数7.3×10^{-5}m^2/s，气

体黏度2.35×10^{-5}Pa·s，床层中气体的质量速度0.24kg/（m^2·s）

8.实验室管式反应器的内径2.2cm，长90cm，内装直径6.35mm的银催化剂，进行乙烯氧化反应，原料中乙烯的摩尔分数为2.25%，其余为空气，在反应器内某处测得P=1.06×106Pa，T_G=490K,乙烯转化率35.7%，环氧乙烷收率23.2%，已知

$$C_2H_4+\frac{1}{2}O_2\longrightarrow C_2H_4O \qquad \Delta H_1=-9.61\times10^4\ J/mol$$

$$C_2H_4+3O_2\longrightarrow 2CO_2+2H_2O \qquad \Delta H_2=-1.25\times10^6\ J/mol$$

颗粒外表面对气相主体的传热系数为210kJ/（m^2·h·k），颗粒密度为1.89/cm^3。设乙烯氧化的反应速率为1.02×10^{-2}kmol/（kg·h），试求该处催化剂外表面与气流主体间的温度差。

9.一级连串反应：

$$A\xrightarrow{k_1}B\xrightarrow{k_2}C$$

在0.101MP及360℃下进行，已知k_1=4.391s^{-1}，k_2=0.417 5s^{-1}，催化剂颗粒密度为1.3g/cm^3，$(k_Ga_m)_A$和$(k_Ga_m)_B$均为20cm^3/（g·s）。试求当c_{BG}/c_{AG}=0.5时目的产物B的瞬时选择性和外扩散不发生影响时的瞬时选择性。

10.在Pt/Al_2O_2催化剂上于200℃用空气进行微量一氧化碳的氧化反应，已知催化剂的孔容为0.8cm^3/g、比表面200m^2/g、颗粒密度为1.2g/cm^3、曲节因子为3.7。CO空气二元系统中CO的正常扩散系数为0.192cm^2/s。试求CO在该催化剂颗粒中的有效扩散系数。

11.试推导球形催化剂颗粒的内扩散有效因子表达式（式5-47）。

12.在球形催化剂上进行气体A的分解反应，该反应为一级不可逆放热反应。已知颗粒直径为0.36cm，气体在颗粒中有效扩散系数为$4.5\times10^{-2}m^2$/h。颗粒外表面气膜传热系数为161kJ/（m^2·h·K）。气膜传质系数为310m/h，反应热效应-162kJ/mol，气相主体A的浓度为0.30mol/L，实验测得A的表现反应速率为1.67mol/（L·min），试估算：

（1）外扩散阻力对反应速率的影响；

（2）内扩散阻力对反应速率的影响；

（3）外表面与气相主体间的温度差。

13.在固体催化剂上进行一级不可逆反应

$$A\longrightarrow B \qquad (A)$$

已知反应速率常数为k，催化剂外表面对气相的传质系数为k_Ga_m，内扩散有效因子为η。c_{AG}为气相主体中组分A的浓度。

（1）试推导：

$$(-R_A)=\frac{c_{AG}}{\dfrac{1}{k\eta}+\dfrac{1}{k_G a_m}} \quad \text{(B)}$$

（2）若反应式（A）改为一级可逆反应则相应的（B）式如何?

14.在150℃,用半径80μm的镍催化剂进行气相苯加氢反应，由于原料中氢大量过剩，可将该反应按一级（对苯）反应处理，在内，外扩散影响已消除的情况下，测得反应速率常数k_p=6min^{-1}，苯在催化剂颗粒中有效扩散系数为0.2cm^2/s，试问:

（1）在0.101MPa 下,要使η=0.85，催化剂颗粒的最大直径是多少?

（2）改在2.02MPa下操作，并假定苯的有效扩散系数与压力成反比，重复上问的计算.

（3）改为液相苯加氢反应，液态苯在催化剂颗粒中的有效扩散系数10^{-6}cm^2/s.而反应速率常数保持不变，要使η=0.85，求催化剂颗粒的最大直径。

15. 一级不可逆气相反应：

$$A \longrightarrow B$$

在装有球形催化剂的微分固定床反应器中进行温度为450℃等温,测得反应物浓度为0.06kmol/m^{3}时的反应速率为2.5 kmol/（m^{3}床层·min）,该温度下以单位体积床层计的本征速率常数为k_v=50（1/s）,床层孔隙率为0.3,A的有效扩散系数为0.032cm^2/s,假定外扩散阻力可不计,试求:

（1） 反应条件下催化剂的内扩散有效因子;

（2） 反应器中所装催化剂颗粒的半径 。

16.在0.101MPa，550℃进行丁烷脱氢反应,采用直径5mm的球形铬铝催化剂,此催化剂的物理性质为：比表面积125m^2/g，孔容0.37cm^3/g，颗粒密度1.2g/cm^3，曲节因子3.4.在上述反应条件下该反应可按一级不可逆反应处理,本征反应速率常数为0.94cm^3/（g·s）,外扩散阻力可忽略，试求内扩散有效因子。

17.在固定床反应器中等温进行一级不可逆反应，床内填充直径为6mm的球形催化剂，反应组分在其中的扩散系数为0.02cm^2/s，在操作温度下，反应式速率常数等于0.12，有人建议改为3mm的球形催化剂以提高产量，你认为采用此建议能否增产？增产幅度有多大？假定催化剂的物理性质及化学性质均不随颗粒大小而改变,并且改换粒度后仍保持同一温度操作。

18.在V_2O_5/SiO_2催化剂上进行萘氧化制苯酐的反应，反应在1.013×10^{5}Pa和330℃下进行，萘–空气混合气体中萘的含量为0.10%，反应速率式为

$$r_A=3.821\times10^5\,p_A^{0.38}\exp\left(-\frac{135\ 360}{RT}\right)\text{，kmol/（kg·h）}$$

式中p_A为萘的分压，Pa。

已知催化剂颗粒密度为1.25g/cm^3，颗粒直径为0.6cm，试计算萘氧化率为80%时萘的转化速率（假定外扩散阻力可忽略），有效扩散系数等于3×10^{-3}cm^2/s。

19.乙苯脱氢反应在直径为0.35cm的球形催化剂上进行，反应条件是0.101MPa，600℃，原料气为乙苯和水蒸气的混合物，二者摩尔比为1：9，假定该反应可按拟一级反应处理：

$$r = kp_{EB}$$

式中p_{EB}为乙苯的分压。单位：Pa。$k = 0.124\,4\exp\left(-\dfrac{9.13\times10^4}{RT}\right)$，kmol苯乙烯/（kg·h·Pa）。试计算：

（1）当催化剂的孔径足够大，孔内扩散属于正常扩散，扩散系数D=1.5×10^{-5}m^2/s，试计算内扩散有效因子。

（2）当催化剂的平均孔半径为150×10^{-10}m时，重新计算内扩散有效因子。已知：催化剂颗粒密度为1.45g/cm^3，孔率为0.35，曲节因子为3.2。

20.苯（B）在钒催化剂上部分氧化成顺酐（MA），反应为：

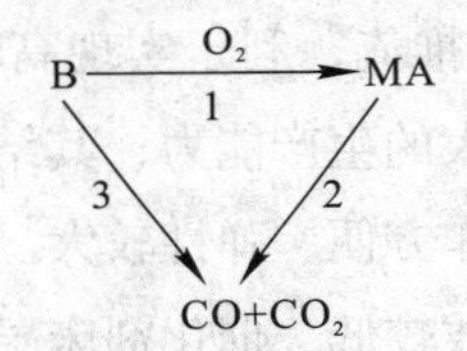

这3个反应均为一级反应。实验测得反应器内某处气相中苯和顺酐的浓度分别为1.27%和0.55%，催化剂外表面温度为633K，此温度下，k_1=0.019 6 s^{-1}，k_2=0.015 8 s^{-1}，k_3=2.0×10^{-3} s^{-1}，苯与顺酐的k_Ga_m均为1.2×10^{-4}m^3/（s·kg），催化剂的颗粒密度为1 550kg/m^3，试计算反应的瞬间选择性并与外扩散无影响时的瞬时选择性相比较。

21.在一微型固定床实验反应器中，于常压、723K等温条件下进行气体A的分解反应，反应为一级不可逆，已知床层体积为5cm^3，床层空隙率为0.45，催化剂颗粒直径2.4mm，气体A的有效扩散系数为1.25×10^{-2}cm^2/s，实验测得反应器出口处A的气相浓度为1.81×10^{-5}mol/cm^3，A的反应速率为1.04×10^{-5}mol/（cm^{3}床层·s），试求催化剂的内扩散有效因子。

第6章　多相反应器的设计与分析

多相催化反应器广泛应用于石油化工行业，例如烃类官能团转化，烯烃聚合，芳烃烷基化，氨合成，二氧化硫氧化，甲醇合成，催化重整，异构化，醋酸乙烯酯，丁二烯，苯酐，环已烷，苯乙烯，加氢脱烷基等都是以这一类反应器来完成的。其中气固相床多相反应器应用是最为广泛的。

固相床多相反应器按催化剂流动状态分为固定床、流化床和移动床反应器。

固定床层内的气相流动接近平推流，利于实现高转化率与选择性，用较少量的催化剂和较小的反应器容积即可获得较大的生产能力；其结构简单、催化剂机械磨损小，适合于稀贵金属催化剂，并且反应器操作方便、弹性较大。相对于流化床反应器，固定床反应器缺点是催化剂颗粒较大，有效系数较低，催化剂床层的传热系数较小，容易产生局部过热等；另外，其催化剂颗粒更换费事，不适用于容易失活的催化剂。

流化床反应器：催化剂颗粒处于流态化状态的反应器。流化床的主要优点：热能效率高，床内温度易于维持均匀；传质效率高；颗粒一般较小，可以消除内扩散的影响；反应器的结构简单。流化床的主要不足：能量消耗大；颗粒间的磨损和带出造成催化剂的损耗；气固反应的流动状态不均匀，会降低气固接触面积；颗粒的流动基本上是全混流，同时造成流体的返混，影响反应速率。

移动床反应器中，固体反应物或催化剂自反应器顶部连续加入，在反应过程中逐渐下移，最后自反应器底部连续卸出。气体（或液体）反应物则自下而上（或自上而下）通过固体颗粒床层进行反应。反应器中固体颗粒之间基本上没有相对运动，只有整个颗粒层的下移运动，因此，也可视为是一种移动的固定反应器。

工业上移动床反应器的主要应用有：石脑油的连续催化重整、二甲苯异构化和连续法离子交换水处理等过程。移动床反应器的主要优点包括：①固体物料可以连续进出反应器，操作可以在较大范围内独立改变固体和流体的停留时间，对固体物料速度变化适用性强；②固体和流体的运动均接近平推流，返混较小，对固相反应转化率比较均匀，对气相反应则可达到较高的单位体积生产能力。

固定床按移热（供热）方式分：绝热式、连续换热式和多段换热式（原料气冷激和非原料气冷激）。固定床按反应器结构分：单段绝热式、多段绝热式、列管式和自热式。

（1）绝热式固定床反应器尚可分为轴向反应器和径向反应器。轴向绝热式固定床反应器，如图6-1所示。这种反应器结构最简单，它实际上就是催化剂均匀堆置于床内的一个容器，预热到一定温度的反应物料自上而下流过床层进行反应，床层同外界无热交换。径向绝热式固定床反应器，如图6-2所示。径向反应器的结构较轴向反应器复杂，催化剂装载于两个同心圆构成的环隙中，流体沿径向流过床层，可采用向心流动或离心流动。径向反应器的优点是流体流过的距离较短，流道截面积互相圈套，床层阻力降较小。径向反应器适用于气流通道截面要求大，但床层较薄的反应。这时如采用轴向床，反应器直径将过于庞大，气流分布均匀实现困难。

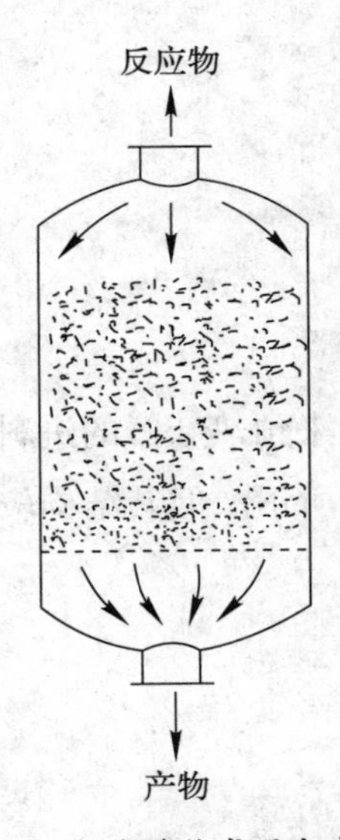

图6-1　轴向绝热式固定床反应器

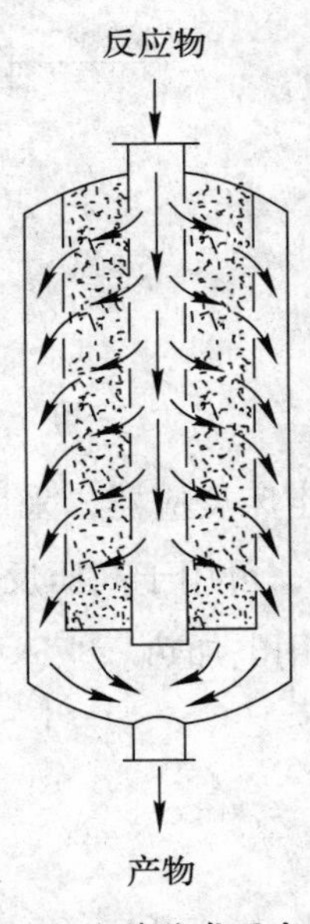

图6-2　径向绝热式固定床反应器

（2）多段绝热式固定床反应器系由多个绝热床组成，段间可以进行间接换热，或直接引入气体反应物（或惰性组分）以控制反应器内的轴向温度分布。图6-3是用于SO_2转化的多段绝热反应器，段间引入冷空气进行冷激。对于可逆放热反应过程，可通过段间换热形成先高后低的温度序列利于提高转化率。

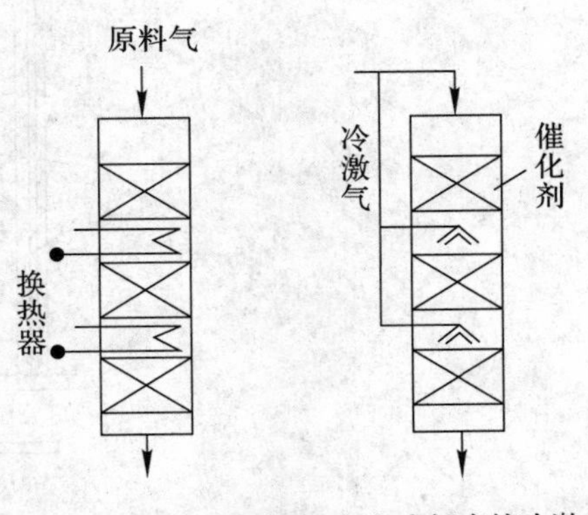

（a）中间换热式　　（b）中间直接冷激式

图6-3　多段绝热反应器

（3）列管式固定床反应器，如图6-4所示。这种反应器由多根管径通常为25~30mm的反应管并联构成，管数从数十到多达万根。管内（或管间）装催化剂，载热体流经管间（或管内）进行加热或冷却。此外，还可将上述形式的反应器相互串联，反应器之间可设换热器或补充新鲜物料调节反应器的入口温度，但也有将列管式反应器和绝热式的反应器互相组合的形式。

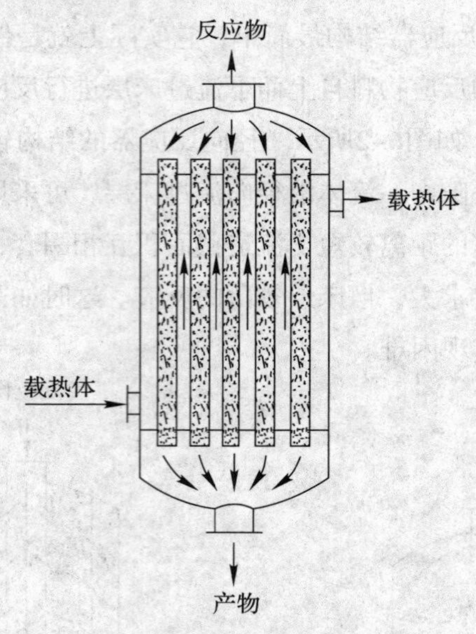

图6-4　列管式固定床反应器

（4）自热式固定床反应器，采用反应放出的热量来预热新鲜的进料，达到热量自给和平衡，其设备紧凑，可用于高压反应体系，如图6-5所示。但其结构较复杂，操作弹性较小，启动反应时常用电加热。

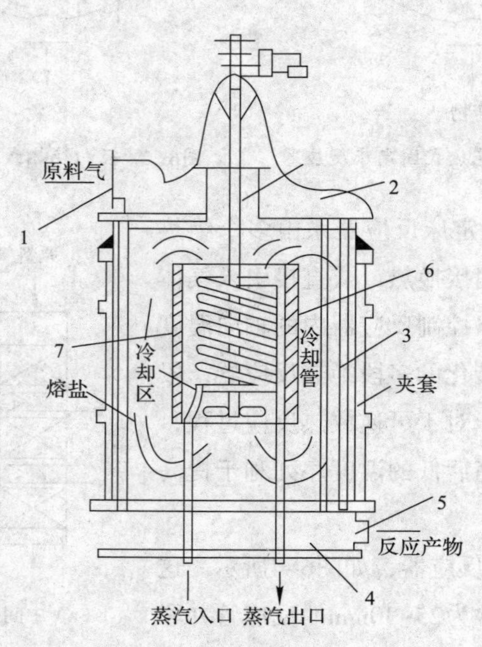

图6-5　自热式固定床反应器

总之，气–固催化反应器设计应考虑：动力学、流动过程、传递过程和动量过程多个方面，综合权衡判断选型。

6.1　固定床的传递特性

固定床中的气体在催化剂颗粒之间的孔隙中流动，比在管内流动更容易达到湍流。气体自上而下流过床层。描述固定床的传递特性的主要参数有颗粒尺寸、床层空隙率、壁效应和床层压降等。

1. 颗粒尺寸

颗粒尺寸是颗粒体系的重要参数，常用粒径来表示。球形粒子的粒径是其直径，其他形状的粒子粒径则需定义。

颗粒的定型尺寸：最能代表颗粒性质的尺寸为颗粒的当量直径。对于非球形颗粒，可将其折合成具有相同的体积（或外表面积、比表面积）的球形颗粒，以当量直径表示。如体积、外表面积、比表面积当量直径。

体积当量直径：（非球形颗粒折合成同体积的球形颗粒应当具有的直径）。

球形体积：

$$V_S = \frac{\pi}{6}d^3 \quad \Rightarrow \quad d_V = \left(\frac{6V_S}{\pi}\right)^{1/3} \tag{6–1}$$

V_S为非球形颗粒体积。

外表面积当量直径（非球形颗粒折合成相同外表面积的球形颗粒应当具有的直径）：

$$S_V = \frac{S_S}{V_S} = \frac{\pi d^2}{\frac{\pi d^3}{6}} = \frac{6}{d} \quad \Rightarrow \quad d_S = \frac{6}{S_V} = 6\frac{V_S}{S_S} \tag{6–2}$$

比表面积当量直径（非球形颗粒折合成相同比表面积的球形颗粒应当具有的直径）。

球形外表面积：

$$S_S = \pi d^2 \quad \Rightarrow \quad d_a = \sqrt{\frac{S_S}{\pi}} \tag{6–3}$$

2. 床层空隙率（ε_B）

床层空隙率（ε_B），单位体积床层内的空隙体积（没有被催化剂占据的体积，不含催化剂颗粒内的体积）：

$$\varepsilon_B = \frac{\text{空隙体积}}{\text{床层体积}} = 1 - \frac{\text{颗粒体积}}{\text{床层体积}} = 1 - \frac{V_P}{V_B} = 1 - \frac{\rho_B}{\rho_P} \tag{6–4}$$

ρ_B：床层堆积密度，ρ_P：颗粒密度。

床层空隙率是一个重要的参数，影响因素是颗粒形状及大小、粒度分布、颗粒与床层直径比和颗粒的装填方式。

壁效应指床层空隙率沿床层径向分布不同，离壁面约一个粒子直径处的床层空隙率最大。若不考虑壁效应，装填有均匀颗粒的床层，其空隙率与颗粒大小无关（见图6-6）。

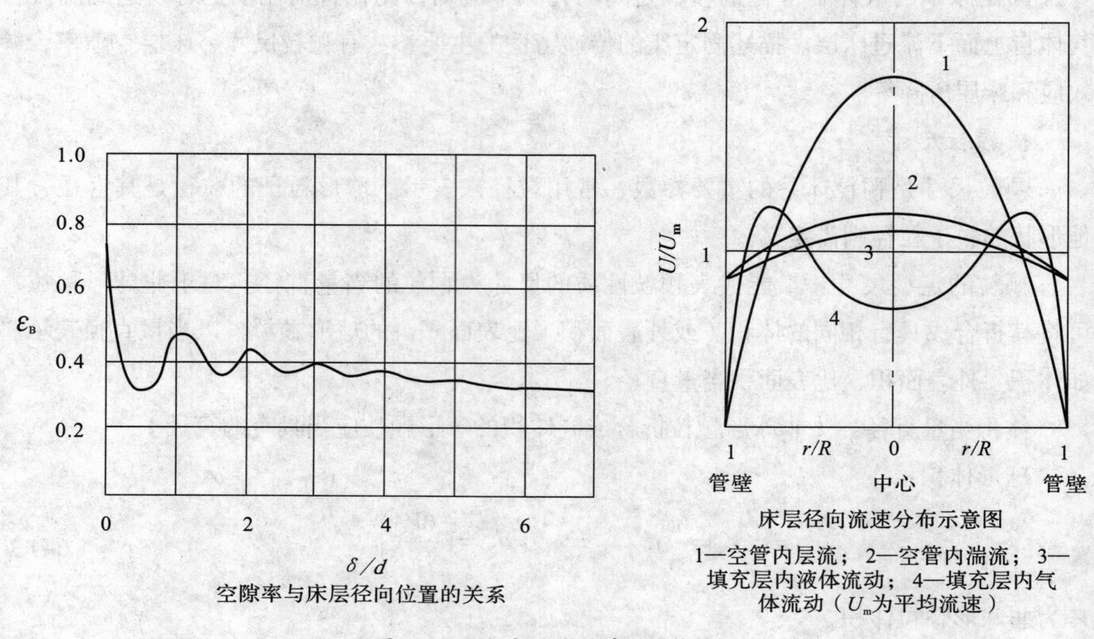

空隙率与床层径向位置的关系

床层径向流速分布示意图

1—空管内层流；2—空管内湍流；3—填充层内液体流动；4—填充层内气体流动（U_m为平均流速）

图6-6　固定床的传递特性示意图

床层内空隙率径向分布不均匀，引起径向各处的流速不同，因而床层内各处的传热和停留时间分布也不一样。为减少壁效应的影响，设计时要求床层直径至少要大于颗粒直径的8倍以上。

6.2　固定床反应器设计计算

固定床反应器设计的主要任务包括：对已知原料组成和要求的转化率，计算出反应器的体积、催化剂的需要量、床层高度以及有关的工艺参数等。一般宏观动力学方程是以表面气相浓度为计算基准的，内、外扩散过程直接影响反应的结果。

6.2.1　连续稳定过程

组分A在单位时间内扩散到颗粒外表面处的量等于催化剂中反应掉的量。即

$$\frac{-\mathrm{d}n_{\mathrm{A}}}{\mathrm{d}t}=k_{\mathrm{g}}S_{\mathrm{S}}\phi(c_{\mathrm{AG}}-c_{\mathrm{AS}})=(-R_{\mathrm{A}})V_{\mathrm{s}}=\eta V_{\mathrm{s}}kf(c_{\mathrm{AS}}) \tag{6-5}$$

上式将c_{AG}与c_{AS}关联起来，c_{AG}是气相主体浓度，可以直接测定，因而解决了宏观动力学中c_{AS}的计算问题。

若本征动力学方程为

$$(-r_{\mathrm{A}})=kf(c_{\mathrm{A}}) \tag{6-6}$$

则有

$$c_{\mathrm{AG}}-c_{\mathrm{AS}}=\frac{\eta V_{\mathrm{s}}k}{k_{\mathrm{g}}S_{\mathrm{S}}\phi}f(c_{\mathrm{AS}})=Daf(c_{\mathrm{AS}}) \tag{6-7}$$

其中，

$$Da=\frac{\eta V_{\mathrm{s}}k}{k_{\mathrm{g}}S_{\mathrm{S}}\phi} \tag{6-8}$$

Da为坦克莱（Damkohler）数，其物理意义是反应速率与外扩散速率的比值，反映了体系中外扩散的影响程度。数值越大，反应速率越快，外扩散的影响就越大。$Da\to 0$，外扩散可忽略。

特殊情况，本征反应速率$(-R_{\mathrm{A}})$:

外扩散控制——反应速率常数k比传质系数k_{g}大得多，则颗粒外表面处A的浓度为零。有

$$(-R_{\mathrm{A}})=\frac{6k_{\mathrm{g}}\phi}{d_{\mathrm{S}}}c_{\mathrm{AG}} \tag{6-9}$$

内扩散或动力学控制——反应速率常数k比传质系数k_{g}小得多，则颗粒外表面处A的浓度与气相主体浓度相等，外扩散可不予考虑，则

$$(-R_{\mathrm{A}})=\eta kf(c_{\mathrm{AG}}) \tag{6-10}$$

6.2.2　流体与颗粒外表面间的温度差

单位时间内传递的热量必然等于单位时间内反应放出的热量。

单位时间内反应放出的热量为

$$\frac{\mathrm{d}Q}{\mathrm{d}t}=(-R_{\mathrm{A}})V_{\mathrm{S}}(-\Delta H) \tag{6-11}$$

传递的热量=反应热量

$$(-R_{\mathrm{A}})V_{\mathrm{S}}(-\Delta H)=h_{\mathrm{P}}S_{\mathrm{S}}\phi(T_{\mathrm{S}}-T_{\mathrm{G}}) \tag{6-12}$$

上式整理

$$(-R_{\mathrm{A}})=\frac{h_{\mathrm{P}}S_{\mathrm{S}}\phi(T_{\mathrm{S}}-T_{\mathrm{G}})}{V_{\mathrm{S}}(-\Delta H)} \tag{6-13}$$

前面的传质过程中，已知：

$$(-R_A)=\frac{k_g S_S \phi}{V_S}(c_{AG}-c_{AS}) \tag{6-14}$$

由式（6-13）和式（6-14）可得

$$\frac{\alpha_g S_S \phi (T_S - T_G)}{V_S(-\Delta H)}=\frac{k_g S_S \phi}{V_S}(c_{AG}-c_{AS}) \tag{6-15}$$

整理上式，得

$$T_S - T_G=\frac{k_g}{\alpha_g}(-\Delta H)(c_{AG}-c_{AS}) \tag{6-16}$$

上式关联了颗粒浓度与温度之间的变化关系。可通过气相主体浓度和温度及颗粒表面浓度求颗粒表面温度。

6.2.3 床层压降

气体流动通过催化剂床层的空隙所形成的通道，与孔道周壁摩擦而产生压降。压降计算通常利用厄根（Ergun）方程：

$$-\frac{dp}{dl}=\left(\frac{150}{Re_m}+1.75\right)\left(\frac{1-\varepsilon_B}{\varepsilon_B^3}\right)\left(\frac{p_g u_m^2}{d_S}\right) \tag{6-17}$$

式中：

Re_m：修正的雷诺数

$$Re_m=\frac{d_s u_m \rho_g}{\mu_g(1-\varepsilon_B)} \tag{6-18}$$

厄根（Ergun）方程中其他参数：

u_m—平均流速（空塔气速）；

l—床层高度；

d_s—颗粒当量直径；

p_g—气体密度；

ε_B—床层空隙率。

该式可用来计算床层压力分布。如压降不大，床层各处物性变化不大，可视为常数，压降将呈线性分布。

当Re_m<10时，厄根（Ergun）方程则变为

$$\Delta p=\frac{150}{\mathrm{Re}_m}\frac{\rho_g u_m^2}{d_s}\frac{1-\varepsilon_B}{\varepsilon_B^3}L \tag{6-19}$$

当Re_m>1 000时，厄根（Ergun）方程则变为

$$\Delta p = 1.75\frac{\rho_g u_m^2}{d_s}\cdot\frac{1-\varepsilon_B}{\varepsilon_B^3}L \tag{6-20}$$

影响床层压力降的最大因素：床层的空隙率、流体的流速。两者稍有增大，会使压力降产生较大变化。催化剂床层压降还有许多计算式，具体参考有关的资料。降低床层压降的方法：增大床层空隙率，如采用较大粒径的颗粒；降低流体的流速，但要考虑这会使相间的传质和传热变差，需综合考虑。

例6.1　内径为50mm的管内装有4m高的催化剂层，催化剂为球体，催化剂的粒径分布见表6-1。空隙率ε_B=0.44。在反应条件下气体的密度ρ_g=2.46kg·m^{-3}，黏度μ_g=2.3×10^{-5}kg·m^{-1}·s^{-1}，气体的质量流速G=6.2kg·m^{-2}·s^{-1}。求床层的压降。

表6-1　催化剂的粒经分布

粒径d_s/mm	3.40	4.60	6.90
质量分率	0.60	0.25	0.15

解

求颗粒的平均直径，有

$$d_S=\frac{1}{\sum\frac{x_i}{d_i}}=\left(\frac{0.60}{3.40}+\frac{0.25}{4.60}+\frac{0.15}{6.90}\right)^{-1}=3.96\text{mm}=3.96\times10^{-3}\text{m}$$

计算修正雷诺数，有

$$Re_m=\frac{d_S G}{\mu_g(1-\varepsilon_B)}=\frac{3.96\times10^{-3}\times6.2}{2.3\times10^{-5}(1-0.44)}=1\,906$$

计算床层压降，有

$$-\Delta p=\left(\frac{150}{Re_m}+1.75\right)\frac{u_m^2\rho_g}{d_S}\frac{(1-\varepsilon_B)}{\varepsilon_B^3}L=$$

$$\left(\frac{150}{Re_m}+1.75\right)\frac{G^2}{d_S\rho_g}\frac{(1-\varepsilon_B)}{\varepsilon_B^3}L=$$

$$\left(\frac{150}{1\,903}+1.75\right)\frac{6.2^2}{3.96\times10^{-3}\times2.46}\frac{(1-0.44)}{0.44^3}\times4=$$

$$1.898\times10^5\,\text{Pa}$$

6.2.4　拟均相理想模型

固定床反应器计算可以参考多种模型，拟均相模型使用较多。拟均相指反应属于化

学动力学控制，催化剂颗粒表面、内部、外部浓度均一，传递阻力可忽略，计算过程与均相一样，称为“拟均相”模型（见图6–7）。不单独考虑催化剂的存在，仅涉及一个反应源项即可。模型假设条件如下：

（1）流体在反应器内径向温度、浓度均一，仅沿轴向变化，流体流动相当于推流式反应器。

（2）流体与催化剂在同一截面处的温度、反应物浓度相同。一维模型只考虑反应器中沿气流方向上的浓度梯度和温度梯度（即传递和反应效应）；二维模型：除考虑反应器中沿气流方向上的浓度差和温度差外，还考虑垂直于气流方向上的浓度梯度和温度梯度的反应器数学模型。

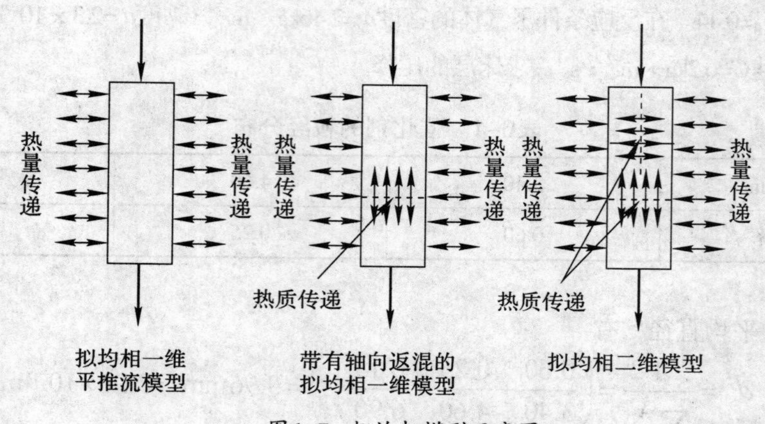

图6–7　拟均相模型示意图

设计模型考虑的因素越多，模型越复杂，模型参数就越多，模型参数的可靠性就越重要。并非模型越复杂越好。模型复杂增加了实验、计算工作量和测试数据精度的要求，增加了出错的概率。模型以简单实用为好。如返混严重，宜用带轴向返混的一维模型；径向温差大，宜用拟均相二维模型等。非均相模型应慎用，非不得已，不宜用过于复杂的模型。

上述模型应用计算中，主要涉及三类基础数据：①反应动力学数据，主要是反映动力学速率方程的实验测定确立。②热力学数据，如反应热、比热容和化学平衡常数等。③传递速率数据，如黏度、扩散系数和导热系数等，还有催化剂的参数，传热和传质经验关联式及其系数。固定床反应器如本章开头所述，存在多种多样的型式和操作方式，目前已经有相应成熟计算机软件，可以供技术人员直接使用，使用人员只需输入基础数据和预设参数，计算机就可以计算出需要的数据结果供设计人员分析参考。

6.3　流化床反应器

6.3.1　基本概念

流态化——固体粒子像流体一样进行流动的现象。除重力作用外，一般是依靠气体或液体的流动来带动固体粒子运动的。

1. 流化床优点

（1）传热效能高，温度易于保持均匀。

（2）大量固体粒子可方便地往来输送和回收。

（3）粒子直径细，可以消除内扩散阻力，充分发挥催化剂性能。

2. 流化床缺点

（1）气流状况不均，不少气体以气泡状态经过床层，气固接触不够均匀有效。

（2）粒子运动基本上是全混式，停留时间不一。

（3）粒子的磨损和带出会造成催化剂损失。

3. 流态化的形成

流体自上而下流过催化剂床层时，根据流体流速的不同，床层经历以下3个阶段。

（1）固定床阶段：$u_0 < u_{mf}$时，固体粒子不动，床层压降随u增大而增大。

（2）流化床阶段：$u_{mf} \leqslant u_0 \leqslant u_t$时，固体粒子悬浮湍动，床层分为浓相段和稀相段，$u$增大而床层压降不变。

（3）输送床阶段：$u_0 > u_t$时，粒子被气流带走，床层上界面消失，u增大且压降有所下降。

u_{mf}——临界流化速度，是指刚刚能够使固体颗粒流化起来的气体空床流速度，也称最小流化速度。

u_t——带出速度，当气体速度超过这一数值时，固体颗粒就不能沉降下来，而被气流带走，此带出速度也称最大流化速度。

4.散式流化和聚式流化

流化过程可按液固相，气固相分为散式和聚式两种情形：

散式流化：

$$d_b/d_p < 1$$

式中，d_b——气泡直径，d_p——颗粒直径

对于液固流化系统，流体与粒子的密度相差不大，故u_{mf}一般很小，流速进一步提高时，床层膨胀均匀且波动很小，粒子在床内的分布也比较均匀，故称作散式流化态。颗粒越细，流体与固体的$\Delta\rho$值越小，则越接近理想流化，流化质量也就越好。

聚式流化：

$$d_b/d_p > 10$$

对于气固流化系统，一般在气速超过u_{mf}后，将会出现气泡，气速越高，气泡造成的扰动也越剧烈，使床层波动频繁，这种形态的流化床称聚式流化床。

6.3.2　流化床中常见的异常现象

流化床也会有异常现象，主要有以下几种。

（1）沟流，气体通过床层时，其流速虽超过u_{mf}，但床内只形成一条狭窄通道，大部分床层仍处于固定状态，这种现象称为沟流。沟流分局部沟流和贯穿沟流。危害：产生死床，造成催化剂烧结，降低催化剂使用寿命，降低转化率和生产能力。造成原因：颗粒太细、潮湿、易黏结；床层薄；气速过低或气流分布不合理；气体分布板不合理。消除方法：加大气速；干燥颗粒；加内部构件；改善分布板。

（2）大气泡和腾涌，聚式流化床中，气泡上升途中增至很大甚至于接近床径，使床层被分成数段呈活塞状向上运动，料层达到一定高度后突然崩裂，颗粒雨淋而下，这种现象称为大气泡和腾涌。危害：影响产品的收率和质量；增加了固体颗粒的机械磨损和带出；降低催化剂的使用寿命；床内构件易磨损。造成原因：L/D较大；u较大，消除方法：床内设内部构件；降低u流速。

床层压降计算：

$$\Delta p = (1-\varepsilon_{mf})\, h_f(\rho_s-\rho_f)\, g = (1-\varepsilon_{mf})\, h_f(\rho_s-\rho_f) \qquad (6\text{-}21)$$

当$dp/D < 1/20$，$L_0/D < 2$时，流化床层压降计算式较准确。

由式可知：床层处于流化状态时，压降与流化速度无关。

6.3.3　流化床反应器结构（见图6-8）

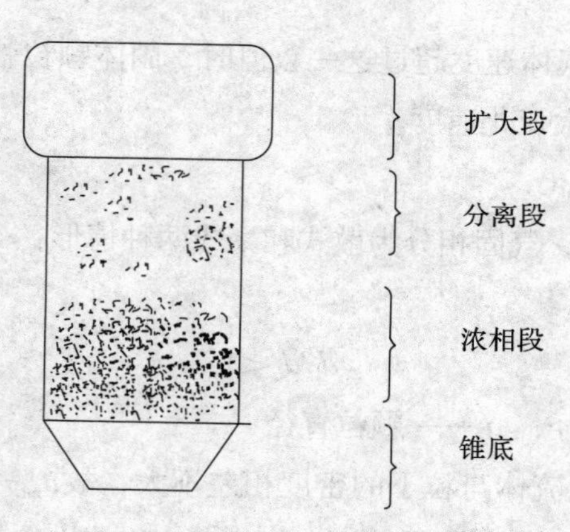

图6-8　流化床反应器结构示意图

锥底：一般锥角为90°或60°。

作用：对进入气体起预分布作用、卸催化剂。

床层（浓相段）：床高与催化剂的装填量、气速有关，是反应器的有效体积。通常催化剂填充层的静止高度与流化床直径的比值很少超过1，一般接近于1。

分离段、扩大段。

流化床的热量传递过程大体可分为：固体颗粒之间的热量传递；气体与固体之间的热量传递；床层与床壁（包括换热器）之间的热量传递。由于流化床中颗粒处于高度运动状态，而固体的导热系数较大，因此传热速率很快。床层中温度基本上可以认为是一致的。具体流化床反应器设计已有成熟软件可用。

6.4　气液相反应器

在化学工业中，气–液反应广泛地应用于加氢、磺化、卤化、氧化等化学加工过程。环境保护中气体的净化、废气及污水的处理也常用气–液反应。其过程表达式为

$$\mathrm{A\,(g)} + a_{\mathrm{B}}\mathrm{B(l)} \longrightarrow P \tag{6–22}$$

气–液反应的相平衡包括气–液相平衡和化学反应平衡。

6.4.1　相平衡和化学反应平衡

设气相中组分i溶解于液相中，当气–液相平衡时，组分i在气相和液相中的逸度相等，即

$$\overline{f_{i(\mathrm{g})}} = \overline{f}_{i(\mathrm{l})}\overline{f}_{i(\mathrm{g})} = f_{\mathrm{P}}y_i\varphi_i \tag{6–23}$$

式中，$f_{\mathrm{P}}y_i$为分逸度；y_i为i的摩尔分率；φ_i为i的逸度系数；

$\overline{f}_{i(\mathrm{l})} = f(x_i)$，对于稀溶液，可用亨利定律表示为

$$\overline{f}_{i(l)} = E_i x_i$$

式中，E_i为亨利系数，x_i为i在液相中的摩尔分率。

气–液平衡关系为

$$f_{\mathrm{P}}y_i\phi_i = E_i x_i \tag{6–24}$$

式中f_{P}对混合气体中各组分间非理想性的数值，φ_i是对i组分非理想性的数值。

对于带化学反应的气–液平衡，设气体A溶解于液相中，和液相中的B起化学反应，生成产物M和N，当反应达到平衡时，A服从相平衡和化学平衡关系，设A在溶液中的总浓度为$c^{\mathrm{o}}_{\mathrm{A_C}}$，则$c^{\mathrm{o}}_{\mathrm{A_C}}=c_{\mathrm{A}}+c_{\mathrm{M}}$。

$$K'=\frac{c_M}{c_A c_B}=\frac{c_A^o-c_A}{c_A c_B} \tag{6-25}$$

$$c_A=\frac{c_A^o}{1+K'c_B} \tag{6-26}$$

相平衡：

$$c_A=H_A P_A^* \tag{6-27}$$

$$P_A^*=\frac{c_{Ao}}{H_A(1+K'c_B)} \tag{6-28}$$

低浓度气—液平衡关系表观上服从亨利定律，但溶解度系数增大了（$1+K'c_B$）倍。

6.4.2 双膜论

双膜论是W.G.Whitman于1923年提出的。

1. 模型假设要点

（1）呈滞流的双膜，假定在相界面的两侧存在着气膜和液膜。流体在双膜中呈滞流。δ_g和δ_l为定值。（见图6-9）

（2）气-液的相间阻力。

假定气-液相主体浓度不变。

气-液间阻力简化集中在气膜和液膜内：

$$\Delta P_A=P_A-P_{Ai} \tag{6-29}$$

$$\Delta c_A=c_{Ai}-c_{AL} \tag{6-30}$$

（3）界面平衡。

气-液两相在界面上达到平衡。

（4）传质速率。

气相一侧：传质速率＝稳定的分子扩散速率

液相一侧：传质速率＝稳定的分子扩散速率

把滞流膜作为静止膜，忽略流动过程对传质的贡献。

2. 计算公式

气—液相间传质速率N_A为

$$N_A=\frac{D_{AG}}{\delta_G}(P_{AG}-P_{Ai})=\frac{D_{AG}}{\delta_G}(c_{Ai}-c_{AL}) \tag{6-31}$$

界面上：

$$c_{Ai}=H_A P_{Ai}$$

消去界面浓度c_{Ai}和P_{Ai}则

$$N_A=K_G(P_{AG}-P_A^*)=K_L(c_A^*-c_{AL}) \tag{6-32}$$

$$K_{G}=\frac{1}{\frac{1}{k_{G}}+\frac{1}{H_{A}k_{L}}} \tag{6-33}$$

$$K_{L}=\frac{1}{\frac{H_{A}}{k_{G}}+\frac{1}{k_{L}}} \tag{6-34}$$

$$P_{A}^{*}=\frac{c_{AL}}{H_{A}} \tag{6-35}$$

$$c_{A}^{*}=H_{A}P_{AG} \tag{6-36}$$

3. 双膜论

双膜论优势在于数学处理简单，但膜厚不可能为定值，由此引入误差较大。

针对双膜论的缺点，人们先后提出了溶质渗透论（1935年）、表面更新论（1954年）和湍流传质论（1955年）等改进理论模型。

双膜论模型如图6-9所示，①A从气相主体通过气膜扩散到气液相界面；②A从相界面进入液膜，同时B从液相主体扩散进入液膜；③A，B在液膜内发生反应；④生成物P的扩散；⑤液膜中未反应完的A扩散进入液相主体，在液相主体与B发生反应。这是双膜论基本假设的气液反应过程步骤和概念。

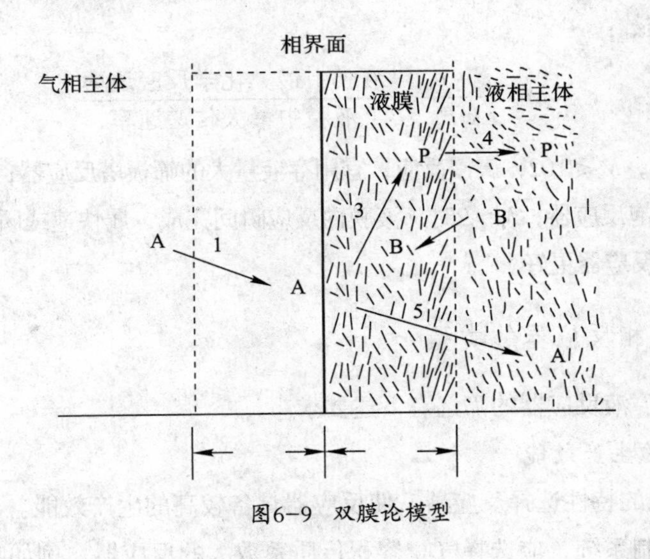

图6-9　双膜论模型

6.4.3　不同类型气液相反应的宏观速率方程

按反应特征分，液相反应可按图6-10来分类。

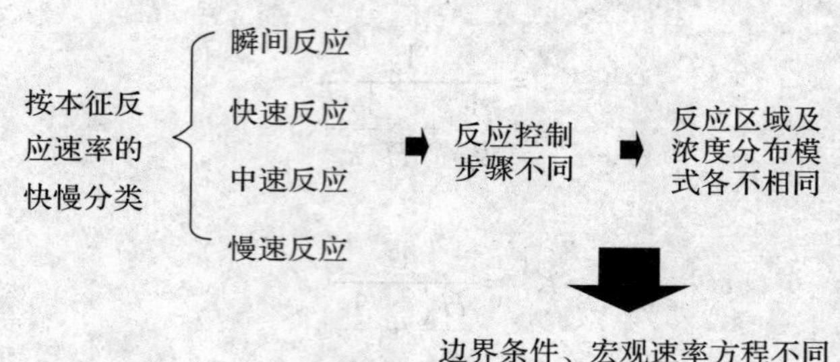

图6-10　液相反应分类图

瞬间反应的特点：液膜类为其反应区域，组分A和组分B之间的反应瞬间完成，A与B不能共存。在液膜内的某一个面上A和B的浓度均为0，该面称“反应面”，“反应面”的位置随液相中B的浓度的升高向气膜方向移动。

快速反应的特点：B在液相中大量过剩时（浓度很高时），与A发生反应消耗的B的量可以忽略不计时，在液膜中B的浓度近似不变，反应速率只随液膜中A的浓度变化而变化，这种情况称拟一级快速反应。

中速反应的特点：液膜类为其反应区域，A与B的反应速率较慢，A与B在液膜中反应，但一部分A进入液相主体，与B发生反应。

慢速反应的特点：液膜类为其反应区域，反应很慢，液膜中的反应消耗量较少，可以忽略不计，反应主要发生在液相主体，当扩散速率远远大于反应速率，近似于物理吸收。

判定气液反应类型，可以采用测定八田准数大小来确定。

如果A和B的化学反应比较缓慢，在液膜内不能完成，绝大部分在液相主体内完成，判别条件为八田准数：

$$M=\frac{\delta_{\mathrm{L}}k_1c_{\mathrm{A}i}}{k_{\mathrm{L}}c_{\mathrm{A}i}}=\frac{\text{液膜中最大化学反应速率}}{\text{液膜中最大传递速率}} \tag{6-37}$$

八田准数越小，$M<0.02$，属慢反应，宜用存液量大的筛板塔反应器；$0.02<M<2$时，属中速反应，宜用鼓泡反应器；$M>2$时，液膜内反应瞬间完成，属快速或瞬间反应，受传质过程控制，用填料塔反应器更好。

6.4.4　气液相反应器的类型

工业生产对气–液反应器的筛选有下述要求。

1. 具备较高的生产效能

根据反应系统的特性选择反应器，使反应器具备较高的生产效能。

（1）气膜控制系统，应选择气相容积传质系数大的反应器，例如喷射塔和文丘里反应器等。

（2）快速反应系统，反应在界面附近的液膜中进行，应选择表面积较大，而且k_L较大的反应器，例如填料塔和板式反应器。

（3）缓慢反应系统，反应在液相主体中进行，应选择液相容积存留大的设备，例如鼓泡反应器和搅拌鼓泡反应器。

2. 利于提高反应的选择性

对于复合反应，选择反应器要有利于主反应，抑制副反应。例如对于平行反应，主反应快而副反应慢，则要选择储液量较少的反应器来抑制副反应的发生。

3. 利于降低能耗

为了使气–液两相分散接触，需要消耗一定的动力，就比表面积而言，喷射吸收器所需的能耗最小，其次是搅拌反应器和填料塔，文氏管和鼓泡反应器所需的能耗最大。

4. 利于控制反应温度

气液反应大部分是放热反应，排除反应热，控制好操作温度要求较高。例如板式塔可以安置冷却盘管，但在填料塔中，排除反应热比较麻烦，通常只能提高液体喷淋量把湿热带走，但动力消耗会大量提高。

5. 能在较小液体流率下操作

液体流率小，液相转化率高，动力消耗也小，但液体流率的大小应符合反应器的基本要求。

图6–11所示反应器可以在不同层面满足生产工艺要求，具体根据反应过程特点来选择。

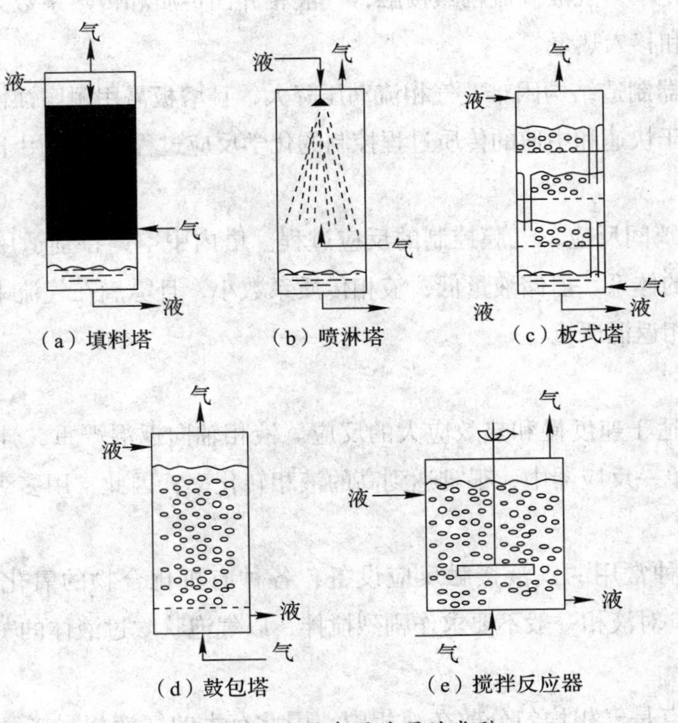

图6–11　气液相反应器的类型

6.5 常用工业反应器特点

常用工业反应器有下述特点。

1. 填料塔

优点：结构简单，耐腐蚀，轴向返混极小无影响，能获得较大的液相转化率，气相流动压降小，降低了操作费用。缺点：液体在填料床层中停留时间短，不能满足慢反应的要求，且存在壁流和液体分布不均等问题，其生产能力低于板式塔。

应用：适用于快速和瞬间反应过程，特别适宜于低压和介质具腐蚀性的操作。

填料塔要求填料比表面大、空隙率高、耐蚀性强及强度和润湿等性能优良。

常用的填料有拉西环、鲍尔环、矩鞍等，材质有陶瓷、不锈钢、石墨和塑料等。

填料塔广泛应用于物理吸收和化学吸收过程中。由于填料层高H比填料直径大得多，因此，填料的作用除增加相界面积外，还能减少轴向混合。填料塔气相和液相的皮克利特数Pe_G，Pe_L往往大于100，可以假设填料塔中气相、液相均为理想置换流型。化学吸收采用的填料塔在结构上和一般吸收塔相同，塔径D的计算也基本相同。

2. 板式塔

优点：逐板操作；轴向返混降到最低，并可采用最小的液流速率进行操作，从而获得极高的液相转化率；气液湍流剧烈接触，气液相界面传质和传热系数大；板间可设置传热构件，以移出和移入热量。

缺点：反应器制造结构困难，气相流动压降大，且塔板需用耐腐蚀性材料制作。

应用：适用于快速和中速的传质过程控制的化学反应过程，大多用于加压操作过程。

3. 喷雾塔

喷雾塔适于瞬间反应，气膜控制的反应过程。塔内中空，特别适用于有污泥、沉淀和生成固体产物的体系。但储液量低，液相传质系数小，且雾滴在气流中的浮动和气流沟流存在，气液两相返混严重。

4. 鼓泡塔

储液量大，适于速度慢和热效应大的反应。液相轴向返混严重，连续操作型反应速率明显下降。在单一反应器中，很难达到高的液相转化率，因此常用多级彭泡塔串联或采用间歇操作方式。

鼓泡塔是一种常用的气液接触反应设备，各种有机化合物的氧化反应都采用鼓泡塔。在鼓泡塔中，对液相一般不要求作剧烈搅拌，以气泡状吹过液体的蒸汽而造成的混合已完全。

鼓泡塔的优点是气相均匀分散在液相中，因此有大的气液相际接触表面，传质和传热的效率较高，适用于化学反应缓慢和强放热情况。反应器结构简单、操作稳定、投资和维修费用低、液体滞留量大，因而反应时间长。液相有较大返混，当高径比大时，气泡合并速度增加，使相际接触面积减小。鼓泡塔存在极大的轴向混合，此轴向混合不仅降低了反应速率，且使连续操作的单个塔难以获得较高的转化率。对于工业大塔：当$D=2\mathrm{m}$、$H/D=2$，ε_G/u_{OG}=2.5时，基本接近于理想全混流；对于实验小塔，当$D=0.1\mathrm{m}$，$H=2\mathrm{m}$，ε_G/u_{OG}=3时，气相较接近于活塞流。由于鼓泡塔中u_{OL}常小于u_{OG}，因此只有在塔的高径比H/D很大（如$H/D>10$），而塔径又很小时，液相才会偏离理想混合模型。

5. 搅拌反应器

设备有搅拌装置，气体自底部进入，通过气体分布器呈气泡上升，搅拌使得气泡分散更小，提高气液界面接触效率，适用性广。但是气体密封要求高，功率消耗大。

选定气液反应器，主要依据反应特征要求和速率控制步骤的特性确定。化学反应控制，应当选择液含率大的反应器；传质过程控制，应选择气液相接触界面大的反应器，液含率可忽略不计；若化学反应和传质控制阻力相当，液含率和相界面都应该保持较高的反应器作为首选。

同时存在气液固的3种相态的反应器在工业上应用也很多，一般是搅拌釜、滴流床反应器和浆态反应器几种类型。很多时候也可以简化为气液反应来近似计算。

气液反应器的设计分析计算目前也有成熟软件来完成，具体计算过程可以参考相关软件文献。

6.6 计算机软件辅助设计反应器方法

随着化工设计技术的发展，计算机辅助分析设计反应器成为常用的手段，针对每种反应器都有成熟的软件配套。一般软件计算过程主要由如下步骤来完成。

（1）准备基础数据和资料。包括反应动力学参数、反应器流体停留时间分布数据、所有物性数据和热力学参数，经验公式参数等。

（2）从软件中选择不同反应器模型作为计算根据，主要参照流体停留时间分布数据，选择特征符合度高的模型。

（3）代入或者输入基础数据，设定不同初始值，按照不同模型分别计算出结果，与实验数据对照分析，优化选择与实际吻合更好的模型。

（4）反复上述过程，不断修正参数模型，以求获得符合实际要求和需要的计算模型和结果，来评价和筛选反应器的设计方案，最终做出设计反应器的依据和结论。

习 题

一、思考题

1.固定床中强放热反应控温措施有哪些?

2.固定床中使气体分布均匀的方法?

3.固定床反应器的计算方法有哪些?各有什么特点?

4.流化床中大气泡和腾涌产生的原因、危害、解决措施?

5.怎样通过流化床的压力降变化判断流化质量?

6.流化床反应器操作中应注意什么问题?如何优化流化床反应器的操作条件?

二、计算题

1.某流化床反应器在操作条件下,以2 987m^3/h的流量进入反应器,已知颗粒的临界流化速度为0.018m/s,流化数为80,试计算流化床反应器的直径。

2.某流化床反应器中所用催化剂颗粒的ρ_s=1 300kg/m^3,床层堆积密度ρ_B=850kg/m^3,试计算当床层膨胀比R=2.48时,流化床层孔隙率是多少?

3.某固定床反应器,选用催化剂颗粒平均粒径为3mm,其颗粒密度为1 300,床层颗粒堆积密度为828,如果在不改变颗粒密度及床层直径的条件下,改变颗粒的粒径为5mm,堆积密度也相应改变为754,试问孔隙率的变化如何?

4.计算直径3mm,高8mm的圆柱形固体粒子的当量直径、体积当量直径、外表面积当量直径。

5.在一总长为5m的固定床反应器中,反应器以25 000$kg/(m^2\cdot h)$的质量流速通过,如果床层中催化剂颗粒的直径为3mm,床层的堆积密度为754kg/m^3,催化剂的表观密度为1 350kg/m^3,流体的黏度为$U_f=1.8\times10^{-5}Pa\cdot s$,密度$\rho_f$=2.46$kg/m^3$,求:床层的压力降。

6.溶于直径为6mm的球形锌粒某一元酸溶液中,过程受锌表面上的化学反应控制,实验测得特定酸浓度下,酸的消耗速率为$3\times10^{-4}kmol/(m^2\cdot s)$,试分别计算:

(1)锌粒溶解到一半重时;

(2)锌粒完全溶解时所需反应时间。

7.试计算一直径为8cm的气泡在流化床中的上升速度以及气泡外的云层厚度。已知U_{mf}=4cm/s,ε_{mf}=0.5。

8.为了测定形状不规则的合成氨用铁催化剂的形状系数,将其填充在内径为118mm的容器中,填充高度为1.5m,然后边续地以流量为1m^3/h的空气通过床层,相应测得床层的压力降为101.3Pa，实验操作温度为298K，试计算该催化剂颗粒的形状系数。已知催化剂颗粒的等体积相当直径为5mm，堆密度为1.45g/cm^3，颗粒密度为2.8g/cm^3。

9.由直径为2.8mm的多孔球形催化剂组成的等温固定床，在其中进行一级不可逆反应，基于催化剂颗粒体积计算的反应速率常数为0.8s^{-1}，有效扩散系数为0.018cm^2/s，当床层高度为2.5m时，可达到所要求的转化率。为了减小床层的压力降，改用直径为5mm的球形催化剂，其余条件均不变，流体在床层中流动均为层流，试计算：

（1）催化剂床层高度;

（2）床层压力降减小的百分率。

10.多段冷激式氨合成塔的进塔原料气组见下表：

组　分	NH_3	N_2	H_2	Ar	CH_4
含量/%	2.09	21.82	66.00	2.45	7.63

（1）计算氨分解基(或称无氨基)进塔原料气组成。

（2）若进第一段的原料气温度为427℃，求第一段的绝热操作线方程，方程中的组成分别用氨的转化率及氨含量来表示，反应气体的平均热容按33.08J/(mol·K)计算，反应热ΔH_r=−5 358J/mol。

（3）计算出口氨含量为10%时的床层出口温度，按考虑反应过程总摩尔数变化与忽略反应过程总摩尔数变化两种情况分别计算，并比较计算结果。

11.二氧化硫氧化反应在绝热催化反应器中进行，入口温度为450℃，入口气体中SO_2浓度为7%(mol)；出口温度为605℃，出口气体中SO_2含量为2.1%(mol)，在催化剂床层内A，B，C三点进行测定。

（1）测得A点的温度为620℃，你认为正确吗?为什么?

（2）测得B点的转化率为82%，你认为正确吗?为什么?

（3）测得C点的转化率为50%，经再三检验结果正确无误，估计一下C点的温度。

12.乙炔水合生产丙酮的反应式为

$$2C_2H_2 + 3H_2O \longrightarrow CH_3COCH_3 + CO_2 + 2H_2$$

在$ZnO-Fe_2O_3$催化剂上乙炔水合反应的速率方程为

$$r_A=7.06\times10^7\exp(-7\,413/T)\,c_A \quad \text{kmol}/(\text{m}^3\text{床层}\cdot\text{h})$$

式中CA为乙炔的浓度，拟在绝热固定床反应器中处理含量为3%C_2H_2(mol)的气体1 000m^3(STP)/h，要求乙炔转化65%，若入口气体温度为390℃，假定扩散影响可忽略，试计算所需催化剂量。反应热效应为−178kJ/mol，气体的平均恒压热容按36.4J/(mol·K)计算。

13.某合氨厂采用二段间接换热式绝热反应器在常压下进行如下反应：

$$CO + H_2O \longrightarrow CO_2 + H_2$$

热效应ΔH_r=−41 030J/mol，进入预热器的半水煤气与水蒸气之摩尔比1：1.6，而半水煤气组成(干基)见下表：

组　成	CO	H_2	CO_2	N_2	CH_4	其　他	Σ
摩尔百分含量（%）	30.4	37.8	9.46	21.3	0.79	0.25	100

假定各股气体的热容均可按33.51J/(mol·K)计算，试求Ⅱ段绝热床层的进出口温度和一氧化碳转化率，设系统对环境的热损失为零。

14.在氧化铝催化剂上进行乙腈的合成反应：

$$C_2H_2 + NH_3 \longrightarrow CH_3CN + H_2 \quad \Delta H_r = -92.2\text{kJ/mol}$$

设原料气的摩尔比为C_2H_2：NH_3：H_2=1：2.3：1，采用3段绝热式反应器，段间间接冷却，使每段出口温度均为560℃，而每段入口温度亦相同，已知反应速率式可近似地表示为

$$r_A = k(1-\chi_A) \quad \text{kmol}C_2H_2/\text{kg}\cdot\text{h}，k = 3.08\times10^4\exp(-7\,960/T)$$

式中χ_A为乙炔的转化率，液体的平均热容为$\overline{C}_P = 128\text{J/(mol·K)}$，如要求乙炔转化率达到93%，并且日产乙腈50t，问需催化剂量多少?

15.邻二甲苯氧化制苯酐反应在一列管式固定床反应器中进行，管内充填高及直径均为5mm的圆柱形五氧化二钒催化剂，壳方以熔盐作冷却剂，熔盐温度为350℃，该反应的动力学方程为

$$r_s = 0.0417\,p_A p_B^0 \exp(-13\,636/T)\ \text{kmol/(kg·h)}$$

式中p_A为邻二甲苯的分压，p_B为O_2的初始分压，反应热效应ΔH_r=−1 285kJ/mol，反应管内径为25mm，原料气以8 200kg/(m²·h)的流速进入床层，其中邻二甲苯为0.95%，空气为99.1%(mol)，混合气平均分子量子力为29.45，平均热容为1.072kJ/(kg·K)，床层入口温度为370℃，床层堆密度为1 300kg/m³，床层操作压力为0.101 3MPa(绝对)，总传热系数为69.8W/(m²·K)，试按拟均相一维活塞流模型计算床层轴向温度分布，并求最终转化率为73.5%时的床层高。计算时可忽略副反应的影响。

16.常压下用直径为6mm的球形氧化铝为催化剂进行乙腈合成反应，操作条件与习题14同，此时内扩散影响不能忽略，而外扩散影响可不计，氧化铝的物理性质如下：孔容0.49cm³/g，颗粒密度1.25g/cm³，比表面积185m³/g，曲节因子等于3.2。试计算第一段的催化剂用量。

17.萘氧化反应在内径为8.1cm的固定床反应器中常压下进行：采用直径为0.328cm的球形钒催化剂，该反应可按拟一级反应处理，以床层体积为基准的反应速率常数为：$k = 5.74\times10^{13}\exp(-19\,000/T)\text{s}^{-1}$反应热效应$\Delta H_r$=−1 796kJ/(m²·K)，萘在钒催化剂内的有效扩散系数等于$1.21\times10^{-3}\text{cm}^2/\text{s}$，若床层的热点温度为652K，试计算热点处气相中萘的浓度。假定外扩散的影响可不考虑，副反应可忽略。

18.在充填$13m^3$催化剂的绝热固定床反应器中进行甲苯氢解反应以生产苯：

$$C_6H_5CH_3+H_2 \longrightarrow C_6H_6+CH_4$$

原料气的摩尔组成为3.88%C_6H_6，3.15%$C_6H_5CH_4$，69.97%H_2；温度为773K，操作压力为6.08MPa；若采用空速为1 200m^3(STP)/(h·m^3)催化剂，试计算反应器出口的气全组成，该反应的速率方程为

$$r_T = 5.73 \times 10^3 \exp\left(-17\ 800 / T\right) c_T c_H^{0.5}$$

式中c_T和c_H分别为甲苯和氢的浓度，kmol/m^3，甲苯转化速率r_T的单位为kmol/(m^3·s)，反应热效应=−49 974J/mol，为简化计算，反应气体可按理想气体处理，平均定压热容为常数，等于4.28J/(mol·K)。

19.充填新鲜催化剂的绝热床反应器当进口原料的温度控制为450℃时，出口物料温度为429℃，转化率符合要求；操作数月后，由于催化剂的活性下降，为了保持所要求的转化率，将原料进口温度提高到480℃，出口物料温度相应升至458℃；若反应的活化能为103.7kJ/mol，试估计催化剂活性下降的百分率。

20.在实验室中用外循环式无梯度反应器研究二级气相反应2A⟶P+Q原料为纯A；设$kc_{A0}\tau$=1.6. 试计算A的转化率，当：

（1）循环比为3;

（2）循环比为25;

（3）按全混流模型处理;

（4）比较上列各问题的计算结果并讨论之。

第7章　生化反应工程基础

生化反应工程是一门以研究生物反应过程中带有共性的工程技术问题的学科，是化学反应工程在生物领域的分支。作为一类新兴的反应工程学科，包括最新的基因工程、细胞工程、蛋白质工程、酶工程以及生化工程等工业化研究，还包括传统的发酵、动植物细胞培养、废水的生化处理以及生化废料的处理等也都处于生化工程的范畴。近些年来生化反应工程在医药、农药、食品加工、工业化学及废水废物处理等方面得到了迅猛发展。

生化反应过程与化学反应过程区别在于生物催化剂参与了反应。它利用生物体（微生物、动植物细胞）或者其组成部分（细胞器和酶）来制造对人类有用的产品。

生物化工常见产品见表7–1。

表7–1　生物技术的主要产品

物理过程产物	生物过程产物	化学合成产品
淀粉	乙醇	阿司匹林
糖	肥皂	布洛芬
蛋白质	果糖	伟哥
橡胶	聚酯	药物
咖啡，茶，药品	柠檬酸	农业产品
蜡	抗生素	百忧解
丝	胰岛素	胰岛素
羊毛	人类生长激素	
皮革	凝血因子	
	乳酸	
	醋酸	
	赖氨酸	

1. 酶催化特点

（1）反应在温和的接近常温条件下进行；

（2）反应速率比化学反应过程慢很多；

（3）反应专一性强，转化率高，但其机理复杂性导致规律认识未成熟；

（4）反应原料简单易得，但对反应条件要求范围较窄。

2. 共性的基本问题

（1）反应过程的定量计算；

（2）动力学研究计算。

$$生物反应过程效率=\frac{产物量}{生产时间\times消耗的人财物等成本} \quad (7-1)$$

生物反应过程的4个组成部分；

①原材料的选择、预处理及制备培养基；

②制备生物催化剂；

③生物反应器及反应条件的选择与监控；

④分离纯化产物工程。

其中第②，③部分为整个生化反应过程的核心，也是生化反应工程研究的主要对象。

用一组包括底物、产物和生物量的动力学在内的质量衡算方程，来描述在不同操作方式反应器内状态变量随时间变化的规律。

7.1　生物反应动力学

生物反应动力学主要研究生物反应速率和影响反应速率的各种因素。根据所使用的生物催化剂的不同，可分为酶反应动力学和细胞反应动力学。

对于酶反应动力学，又可以分为均相酶反应动力学和固定化酶反应动力学，前者的动力学关系可依据其反应机理表达为分子水平；后者的动力学关系式，则还需要考虑由于固定化酶颗粒的存在所产生的传质阻力对反应过程速率的限制效应。研究内容包括：

（1）酶反应动力学的特点：均相和多相系统酶促反应动力学及酶的失活动力学；

（2）微生物反应过程的质量与能量衡算、发酵动力学和微生物的培养操作技术；

（3）影响动植物细胞反应的因素、动植物细胞反应及反应动力学。

7.1.2　酶的分类与命名

酶是生物体为其自身代谢活动而产生的生物催化剂，经典的酶学理论认为酶是蛋白质催化剂，具有蛋白质的一切性质。酶通过降低化学反应的活化能（用Ea或ΔG表示）来加快反应速率，大多数的酶可以将其催化的反应速率提高上百万倍；事实上，酶是提供另一条活化能需求较低的途径，使更多反应粒子能拥有不少于活化能的动能，从而加快反应速率。按照催化反应的类型，酶有以下6种：

氧化还原酶（oxido-reductase）；转移酶（transferase）；水解酶（hydrolase）；裂合酶（lyase）；异构酶（isomerase）；合成酶（synthetase，ligase）。

1. 酶的功能

（1）酶作为催化剂的共性。

①降低反应的活化能；

②酶可加快反应速率；

③不能改变反应的平衡常数，只能加快反应达到平衡的速度；

④反应前后酶本身不变。

（2）酶的生物催化特性。

①酶有较高的催化效率，其催化效率比无机催化剂更高，使得反应速率更快；

②酶有很强的专一性。

一种酶仅能作用于一种物质或一类结构相似的物质进行某一种反应，这种特性称为酶的专一性或选择性。如蛋白酶只能催化蛋白质水解成多肽。而其专一性有以下7种：

绝对专一性；相对专一性；反应专一性（reaction specificity）；底物专一性（substrate specificity）；立体专一性（stereo specificity）；官能团专一性（functional group specificity）；序列专一性（number specificity）。

③酶有温和的反应条件，酶催化反应的最优温度一般在生理温度25～37℃范围，近中性pH值条件。

催化效率的表示法：

酶活力：在特定的条件下（25℃，在具有最适底物浓度、最适缓冲液离子强度和pH下），1min能催化1μmol底物转化为产物时所需要的酶量，称为一个国际单位，用IU表示。

1972年国际酶学委员会推荐的新酶活力国际单位Katal，符号Kat，即在最适条件下，1s催化1mol底物转化的酶量。

$1Kat=1mol/s=6\times10^{7}IU$

$1IU=1umol/min=16.67\times10^{-9}Kat$

酶的比活力：指每1kg酶所具有的Kat数，即Kat/kg。

酶的另一个重要特点是它们常需要辅因子的共同作用，辅因子是非蛋白化合物，它与非活性蛋白结合形成有催化活性的复合物称为酶。

辅因子有3类：金属离子（激活剂）；辅酶；辅底物；酶以活力作为价值评估依据，而不是质量和纯度。

酶活力测定：通过测定初始短时间内底物的消耗量或产物的生成量进行酶活力（初速度）的测定。

因为酶易受外界物理化学因素的影响，一旦条件不适，容易变性失活。另外，由于酶反应都是在水溶液中进行的均相反应，因此溶液中游离态酶随产物流失而难以分离，不能重复利用。为了克服这些缺点，现代工业常用物理或化学方法进行酶的固定，使酶催化体系多相化。

固定化酶（固相酶或水不溶酶）：是通过物理或化学方法使溶液酶转变为在一定的空间内运动受到完全或局部约束的一种不溶于水，但仍具有活性的酶。能以固相状态作用于底物进行催化作用。主要优点有：反应后很容易分离出来，且易于控制，能反复多次使用；固定化酶大多数情况下稳定性增加；便于运输和贮存，实现生产连续化和自动化。缺点有：活性降低，使用范围减小。

固定化酶性质变化表现在：①底物专一性改变；②稳定性增强；③最适pH和最适温度改变；④动力学常数变化。

酶和细胞固定化技术汇总见图7–1。

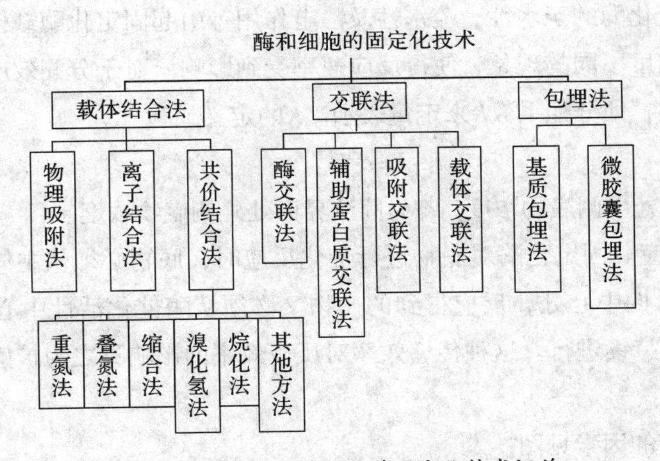

图7–1 酶和细胞固定化技术汇总

载体结合法：最常用的是共价结合法，即酶蛋白的非必需基团通过共价键和载体形成不可逆的连接。在温和的条件下能偶联的蛋白质基团包括：氨基、羧基、半胱氨酸的巯基、组氨酸的咪唑基、酪氨酸的酚基、丝氨酸和苏氨酸的羟基。参加与载体共价结合的基团，不能是酶表现活力所必需的基团。

交联法：依靠双功能团试剂使酶分子之间发生交联凝集成网状结构，使之不溶于水从而形成固定化酶。常采用的双功能团试剂有戊二醛、顺丁烯二酸酐等。酶蛋白的游离氨基、酚基、咪唑基及巯基均可参与交联反应。

包埋法：酶被裹在凝胶的细格子中或被半透性的聚合物膜包围而成为格子型和微胶囊型两种。包埋法制备固定化酶除包埋水溶性酶外还常包埋细胞，制成固定化细胞。

速率：指变化快慢程度，包含反应速率和传质速率。

反应速率：单位时间、单位反应体积生成的产物量。

传质速率：单位面积上单位时间的传递量。

速度：指运动物体运动的快慢。

7.1.3 影响固定化酶动力学的因素

影响固定化酶动力学的因素主要有空间构型，分配和扩散阻力3种效应。

（1）空间效应。

构象效应：在固定化过程中，由于存在着酶和载体的相互作用从而引起酶的活性部位发生某种扭曲变形，改变了酶活性部位的三维结构，减弱了酶与底物的结合能力。

位阻效应：载体的存在对酶活性基团和底物的接触产生屏蔽作用，使得表观酶活性降低，又可产生屏蔽效应，或称为位阻效应。

（2）分配效应。当固定化酶处在反应体系的主体溶液中时，反应体系成为固液非均相体系。由于固定化酶的亲水性、疏水性及静电作用等引起固定化酶载体内部底物或产物浓度与溶液主体浓度不同的现象，使得反应速率受到影响。对于分配效应，常用固液界面内外侧的浓度之比，即分配系数K来定量表示。K的定义式为

$$K=c_{sg}/c_{si}$$

式中c_{sg}为固液界面处内侧底物浓度，c_{si}为固液界面处外侧底物浓度。

（3）扩散效应。固定化酶对底物进行催化反应时，底物必须从主体溶液传递到固定化酶内部的催化活性中心处，反应得到的产物又必须从酶催化活性中心传递到主体溶液中，以便催化反应持续进行。这种传递效率对反应效率的影响称之为扩散效应。包括分子扩散和对流扩散。

影响酶促反应的因素见图7–2。

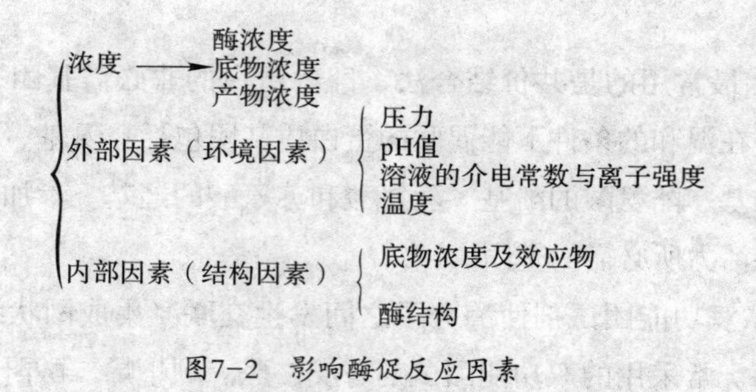

图7–2 影响酶促反应因素

7.1.4 酶催化反应动力学

根据酶促反应与底物浓度的关系，可将酶促反应分为以下几种：

零级反应——酶促反应速率与底物浓度无关；

一级反应——酶促反应速率与底物浓度的一次方成正比。酶催化A→B的反应；

二级反应——酶催化A+B⟶C的反应；

连锁反应——酶催化A⟶B⟶C的反应；

单底物酶催化反应：是指每个酶只有一个底物结合部位的酶催化反应，包括水解反应和异构化反应。动力化学方程形式有多种。酶催化反应机理Henri中间复合物学说：

$$S + E \underset{k_{-1}}{\overset{k_{+1}}{\rightleftharpoons}} [ES] \xrightarrow{k_{+2}} E + P \tag{7-2}$$

其中E为游离酶，[ES]为酶与底物的复合物，S，P为底物和产物，k_{+1}，k_{-1}，k_{+2}为各反应的速率常数，此反应式认为初始产物浓度为零，由酶和产物的形成的复合物浓度也为零。

采用Michaelis–Menten快速平衡法，在单底物催化反应的基础上，由“拟稳态”假设提出拟稳态复合物浓度$c_{[ES]}$是不随时间变化的。r_{max}称为最大反应速率，它表示在给定酶浓度c_{E0}下，反应可达到的最大速率，由此得到米氏方程为

$$r_P = \frac{k_{+2} c_{E_0} c_S}{K_S + c_S} = \frac{r_{P,max} c_S}{K_S + c_S} \tag{7-3}$$

其中

$$K_S = \frac{K_{-1}}{K_{+1}} = \frac{c_S c_E}{c_{[ES]}} \tag{7-4}$$

K_S的单位和c_S的单位相同，当r_P=1/2$r_{P,max}$时，存在$K_S=c_S$关系。$r_{P,max}=k_{+2}c_{E_0}$。表示当全部酶都呈复合物状态时的反应速率。k_{+2}又叫酶的转换数。表示单位时间内一个酶分子所能催化底物发生反应的分子数，因次，它表示酶催化反应能力的大小，不同的酶反应其值不同。$r_{P,max}$正比于酶的初始浓度c_{E_0}。

Briggs–Haldane方程是另一种形式表示，有

$$r_P = \frac{k_{+2} c_{E_0} c_S}{\frac{k_{-1} + k_{+2}}{k_{+1}} + c_S} = \frac{r_{P,max} c_S}{K_m + c_S} \tag{7-5}$$

其中

$$K_m = \frac{k_{-1} + k_{+2}}{k_{+1}} = K_S + \frac{k_{+2}}{k_{+1}} \tag{7-6}$$

当$k_{+2} \leqslant k_{-1}$时，$K_m=K_S$，即生成产物的速率大大慢于酶底物复合物解离的速率，两种方程等效。

7.1.5　酶催化反应动力学参数的求取

酶催化反应动力学参数求取有多种方法。

（1）Lineweaker–Burk法（L–B法）：作图法，将M–M方程式（7–5）取倒数，$r_P=r_S$，得到

$$\frac{1}{r_S} = \frac{1}{r_{max}} + \frac{K_m}{r_{max}} \frac{1}{c_S} \tag{7-7}$$

以$1/r_s$对$1/c_S$作图得一直线，斜率为K_m/r_{max}，直线与纵轴交于$1/r_{max}$，与横轴交于$-1/K_m$。此法称双倒数图解法。

（2）Hanes-Woolf法（H-W法）：又称Langmuir法，用式（7-7）乘以c_S，得

$$\frac{c_s}{r_s}=\frac{K_m}{r_{max}}+\frac{c_s}{r_{max}} \tag{7-8}$$

以c_S/r_S对c_S作图，得一直线，斜率为$1/r_{max}$，直线与纵轴交点为K_m/r_{max}，与横轴交点为$-K_m$。

（3）Eadie-Hofstee法（E-H法）：式（7-7）乘以$r_S r_{max}$得

$$\frac{1}{r_s}=\frac{1}{r_{max}}+\frac{K_m}{r_{max}}\frac{1}{c_s}\quad,\qquad r_s=r_{max}-K_m\frac{r_s}{c_s} \tag{7-9}$$

Eadie-Hofstee法（E-H法）以r_S对r_S/C_S作图，得一直线，斜率为$-K_m$，与纵轴交点为r_{max}，与横轴交点为r_{max}/K_m。

（4）积分法：对式（7-7）积分，得

$$\frac{\ln\frac{c_{s_0}}{c_s}}{c_{s_0}-c_s}=\frac{r_{max}^{m}}{K_m}\frac{t}{c_{s_0}-c_s}-\frac{1}{K_m} \tag{7-10}$$

积分法也可以用于动力学方程参数实验确定。其计算原理基本相似，都是推导特定形式线性方程，通过在间歇釜、全混釜或者管式流反应器实验测定，再数学拟合求取参数，其中线性回归计算可用计算机软件来解决，4种线性图例如图7-3所示：

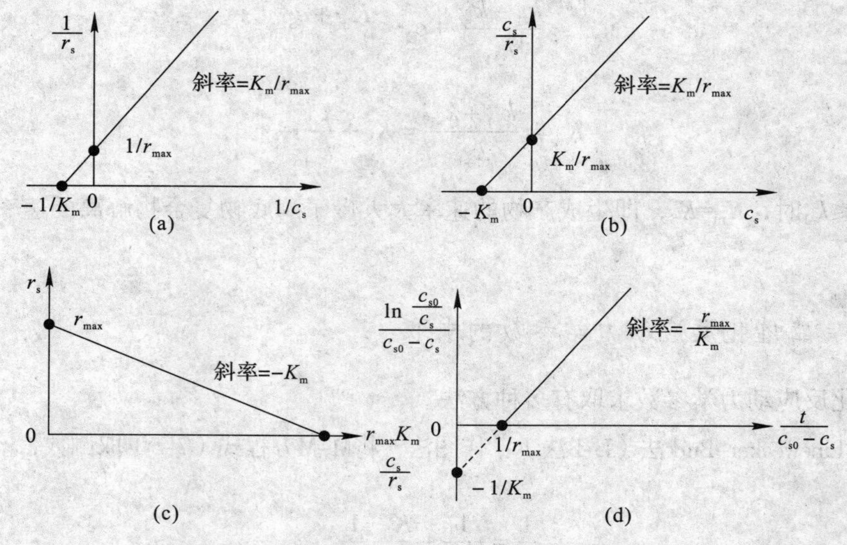

图7-3　应用直线作图法求取动力学参数

(a) L-B；(b) H-W法；(c)E-H法；(d) 积分法

7.1.6 抑制剂对酶促反应速率的影响

竞争性抑制剂和底物结构相类似，会与底物竞争酶的活性部位。若酶的活性部位先与底物结合，则抑制剂就不能再与之结合，反之亦然。酶与抑制剂形成非活性复合物，不能生成产物，只有将酶与抑制剂解离后，酶才能与底物反应。

1. 竞争性抑制动力学

$$\begin{cases} E+S \underset{k_{-1}}{\overset{k_1}{\rightleftharpoons}} [ES] \xrightarrow{k_2} E+P & (7\text{-}11) \\ E+I \underset{k_{-3}}{\overset{k_3}{\rightleftharpoons}} [EI] & (7\text{-}12) \end{cases}$$

式中I为抑制剂，[EI]为非活性复合物，有

$$c_{E_0}=c_E+c_{[ES]}+c_{[EI]} \tag{7-13}$$

根据稳态近似法，得

$$r_{SI}=\frac{r_{max}c_S}{K_m\left(1+\dfrac{c_I}{K_I}\right)}=\frac{r_{max}c_S}{K_{mI}+c_S} \tag{7-14}$$

对上式求取倒数得或以$1/r_{SI}$对$1/c_S$作图（见图7-4），可得到一直线，该直线的斜率为K_{mI}/r_{max}，与纵轴交点为$1/r_{max}$，与横轴交点为$-1/K_{mI}$。竞争性抑制的K_{mI}–c_I关系见图7-5。

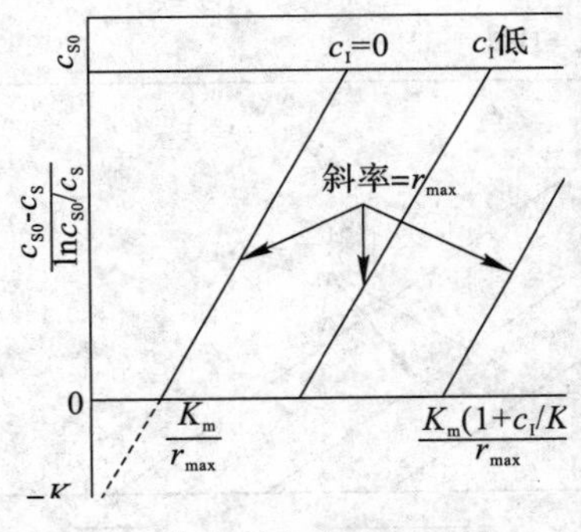

图7-4 竞争性抑制的L-B图

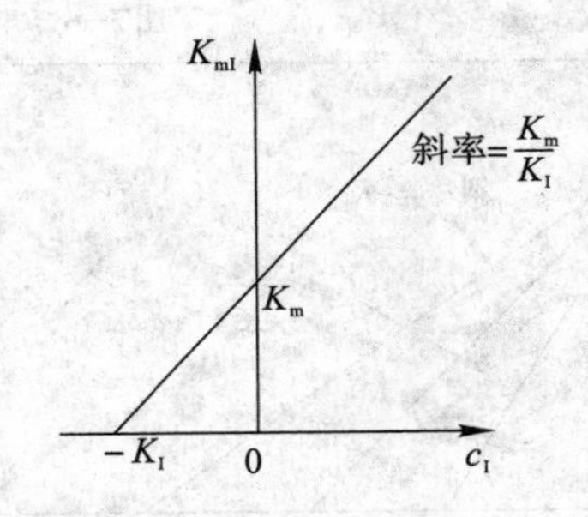

图7-5 竞争性抑制的K_{mI}与c_I关系图

2. 非竞争性抑制动力学

若抑制剂可在酶的活性部位以外与酶相结合，并且它的结合与酶和底物的结合没有竞争关系，则该抑制为非竞争性抑制。机理式为

$$\left.\begin{aligned} &E+S \underset{k_{-1}}{\overset{k_1}{\rightleftharpoons}} [ES] \xrightarrow{k_2} E+P \\ &E+I \underset{k_{-3}}{\overset{k_3}{\rightleftharpoons}} [EI] \end{aligned}\right\} \tag{7-15}$$

$$\left.\begin{aligned} &[ES]+I \underset{k_{-4}}{\overset{k_4}{\rightleftharpoons}} [SEI] \\ &[EI]+S \underset{k_{-5}}{\overset{k_5}{\rightleftharpoons}} [SEI] \end{aligned}\right\} \tag{7-16}$$

根据L–B作图法，可整理为

$$c_{E_0}=c_E+c_{[ES]}+c_{[EI]}+c_{[SEI]} \tag{7-17}$$

$$r_{SI}=k_{+2}c_{[ES]}=\frac{r_{max}c_S}{\left(1+\frac{c_I}{K_I}\right)(K_m+c_S)}=\frac{r_{I,max}c_S}{K_m+c_S} \tag{7-18}$$

$$\frac{1}{r_{SI}}=\frac{\left(1+\frac{c_I}{K_I}\right)}{r_{max}}+\frac{\left(1+\frac{c_I}{K_I}\right)K_m}{r_{max}}\frac{1}{c_s} \tag{7-19}$$

$$或\ \frac{1}{r_{SI}}=\frac{1}{r_{max}}+\frac{K_m}{r_{I,max}}\frac{1}{c_s} \tag{7-20}$$

应根据实验数据判别竞争性抑制和非竞争性抑制，如图7-6，图7-7，图7-8所示。

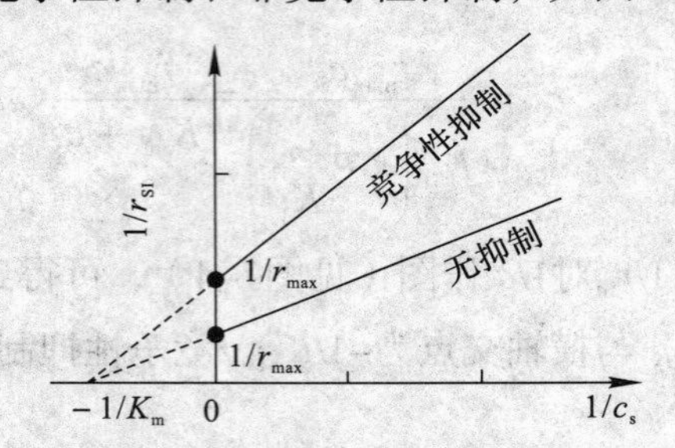

图7-6 非竞争性抑制的L-B图

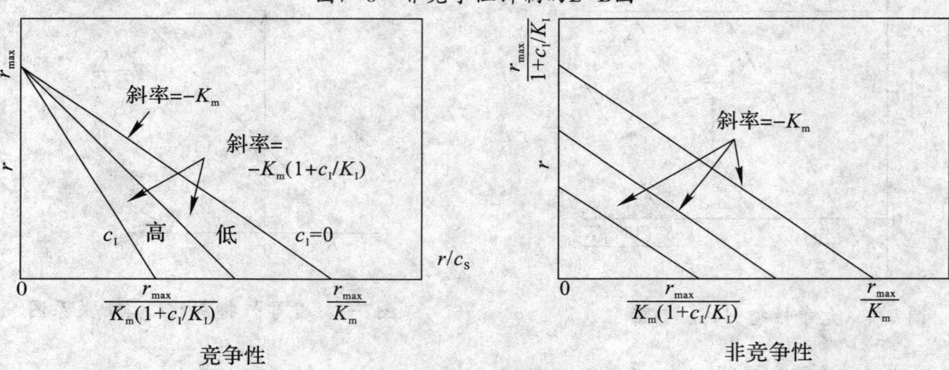

图7-7 竞争性抑制和非竞争性抑制的Eadic作图

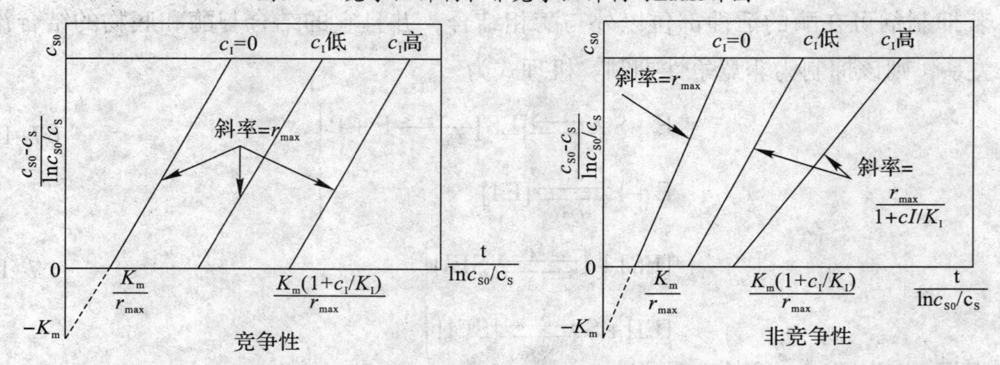

图7-8 从间歇反应数据作用求取竞争性抑制和非竞争性抑制的作图

3. 反竞争性抑制动力学

反竞争性抑制的特点是抑制剂不与游离酶结合，而只与复合物[ES]相结合生成无活性的端点复合物。机理式为

$$\left.\begin{aligned}&E+S\underset{k_{-1}}{\overset{k_{+1}}{\rightleftharpoons}}[ES]\xrightarrow{k_{+2}}E+P\\&[EI]+I\underset{k_{-3}}{\overset{k_{+3}}{\rightleftharpoons}}[SEI]\end{aligned}\right\}\tag{7-21}$$

$$r_{SI}=\frac{r_{max}c_s}{K_m+c_s\left(1+\dfrac{c_I}{K_I}\right)}\tag{7-22}$$

或

$$r_{SI}=\frac{r_{I,max}c_s}{K'_{mI}+c_s}\tag{7-23}$$

$$r_{I,max}=r_{max}\Big/\left(1+\frac{c_I}{K_I}\right)\tag{7-24}$$

$$K'_{mI}=K_m\Big/\left(1+\frac{c_I}{K_I}\right)\tag{7-25}$$

根据上述各定义式，可以推出：

$$\frac{r_{I,max}}{K'_{mI}}=\frac{r_{max}}{K_m}\tag{7-26}$$

根据L–B作图法（见图7–9），可改写为

$$\frac{1}{r_{SI}}=\frac{K_m}{r_{max}}\frac{1}{c_S}+\frac{1}{r_{max}}\left(1+\frac{c_I}{K_I}\right)\tag{7-27}$$

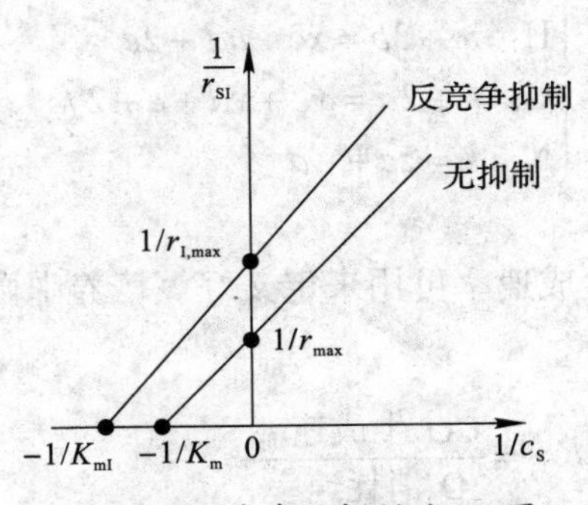

图7–9　反竞争性抑制的L–B图

对于生化反应器动力学方程建立，可参阅本书第二章相关内容。

7.2　微生物反应过程计量动力学

在微生物反应过程中，细菌、放线菌、变形菌、真菌、藻类和原生动物等微生物利

用酶催化剂进行复杂反应。影响反应的因素包括：营养物质如碳源、氮源、无机元素、微量营养素，还包括生长因素如维生素、氨基酸和嘌呤、嘧啶等；外界环境的最适生长温度、最高生长温度与最低生长温度等，并且温度因环境条件变化而变化；溶解氧与氧化还原电位E_h波动；最适生长的pH值变化；细菌还对水活度的外部湿度有要求。

微生物反应是生物化学反应，通常是在常温、常压下进行；原料多为自然种植农产品，来源丰富；易于生产复杂的活性高分子化合物；除产生产物外，菌体自身也可是一种产物。如果其本是富含维生素或蛋白质或酶等的有用产物时，也可用于提取这些物质；通过菌种改良，有可能使同一生产设备的生产能力大大提高；微生物反应是自催化反应。优点在于微生物常能分泌或诱导分泌有用的生物活性化学物质；容易筛选出分泌型突变株；微生物的生长速率快；微生物的代谢产物的产率较高等，原料来源农副产品属于绿色友好可持续化工领域。不足之处，产生副产物不可避免，微生物反应的因素实际控制难度大；生产前准备工作量大，相对化学反应器而言，反应器效率低。对于好氧反应，氧的利用率不高，故增加了生产成本；废水有较高BOD值也会形成污染。

虽然反应组分机理多途径复杂，但一般发酵过程仍遵循物质守恒定律，可用下式表示：

式中CH_mO_n为碳源的元素组成，$CH_xO_yN_z$是细胞的元素组成，$CH_uO_vN_w$为产物的元素组成。下标m，n，u，v，w，x，y，z分别代表与一碳原子相对应的氢、氧、氮的原子数，对各元素做元素平衡，得到如下方程：

$$CH_mO_n+aO_2+bNH_3 \longrightarrow cCH_xO_yN_z+dCH_uO_vN_w+eH_2O+fCO_2 \tag{7-28}$$

碳源+氮源+氧=菌体+有机产物+CO_2+H_2O

$$\begin{cases} \text{C：} 1=c+d+f \\ \text{H：} m+3b=xc+ud+2e \\ \text{O：} n+2a=yc+vd+e+2f \\ \text{N：} b=zc+wd \end{cases}$$

O_2的消耗速率与CO_2的生成速率可用来定义好氧培养中微生物生物代谢机能的重要指标之一的呼吸熵，有

$$R_{O_2}=\frac{CO_2\text{生成速率}}{O_2\text{消耗速率}} \tag{7-29}$$

得率系数又称宏观产率系数，常用$Y_{i/j}$表示，其中i表示细胞或产物，j表示底物。得率系数是对碳源等物质生成细胞或其他产物的潜力进行定量评价的重要参数。消耗1g基质生成细胞的克数称为细胞得率或称生长得率$Y_{x/s}$，有

$$Y_{x/s}=\frac{\text{生成细胞的质量}}{\text{消耗基质的质量}}=\frac{\Delta X}{-\Delta S} \tag{7-30}$$

碳元素相关的细胞得率Y_C可由下式表示：

$$Y_C=\frac{细胞生产量\times细胞含碳量}{基质消耗量\times基质含碳量}=Y_{x/s}\frac{X_C}{S_C} \tag{7-31}$$

式中X_C和S_C分别为单位质量细胞和单位质量基质中所含碳源素量。Y_C值一般小于1，为0.4～0.9。还可以Y_{ATP}为相对于基质的ATP生成得率（molATP/mol基质）表示，Ms为基质的分子量

$$Y_{ATP}=\frac{\Delta X}{\Delta ATP}\left[g-cell/\mathrm{mol}-ATP\right]=\frac{Y_{X/S}M_S}{Y_{ATP/S}} \tag{7-32}$$

7.2.1 微生物反应动力学

平衡生长条件下微生物细胞的生长速率的定义式为

$$r_x=\frac{\mathrm{d}X}{\mathrm{d}t}=\mu X \tag{7-33}$$

式中X为微生物的浓度，μ为微生物的比生长速率，其除受细胞自身遗传信息支配外，还受环境因素所影响。

基质消耗动力学：

以菌体得率为媒介，可确定基质的消耗速率与生长速率的关系。基质的消耗速率r_S可表示为

$$-r_s=\frac{\mathrm{d}S}{\mathrm{d}t}=\frac{r_x}{Y_{x/s}} \tag{7-34}$$

基质的消耗速率被菌体量除称之为基质的比消耗速率，以希腊字母γ来表示，即

$$\gamma=\frac{r_s}{X} \tag{7-35}$$

$$-\gamma=\frac{\mu}{Y_{x/s}} \tag{7-36}$$

$$-\gamma=\frac{\mu_{\max}}{Y_{x/s}}\cdot\frac{S}{K_s+S}=\left(-\gamma_{\max}\right)\cdot\frac{S}{K_s+S} \tag{7-37}$$

碳源总消耗速率=用于生长+用于维持代谢：

$$-r_s=\frac{r_s}{Y_G}+mX \tag{7-38}$$

氧作为一种基质，其消耗速率与生长速率为

$$r_{O_2}=\frac{\mathrm{d}c}{\mathrm{d}t}=-\frac{r_x}{Y_{x/o}} \tag{7-39}$$

代谢产物的生成动力学：

代谢产物有分泌于培养液中的，也有保留在细胞内的，探讨生成速率的数学模型时

有必要区分这两种情况。生长速率和基质消耗速率相同，当以体积为基准时，称为代谢产物的生成速率，有

$$r_P = \frac{dP}{dt} = Y_{P/X}\frac{dX}{dt} = -Y_{P/S}\frac{dS}{dt} \tag{7-40}$$

若为以单位重量为基准时，产物的比生成速率，有

$$\pi = \frac{1}{X}\frac{dP}{dt} = Y_{P/X}\mu = -Y_{P/S}\gamma \tag{7-41}$$

根据产物生成速率与细胞生成速率之间的关系，将其模型分成3种类型。

（1）相关模型。是指产物生成与细胞生长呈相关的过程。产物是细胞能量代谢的结果，通常是基质的分解代谢产物。例如：乙醇、葡萄糖酸等。

（2）部分相关模型。反应产物生成与基质消耗只有间接的关系。产物是能量代谢的间接结果。在细胞生长期内，基本无产物生成。属于这类的产品有柠檬酸和氨基酸的生产等。

（3）非相关模型。产物的生成与细胞的生长无直接关系。在微生物生长阶段，无产物积累，细胞停止生长，产物却大量生成。属于这类的有青霉素等二级代谢产物的生产。

由于篇幅所限，微生物反应动力学只作简单概念介绍，其他还可参考相关书籍文献。

例7-1 葡萄糖为碳源，NH_3为氮源，进行某种细菌好氧培养，消耗的葡萄糖中2/3碳源转化为细胞中的碳。反应式为

$$C_6H_{12}O_6 + aO_2 + bNH_3 \longrightarrow c(C_{4.4}H_{7.3}N_{0.86}O_{1.2}) + dH_2O + eCO_2$$

计算上述反应中得率系数$Y_{X/S}$和$Y_{X/O}$。

解 1mol葡萄糖中含有碳为72g，转化为细胞内的碳为72×2/3=48(g)，得

$$c=48/(4.4\times 12)=0.91$$

转化为CO_2的碳量为：72−48=24(g)，得e=24/12=2

N平衡：$14b=0.86c\times 14$ 得 $b=0.78$

H平衡：$12+3b=7.3c+2d$ 得 $d=3.85$

O平衡：$6\times 16+2\times 16a=1.2\times 16c+2\times 16e+16d$ 得 $a=1.47$

消耗1mol葡萄糖生成的菌体量：

$0.91\times(4.4\times 12+7.3\times 1+0.86\times 14+1.2\times 16)$ =81.3(g)

$Y_{x/s}$=83.1/180=0.46(g/g)　$Y_{x/o}$=83.1/(1.47×32)=1.77(g/g)

7.3 生物化工反应器

生物反应器是实现生物技术产品的关键设备。生物反应体系中独有特性问题有流变学特性、氧的传递与微生物呼吸、体积溶氧系数及相关因素、溶氧方程及溶氧速率调节

等；酶反应器及设计、机械搅拌式发酵罐及设计、气升式生化反应器设计、生物废水处理设备及动植物细胞培养用反应器等；分批、流加和连续式操作，及动植物细胞培养技术等。生物反应过程的放大同样涉及反应器的分析设计计算，一般要先分析各种类型生物反应的内在规律；从概念上注意与相关学科的区别；要全面、深入地看待问题特征；确立评价生物反应过程的参数。

7.3.1　生化反应器分类

生化反应器存在多种类型，可按不同标准分类按照操作方式分生化反应器分为以下5种。

（1）分批式操作。是指基质一次性加入反应器内，在适宜条件下将微生物菌种接入，反应完成后将全部反应物料取出的操作方式。

（2）反复分批式操作。是指分批操作完成后，取出部分反应物料，剩余部分重新加入一定量的基质，再按照分批式操作方式，反复进行。这样还有助于减少污染，因此应用最为广泛。

（3）半分批式操作。又称流加操作，是指先将一定量基质加入反应器内，在适宜条件下将微生物菌种接入反应器中，反应开始，反应过程中将特定的限制性基质按照一定要求加入到反应器内，以控制限制性基质保持一定，当反应终止时取出反应物料的操作方式。酵母、淀粉酶、某些氨基酸和抗生素等采用这种方式进行生产。

（4）反复半分批式操作。指流加操作完成后，不全部取出反应物料，剩余部分重新加入一定量的基质，再按照流加操作方式进行，反复进行。

（5）连续式操作。指在分批式操作进行到一定程度，一方面将基质连续不断地加入反应器内，另一方面又把反应物料连续不断的取出，使反应条件不随时间变化的定态操作方式。环保产业活性污泥法处理废水、微生物固定化反应等多采用连续式操作。

按照生物催化剂使用方式不同，生物反应器分为酶反应器和细胞生化反应器。酶反应器相对比较简单，酶促反应与一般的化学催化反应相同，在反应的过程中酶本身无变化；细胞生化反应器相对比较复杂，因涉及避免外界各种杂菌污染、有适应细胞生长繁殖以及维持其活性的要求。

还可以按照生化反应器的结构特征分为釜式、管式、塔式、膜式等。按反应器所需能量的输入方式分为液体循环、机械搅拌及气升式等生化反应器。按生物催化剂在反应器中的分布方式分为生物团块反应器和生物膜反应器等。

7.3.2　典型生物反应器

生物反应器流动模型同样也分为理想反应器——活塞流和全混流反应器，以及非理想反应器。此处仅介绍几种常见生化反应器。

（1）机械搅拌通用型。这是一种利用机械搅拌的高速旋转而吸入空气的发酵罐，适用范围广泛。它无需其他气源供应压缩空气。被应用于抗生素、维生素、有机酸、酶制剂、酵母等发酵。优点是利用机械搅拌的抽吸作用将空气吸入反应器内，达到搅拌又通风的目的，省去了压缩机。缺点：吸程受阻，必须采用低阻力的空气除菌装置；因空气直接吸入反应器内，不适宜无菌要求较高的发酵；因进罐空气处于负压，增加了染菌的机会；因搅拌器转速高对细胞剪切损伤也大，不适于培养对剪切敏感的细胞，放大困难。

各种新型高效搅拌型反应器为克服上述不足应运而生，如Waldhof型通气搅拌釜、多层桨搅拌釜，气体自吸式搅拌釜和横行搅拌釜等。相对而言，多层桨搅拌釜能耗高，传质系数低，而自吸式能耗低，氧传递效率高，已在工业上得到应用。性能最好的属横向搅拌釜，但其结构较为复杂（见图7-10）。

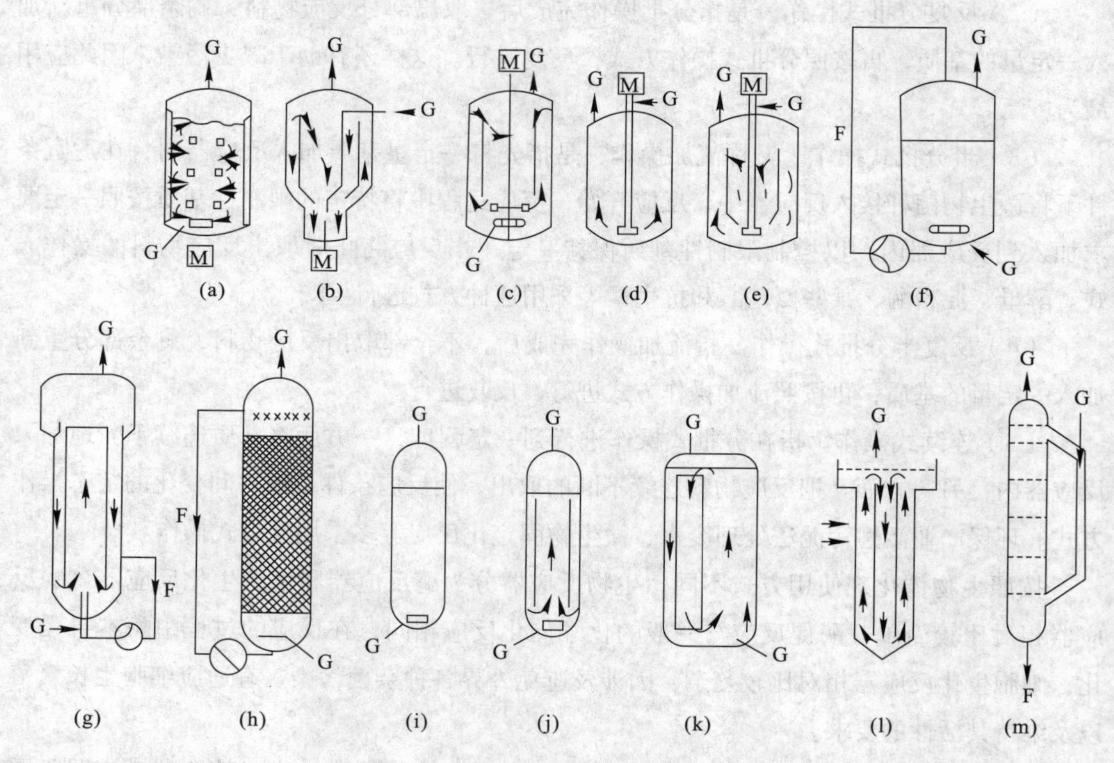

图7-10　几种细胞反应器示意

M—电动机；G—气体；F—发酵液(a)通用式；(b)，(c)伍式；(d)自吸式；(e)强制循环式；(f)泵循环式；(g)泵循环自吸式；(h)填充塔式；(i)气泡塔式；(j)环隙式升式；(k)内循环式；(l)保柱式；(m)外循环式

（2）气体提升型。气体提升型生化反应器是利用气体喷射的功率，以及气-液混合物与液体的密度差来使气液循环流动的。可强化传质、传热和混合。

内循环式的结构比较紧凑，多段导流筒可用以加强局部及总体循环；导流筒内还可以安装筛板，改善气体分布，并可抑制液体循环速度。外循环式可在液管内安装热器以加强传热，更有利于塔顶及塔底物料的混合与循环。

该类生化反应器的特点是传质和传热效果好，易于放大，结构简单，不易感染细菌，剪切应力分布均匀。

（3）液体喷射环流型。液体喷射环流型反应器有多种形式。它们是利用泵的喷射作用使液体循环，并使液体与气体间进行动量传递到充分混合。该类反应器有正喷式和倒喷式两类。

其特点是气液间接触面积大，混合均匀，传质、传热效果好和易于放大。

（4）固定床生化反应器。固定床生化反应器。主要用于固定化生物催化剂反应系统。根据物料流向的不同，可分为顺流式和逆流式两类。其特点是可连续操作，返混小，固定化生物催化剂不易磨损，底物利用率高。

（5）流化床生化反应器。多用于底物为固体颗粒，或有固定化生物催化剂参与的反应系统。该类反应器由于混合程度高，所以传质和传热效果好，但有产物抑制的反应系统不适用。为改善其返混程度，现又出现了磁场流化床反应器，加入磁场物质在固定化生物催化剂中，使流化床在磁场下操作。

（6）膜反应器。是将酶或微生物细胞固定在多孔膜上，当底物通过膜时，即可进行酶催化反应。由于小分子产物可透过膜与底部分离，从而可防止产物对酶的抑制作用。这种反应与分离过程耦合的反应器，简化了工艺过程。

总之生化反应器类型很多，应用时应根据具体的生化反应特点和工艺要求选取。

生化反应器的设计计算，反应器设计的基本方程与其他领域类似：

① 描述浓度变化的物料衡算式——质量守恒定律；

②描述温度变化的能量衡算式，或称为能量方程——能量守恒定律；

③描述压力变化的动量衡算式——动量守恒定律。

但是首先需要确定变量和计算体积元。重点研究的是微元体内大量的分子和大量细胞的反应行为以及微元体间的物质、能量传递的宏观规律，而不是研究个别分子和个别细胞的行为。目前设计计算已经有成熟的计算机软件来完成。一些已经在应用的生物反应器实例见表7-2和图7-11。

表7-2　生物化学反应器的类型

类　型	例　子	反应器	产　出
均一酶反应器	淀粉水解	连续	提纯
固定化酶反应器	葡萄糖制果糖	连续	处理和提纯
发酵罐			
细菌	废水处理	系列CSTRs	处理

续表

类　型	例　子	反应器	产　出
酵母	啤酒和红酒	间歇	净化
	燃料乙醇	CSTR	蒸馏
	制作面包	间歇	烧烤和吃
真菌	柠檬酸	CSTR	萃取
植物细胞			爆裂细胞和提取
哺乳动物细胞			爆裂细胞和提取
有氧发酵罐	醋		蒸发
动物	人类生长激素	猪	从血液提取
	凝血素	牛	从牛奶提取
植物	生物降解聚合物	农作物	从植物提取

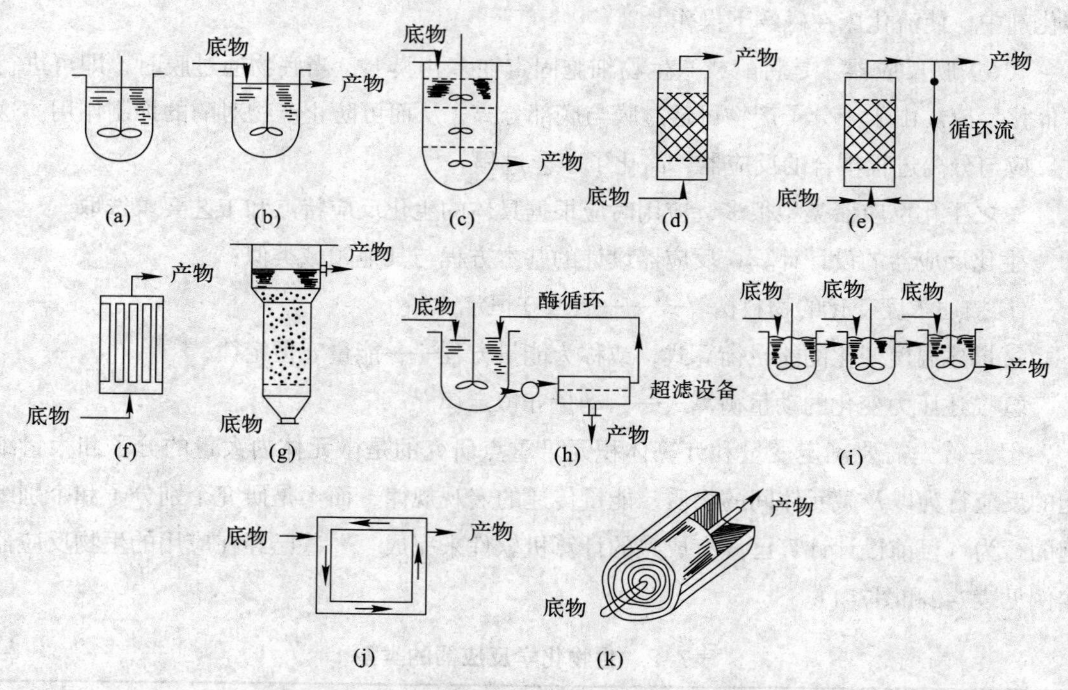

图7-11　几种酶生物反应器及操作方式示意

(a)间歇式搅拌罐；(b)连续式搅拌罐；(c)多级连续搅拌罐；(d)填充式(固定床)；(e)带循环的固定床；(f)列管式固定床；(g)流化床；(h)搅拌罐-超滤器联合装置；(i)多釜串联半连续操作；(j)环流反应器；(k)螺旋卷式生物膜反应器。

7.4　人体生物反应器

人体就是一个精密的生化反应器。

1. 食物处理系统（见图7-12）

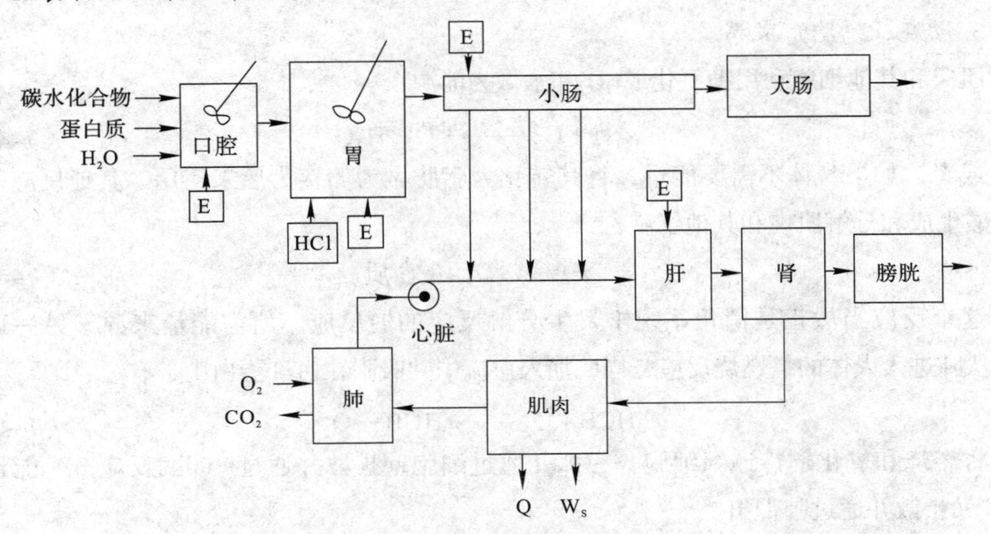

图7-12　食物处理系统

人体这一食物和水加工反应器系统，具有半间歇进料、连续化学反应器和半间歇排泄等特点。每周期8h左右，食物在嘴中咀嚼成小颗粒固体并进入胃中，在胃中食物进一步与水混合、唾液酸化并与酶混合，食物在其中开始反应成小粒子和分子。食物在胃（体积约为0.5L）中混合，但其进料是半间歇的，所以我们将其描述为非稳态CSTR。

接着酸化的食物进入小肠（直径为24mm、长约为6m的反应器），在其中食物被中和，并与来自胰腺的酶充分混合。这是人体的主要化学反应器，与神秘的酶和大肠杆菌催化剂一起运行。

在胃和小肠中的反应主要是切断碳水化合物和将糖分解成单糖：

$$C_{12}H_{22}O_{11} \longrightarrow 2C_6H_{12}O_6 \qquad (7\text{-}42)$$

并将蛋白质分解成氨基酸，这是将氨基酸键断裂成氨基酸和羟基酸。细菌将大的蛋白质和复杂碳水化合物分解切断成足够小的能够反应的分子。这些反应都是由酸、碱和酶催化的。

蠕动是大肠泵来维持合适的速度以强化混合，这个反应器可近似描述为柱塞流，尽管细菌的返混在保持其驻留在反应器中是很重要的。

小肠的表面对水和小分子如蛋白质断裂产生的氨基酸和碳水化合物断裂产生的糖是可渗透的，所以这个系统是反应器和分离器的组合，是一个膜反应器。最后，没有消化的食物经过大肠，在这里排出反应器之前，更多的水和无机盐通过可渗透肠壁被移除回收。

2. 循环系统

氨基酸、糖和矿物质通过小肠进入循环系统，在这里他们与血液混合。处理血液的基本反应器器官是肌肉和肾、流体通过动脉、静脉和毛细血管几乎近似全循环流动，动脉和静脉是系统中的基本管道，发生传入和传出反应器和分离器的地方是毛细血管。

3. 燃烧及细胞形成系统

肌肉和其他细胞利用糖氧化成CO_2和水做为能源：

$$\text{糖} + O_2 \longrightarrow CO_2 + H_2O \tag{7-43}$$

或者，如果身体不需要能量，将其转化为脂肪做为储存为后来使用。其他反应是由氨基酸生成和分解肌肉和其他细胞：

$$\text{氨基酸} \longrightarrow \text{蛋白质} \tag{7-44}$$

这个反应当然正是消化系统中发生分解反应的逆反应。所需能量来源于另一进料流，从肺进入人体的氧燃烧反应，当O_2加入血流中并吸附在血红蛋白中，有

$$HCB + O_2 \longrightarrow HGB—O_2 \tag{7-45}$$

将燃烧和氧化剂传递给细胞，在那儿通过细胞壁扩散并通过ATP酶反应产生能量和CO_2，又扩散并通过肺带出。

肺是气–液分离单元，其中O_2被传递进体内，氧化产物CO_2被移除。

细胞是通过将氨基酸结合回蛋白质而生成的，主要在细胞内。这个过程采用RNA模板催化剂，它是由DNA产生，并“表达”的遗传复制生物器官的关键物质。酶催化剂也是具有催化特定反应结构的蛋白质，这些分子根据需要连续地生成和分解。

废物（细胞只能活几个小时到几天）返回血液中，它们通过肝脏携带，肝脏是循环系统中另外的主要化学反应器，在此酶附着在肝脏表面，进一步将分解产物分子反应成更小的能通过人体主要过滤器——肾脏的分子。液体废物和过剩的水被储存在膀胱中直到需要重复利用或排放为止。

循环系统几乎是连续的，有许多短时间和长时间的恒定非稳态，这取决于年龄、活动、一天中的时段等。

这些反应器系统的每一部分都可以用停留时间或时间常数来描述。例如，可为食物通过消化系统的时间，或为血液的循环时间。也可以为药物和酒精的消耗和代谢通过血流和组织中的浓度瞬时值来描述。

4. 人体工厂

这些化学反应器系统当然是受控于高级的大脑和智能信号。人体是一个效率非常差的生产原料的工厂（尽管养鸡场生产1kg肉需要消耗3kg左右的谷物）。

然而，生理体系的基本目的不是增加单体的体积而是产生极少量能自我复制的功能

器官。生物体系能复制的能力涉及另一套复杂的化学反应器。

另一种考察生理系统的方式不是按反应器而是按一个工厂来进行，这个工厂包括控制室（有自己的超级计算机）、餐厅、娱乐设施，当然还有建设一个新化学工厂的设施用于一旦现有的部分腐蚀或荒废后重建之用。

化工技术追求按着自然的方式运行和控制化学反应器，为运行和控制“理想反应器”提供参考模式，这种理想运作反应器可视作化工工程师所掌握的理论知识来建设的原始反应器的复制品。

习 题

1. 简述生化反应工程的研究范畴。

2. 简述酶催化反应的特点及其影响因素。

3. 什么是（M–M）米式方程？什么是米氏常数？米氏常数的意义是什么？

4. 何谓酶的竞争性抑制和非竞争性抑制？试用竞争性抑制的作用原理阐明药物能抑制细菌生长的机理。

5. 试分析生物反应器分批式操作，半分批式操作，连续式操作的优缺点。

第8章　聚合反应工程

高分子化合物是以煤、石油、天然气等为起始原料制得低分子有机化合物，再经聚合反应而制成的。这些低分子化合物称为“单体”，经聚合反应而生成的高分子化合物又称为高聚物。聚合反应工程(polymerization reaction engineering)是化学反应工程的一个分支，是高分子化学、聚合物工艺和化学工程间产生的边缘科学。它以工业聚合过程为主要对象，以聚合动力学和传递过程（包括流动、传热和传质）理论为基础，研究聚合反应器的设计、操作和优化诸问题。其中聚合反应物质量（性能）与聚合方法、操作方法、反应器型式密切相关。

高聚物流体一般是非牛顿流体，在流动过程还有物态的变化。反应机理复杂和非牛顿流体力学交织；对结构与性能与反应过程理论规律认识不足；反应器影响反应结果的理论知识，由于数据和参数的复杂性而认识不清。这是聚合反应工程面临的一系列独特问题。

8.1　聚合反应基本概念

高分子化合物的分子比低分子有机化合物的分子大得多。高分子化合物的相对分子质量很大，在物理、化学和力学性能上与低分子化合物有显著差异。一般有机化合物的相对分子质量不超过1 000，而高分子化合物的相对分子质量可高达低分子化合物的$10^4\sim10^6$倍。

高分子化合物的组成并不复杂，分子往往都是由特定的结构单元通过共价键多次重复循环连接而成。同一种高分子化合物的分子链所含的链节数并不相同，高分子化合物实质上是由许多相同链节结构组成。聚合度不同的化合物所组成的混合物，其相对分子质量与聚合度都是平均值。聚合物相对分子质量可以有多种表示方式，数均相对分子质量、重均相对分子质量、黏均相对分子质量等都有相应的不同公式表达形式。而聚合物相对分子质量与其性质密切相关，因此研究聚合反应工程目的之一是如何采用特定反应器类型获得要求相对分子质量的聚合物。以相对分子质量“分布指数”表示，即重均相对分子质量与数均相对分子质量的比值（M_w/M_n）：

M_w/M_n	分子量分布情况
1	均一分布
接近1（1.5~2）	分布较窄
远离1（20~50）	分布较宽

数均聚合度：平均每一高聚物分子中的单体个数。

高分子化合物常温下几乎无挥发性，以固态或液态存在。固态高聚物按其微观结构形态可分为晶态和非晶态。前者分子排列规整有序，而后者分子排列无规则。同一种高分子化合物可以兼具晶态和非晶态两种结构。合成树脂大多数都是非晶态结构。其流动时为非牛顿流体形态。

8.2 聚合反应动力学特点

高分子链的原子之间是以共价键相结合的，一般高分子链具有链型和体型两种不同的形状。

从聚合反应动力学来看，聚合反应主要有两大类，一是链式聚合反应，如烯烃类单体的加成聚合，简称加聚。二是逐步聚合反应，如双官能团的二元酸与二元胺间的缩合聚合，简称缩聚。

由一种或多种单体相互加成，结合为高分子化合物的反应，叫作加聚反应。在该反应过程中不产生其他副产物，生成的聚合物的化学组成与单体的基本相同。

缩聚反应是指由一种或多种单体互相缩合生成高聚物，同时析出其他低分子化合物（如水、氨、醇、卤化氢等）的反应。缩聚反应生成的高聚物的化学组成与单体的不同。高分子从相对分子质量到组成，从结构到性能，从合成到应用，都有其自身的规律。

单体聚合成为高分子的反应。只用一种单体进行聚合者称为均聚反应，也称聚合反应。当单体聚合生成相对分子质量较小的低聚物时则称低聚合反应，产物称低聚物。当两种或两种以上的单体一起聚合则称共聚合，产物称共聚物。

1.链式聚合与逐步聚合有以下区别：

①单体的消失（用转化率%表示）与聚合时间的关系：在逐步聚合反应中，所有单体的不同官能团之间都能进行反应，因此单体很快消失，这时的转化率要用单体官能团的反应程度p来表示，它们之间的关系为转化率P=100%。而在链式聚合反应中，单体是逐渐消失的。

②聚合物的平均聚合度与转化率的关系：在链式聚合反应中平均聚合度与转化率基本上没有依赖关系。在逐步聚合反应中，转化率＜80%时只形成低聚物；只有转化率＞98%时，才能形成高聚物。没有链终止和链转移的负离子聚合能形成的高分子，此时相对分子

质量随转化率的增加而增大。

③从反应热及活化能来比较：链式聚合反应热较大，在20~30kcal/mol之间，所以聚合最高反应温度T_c很高，在200~300℃之间，在一般聚合温度下，可以认为它是不可逆反应。链式聚合反应的链增长活化能很小，在5kcal/mol左右，因此只要引发剂产生自由基，链增长即迅速进行，能一秒钟左右形成约为1 000的长链高分子。但在逐步聚合(如聚酰胺和聚酯)中，反应热只有5kcal/mol左右，它们的T_c低至40~50℃。一般温度下它是可逆反应，化学平衡既依赖于温度，又依赖于小分子副产物的浓度。逐步聚合反应的链增长活化能在15kcal/mol左右，所以聚合反应必须用高温，为降低反应温度，往往要采用催化剂，为除去小分子副产物，一般在高真空下反应。

8.3　聚合反应动力学分类分析

根据反应机理的不同，聚合反应可分为连锁聚合和逐步聚合。

连锁聚合反应又可分为离子型溶液聚合、自由基聚合和逐步聚合反应。其中离子型溶液聚合与自由基聚合的相同点是两者都是连锁反应；不同点是单体一个是离子对，另一个是自由基。以下分别对于其动力学和分子量分布予以探讨。

8.3.1　连锁聚合反应动力学

1.自由基聚合反应动力学

自由基聚合反应动力学主要研究聚合初期（通常转化率在5%以下）聚合速率与引发剂浓度、单体浓度、温度等参数间的定量关系。由于组成自由基聚合的三步主要基元反应：链引发、链增长和链终止对总聚合速率均有贡献；链转移反应一般不影响聚合速率。所以聚合反应总的动力学方程的建立过程为：首先从自由基聚合反应的3个基元反应的动力学方程推导出发，再依据等活性、长链和稳态3个基本假设推导出总方程。

（1）链引发反应包括以下两步：

①引发剂分解成初级自由基：

$$I \xrightarrow{k_d} 2R\cdot \tag{8-1}$$

②初级自由基同单体加成形成单体自由基：

$$R^{+}M \xrightarrow{k_1} RM\cdot \tag{8-2}$$

由于引发剂分解为吸热反应，活化能高，生成单体自由基的反应为放热反应，活化能低，单体自由基的生成速率远大于引发剂分解速率，因此，引发速率一般仅取决于初级自由基的生成速率，而与单体浓度无关。

引发速率（即初级自由基的生成速率）R_i:

$$R_i=d[R\cdot]/dt=2k_d[I] \qquad (8\text{–}3)$$

由于诱导分解和/或笼蔽效应伴随的副反应，初级自由基或分解的引发剂并不全部参加引发反应，故需引入引发剂效率f，有

$$R_i=d[R\cdot]/dt=2fk_d[I] \qquad (8\text{–}4)$$

其中，I—引发剂；M—单体；[ ]—浓度；$R^{\cdot}$—初级自由基；d—分解；k—速率常数；i—引发。

k_d:10^{-4}~$10^{-6}s^{-1}$；f:0.6~0.8；R_i:10^{-8}~10^{-10}mol/（Ls）

（2）链增长速率方程：

$$RM\cdot \xrightarrow{+M} RM_2\cdot \longrightarrow RM_3\cdot \longrightarrow \cdots RM_x\cdot \qquad (8\text{–}5)$$

推导自由基聚合动力学方程的第一个假定：

链自由基活性与链长无关，各步速率常数相等，即等活性理论：

$$k_{P1}= k_{P2}= k_{P3}= k_{P4}=\cdots k_{Px}= k_P \qquad (8\text{–}6)$$

令自由基浓度[M·]代表大小不等的自由基RM^+，RM^{2+}，RM^{3+}，…RM^{x+}浓度的总和，则总和链增长速率方程可写成：

$$R_P=-\left(\frac{d[M]}{dt}\right)_P=k_P[M]\Sigma[RM_i\cdot]=k_P[M][M\cdot] \qquad (8\text{–}7)$$

（3）链终止速率方程：

链终止速率即自由基消失效率，以R_t表示。

链终止方式分为偶合和歧化两种终止方式。

偶合终止：

$$M_x\cdot+M_y\cdot\rightarrow M_{x+y} \qquad R_{t_c}=2k_{t_c}[M\cdot]^2 \qquad (8\text{–}8)$$

歧化终止：

$$M_x\cdot+M_y\cdot\rightarrow M_x+M_y \qquad R_{t_d}=2k_{t_d}[M\cdot]^2 \qquad (8\text{–}9)$$

终止总速率：

$$R_t\equiv\frac{d\left[M\cdot\right]}{dt}=2k_t\,[M\cdot]^2 \qquad (8\text{–}10)$$

式中：　t—终止；

t_c—偶合终止；

t_d—歧化终止。

推导自由基聚合动力学方程的第二个假定：稳定状态在聚合过程中，链增长的过程并不改变自由基的浓度。链引发和链终止这两个相反的过程在某一时刻达到平衡，体系处于“稳定状态”；或者说引发速率和终止速率相等，R_i=R_t，构成动态平衡，这在动力学上称作稳态处理。把R_i=R_t代入式，得　$R_t=\frac{d\left[M\cdot\right]}{dt}=2k_t\left[M\cdot\right]^2$

（4）聚合总速率的推导：

①聚合总速率通常以单体消耗速率（–d[M]/dt）表示。

推导自由基聚合动力学方程的第三个假定：高聚合度自由基聚合，三步主要基元反应中，链引发和链增长这两步都消耗单体，高分子聚合度很大，用于引发的单体相对远远少于增长消耗的单体，即$R_i \ll R_t$，可忽略不计，聚合总速率就等于链增长速率，即

$$R \equiv -\frac{d[M]}{dt} = R_i + R_p = R_P \qquad (8\text{–}11)$$

将稳定态时自由基浓度代入，得总聚合速率的普适方程（适合于引发剂、为光、热和辐射等作用引发的聚合反应）：

$$R = R_p = k_p[M]\left(\frac{R_i}{2k_t}\right)^{1/2} \qquad (8\text{–}12)$$

② 引发剂引发的自由基聚合反应的总聚合速率。

将引发速率式代入得

$$R_p = k_p\left(\frac{fk_d}{k_t}\right)^{1/2}[I]^{1/2}[M] \qquad (8\text{–}13)$$

总聚合速率常数k有

$$k = k_p\left(fk_d / k_t\right)^{1/2} \qquad (8\text{–}14)$$

$$R_p = k[M][I]^{1/2} \qquad (8\text{–}15)$$

③若假设以下条件成立：

a．由于聚合动力学的研究在聚合初期（通常转化率在5%～10%以下），各速率常数可视为恒定；

b．引发剂的活性较低，在短时间内其浓度变化不大，也可视为常数；

c．引发剂效率和单体浓度无关。

则式（8–13）中总聚合速率只随单体浓度的改变而变化，将式（8–13）积分可得

$$R_p = -\frac{d[M]}{dt} = k_p\left(\frac{fk_d}{k_t}\right)^{1/2}[I]^{1/2}[M] \longrightarrow l\,\frac{[M]_0}{[M]} = k_p\left(\frac{fk_d}{k_t}\right)^{1/2}[I]^{1/2}t \qquad (8\text{–}16)$$

以$\ln[M]_0/[M]$对作图，若得一直线，则表明聚合速率与单体浓度呈一级关系。

d．注意：上述式(8–13)微观动力学方程是在满足以下两个条件为前提，链转移反应对聚合速率没有影响；单体自由基形成速率很快，对引发速率没有显著影响并且有如下假定推导出来的：单体等活性理论；过渡中间体存在稳定态；聚合度很大。篇幅所限，不再赘述，可以参考相关书籍文献。

（5）不同类型理想反应器聚合反应分析。

引发剂引发，双基终止聚合反应速率即：

间歇操作及平推流反应器

$$r=-\frac{d[M]}{dt}=k_p(\frac{2fk_d}{k_t})^{1/2}[I]^{1/2}[M] \tag{8-17}$$

初始条件：$t=0$，$[M]=[M]_0$，积分整理得：

$$[M]/[M]_0=1-\chi=\exp[-k_p(2fk_d[I]/k_t)^{\frac{1}{2}}t] \tag{8-18}$$

间歇操作及平推流反应器和连续全混釜转化率：

$$\chi=1-\exp[-k_p(2fk_d[I]/k_t)^{1/2}t] \tag{8-19}$$

进行物料衡算：

$$[M]_0-[M]=rt=k_p(2fk_d[I]/k_t)^{1/2}[M]t \tag{8-20}$$

整理得

$$\chi=1-[M]/[M]_0=1-\frac{1}{1+k_p(2fk_d[1]/k_t)^{1/2}t} \tag{8-21}$$

那么对于间歇，平推流反应器：

$$\chi=1-\frac{1}{1+k_p(k_i/k_t)^{1/2}[M]_0t} \tag{8-22}$$

连续全混釜反应器：

$$\chi=1+\frac{1-[1+4k_p(k_i/k_t)^{1/2}[M]_0t]^{1/2}}{2k_p(k_i/k_t)^{1/2}[M]_0t} \tag{8-23}$$

聚合度及其分布也会不同。

（1）间歇或平推流平均聚合度：

$$\overline{P}_n=([M]_0-[M])/\int_{[M]_0}^{[M]}\frac{1}{\overline{p}_n}d[M]=x/\int_0^{\chi}\frac{1}{\overline{p}_n}d\chi \tag{8-24}$$

$$\overline{P}_w=1/x\int_0^{\chi}\overline{p}_w d\chi \tag{8-25}$$

数均聚合度分布函数：

$$F_n(j)=\frac{\overline{P}_n}{\chi}\int_0^{\chi}\frac{f_n(j)}{\overline{p}_n}d\chi \tag{8-26}$$

重均聚合度分布函数：

$$Fw(j)=\frac{jFn(j)}{\overline{p}_n}=\frac{1}{x}\int_0^{\chi}f_w(j)d\chi \tag{8-27}$$

（2）连续釜（理想混合反应器）：$F_n(j)=f_n(j)$； （8-28）

$$\overline{P}_n=\overline{p}_n \tag{8-29}$$

间歇反应器和理想混合反应器的区别明显。原因在于停留时间和先后混合导致浓度变化；影响活性链寿命。对短活性链寿命，停留时间的影响小，浓度的影响大。a.对理想全混合反应器，相对分子质量分布窄（浓度不变）。b.对间歇或平推流反应器，相对分子质量分布宽（浓度从高变低）。反之，长活性链寿命，停留时间的影响大，浓度的影响小，对理想全混合反应器，相对分子质量分布宽，对间歇或平推流反应器，分布窄。相同条件下，间歇或平推流反应器转化率高于全混流反应器（见图8–1）。

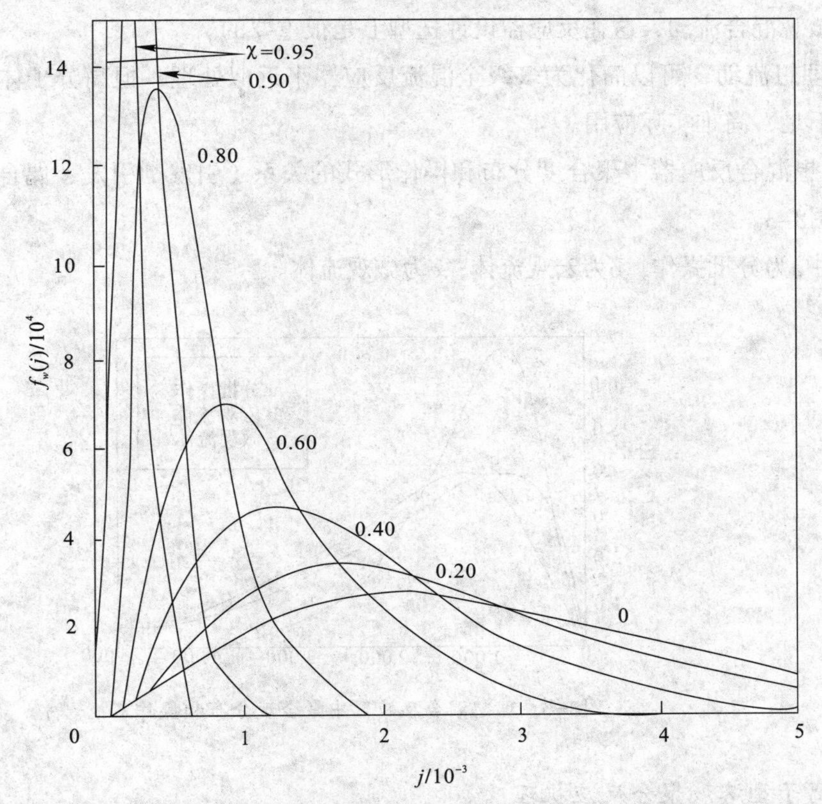

图8–1　引发剂引发、偶合终止（无链转移）连锁聚合体系中的瞬时重基聚合度分布和转化率的关系（χ=0时的$\overline{P_{ao}}$=2×103的情况）

当活性链寿命较短时，在连续全混釜中所得的相对分子质量分布较窄；在间歇釜中所得的相对分子质量分布较宽。对活性链寿命较长的反应，在连续全混釜中所得的相对分子质量分布较宽；在间歇釜中所得的相对分子质量分布较窄（见图8–2）。

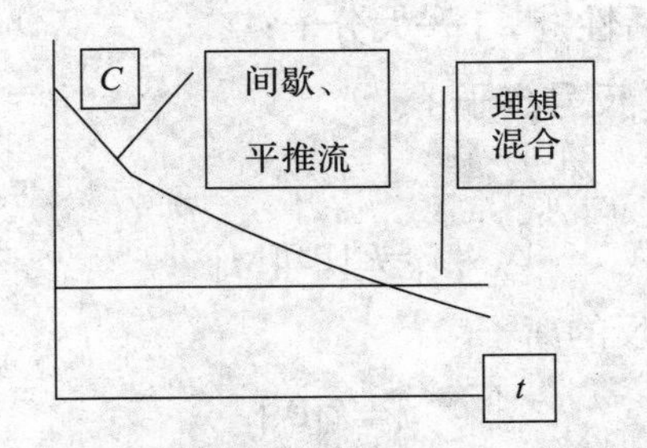

图8–2　理想反应器浓度随时间变化

由于高黏度的聚合液接近于宏观混合的流体，反应动力学又不是简单的一级反应，因此用以前所述的那种当作微观混合流体来处理的方法难免要导致与实际结果有出入。一般认为，在全混单釜操作的情况下，宏观混合流体的影响最为显著。宏观混合流动的结果使分子量分布变宽，为了要获得具有较窄的聚合度分布的产品，应尽可能混合均匀，使之接近于微观混合流动，这在反应器设计选型上是很重要的。

非理想流动，可以简化为多级全混流反应器来近似处理，但高分子体系物性和动力学数据不足，尚难实际应用。

理想混合反应器中聚合度分布和操作形式的关系（引发剂引发、偶合终止、无链转移）见图8–3。

其中a为分批操作；b为宏观流体；c为微观流体。

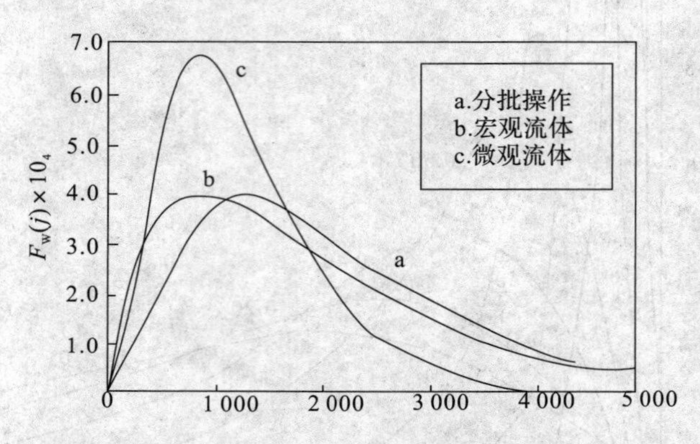

图8–3　理想混合反应器中聚合度分布和操作

2. 离子型溶液聚合反应机理

（1）阳离子聚合：快引发、快增长、易转移、难终止。机理模型如下：

1）链引发：速度式：$r_i=k_i[C][M]$　（8–30）

式中，　k_i—引发速率常数；

C—催化剂有效成分；

M—单体；

P_1—大分子活性链，P—大分子；

B—反离子（反号离子）。

2）链增长：

速度式：　$r_p=k_p[P^\vee][M]$　（8-31）

3）链终止：H为与B相反的离子

速度式：　$r_t=k_t[P^\vee]$

4）链转移：$P_jB^\wedge+M \longrightarrow P_j+P_1B^\wedge$

速度式：　$r_{fm}=k_{fm}[P^\vee][M]$

综上所述，聚合总反应速率：

因为$[P^v]$难以确定，故进行稳态处理，即

$$r_i = r_t:\ (r_i = k_i[C][M] = r_t = k_t[P^v]) \tag{8-32}$$

$$[P^v] = [C][M] \tag{8-33}$$

所以总反应速率（以消耗单体来表示，忽略链转移）：

$$r = -d[M]/d\theta = r_i + r_p \approx r_p = k_p[P^v][M] = [C][M]^2 \tag{8-34}$$

（2）阴离子聚合反应动力学基础：快引发、慢增长、无终止。

1）链引发形式可分为电子转移引发和阴离子直接引发两种

2）链增长：

终止：一般会认为此类反应为无终止的活性聚合物。此类反应亦称为活性聚合物反应。但若有杂质或溶解则会产生转移而终止聚合物。

无终止的速度式：

$$r = K[C][M] \tag{8-35}$$

式中K为总的速度常数。

通式：

$$r = K[C]^n[M]^m \tag{8-36}$$

式中m、n是由试验测定的常数。

建立机理模型的要点：

a．认为离子型的聚合一般为溶液聚合，溶剂分子的极性对反应机理和反应速度有相当大的影响。

b．根据溶剂化程度的大小，已知反应分子可能有两种形式存在。

反应分子以自由离子存在，自由离子P_j^v，B^ 链增长比较方便

3）链终止：

单基终止：

$$P_j^v + M \rightarrow P_j + 1 \tag{8-37}$$

$$P_j^v \rightarrow P_j \tag{8-38}$$

双基终止：

$$P_j^v + B \rightarrow P_j \tag{8-39}$$

反应分子以离子对存在。P_j^vB先被活化而松弛，然后单体分子插入到离子对中间而形成链增长，它的终止只能是单基终止。

增长：$P_j^vB \longrightarrow P_j^vB + M \longrightarrow P_j^vMB$

增长的速度式
$$\begin{cases} \text{第2步控制}: r_p = k_p[P_j^v][M] & (8\text{-}40) \\ \text{第1或第3步控制}: r_p = k_p[P_j^v] & (8\text{-}41) \end{cases}$$

终止：$P_j^vB \rightarrow P_j$　　（单基终止）

符号意义：$^{\vee}$及$^{\wedge}$表示相反的两种离子，阳或阴任取。$A^{\vee}$及$B^{\wedge}$为催化剂有效组成分C分解为一对自由阴阳离子。

$P_jB^{\vee}$—表示一对离子对（与自由离子$P^{\vee}_j$与$B^{\vee}$相区别）；

$P_jB^{\vee}$—表示松弛了的离子相对；

$P_jM_jB^{\vee}$—单个分子插入到松弛离子对中间的过渡态。

不同模型可以建立不同机理，引发剂本身分解成自由离子或离子对，或者引发首先是由催化剂与一个或二个单体分子结合，然后离解成离子。阴离子聚合没有链终止，可令终止项为0。如阴离子有终止，则应加入相应的链转移项。在此仅讨论引发剂本身分解成离子对的情况，其他可以参阅文献。

采用稳态处理方法简化，忽略催化剂的分解逆过程；当生成高分子量的产物时，表达式忽略后两项(向单体和溶剂转移)；催化剂的有效成分（浓度）当作常数。

反应速率为

$$r=-\frac{d[M]}{d\theta}=k_p[P^{\vee}][M]+k_{fm}[P^{\vee}][M]+k_i[A^{\vee}][M] \qquad (8-42)$$

稳态下：

$$d[P^{\vee}]/d\theta=k_i[A^{\vee}][M]-k_{t1}[P^{\vee}]=0 \qquad (8-43)$$

故得

$$[P^{\vee}]=k_i[A^{\vee}][M]-k_{t1} \qquad (8-44)$$

又因

$$d[A^{\vee}]/d\theta=k_d[C]-k'_d[A^{\vee}][B^{\vee}]-k_i[A^{\vee}][M]=0 \qquad (8-45)$$

对离子型催化剂，右侧第二项(逆反应)与第一项相比可以忽略，

$$[A^{\vee}]=k_d[C]/k_i[M]$$

代入式（8-46）得，

$$[P^{\vee}]=k_d[C]/k_{t1} \qquad (8-46)$$

又代入式（8-42）得

$$r=-\frac{d[M]}{d\theta}=k_d[C]\left(\frac{k_p+k_{fm}}{k_{t1}}\right)[M^{+}] \qquad (8-47)$$

当生成高分子量产物时，上式右侧后两项与第一项相比可以忽略，因此得

$$r=\left(\frac{k_d+k_{fm}}{k_{t1}}\right)[M]+[C] \qquad (8-48)$$

归纳出

$$r=K[M]^m[C]^n \qquad (8-49)$$

式中，K为总速率常数，m、n为常数，均应由实验确定。

一般$m=0\sim3$，$n=0\sim2$。

对大多数情况：$m=1$或2，$n=1$。

3.不同形式反应器中的操作分析

（1）转化率分析。

间歇反应器

阳离子：$$\chi=1-\frac{1}{1+\frac{k_i+k_p}{k_t}[M]_0[C]\theta} \quad (8\text{-}50)$$

阴离子：$$r=K[C][M] \quad (8\text{-}51)$$

$$\chi=1-\exp(-K[C]\theta) \quad (8\text{-}52)$$

理想混合反应器

阳离子聚合：$$\chi=1+\frac{1+\left(1+4k[C][M]_0\theta\right)^{\frac{1}{2}}}{2k[C][M]_0\theta} \quad (8\text{-}53)$$

阴离子聚合：$$\chi=1-\frac{1}{1+K[C]\theta} \quad (8\text{-}54)$$

2）聚合度分布分析。

间歇反应器

阳离子：$$\overline{P}_n=\frac{r_p}{r_t}=\frac{k_p[P^{\vee}][M]}{k_t[P^{\vee}]}=\frac{k_p[M]}{k_t}=\frac{k_p[M]_0(1-\chi)}{k_t} \quad (8\text{-}55)$$

$$\overline{P}_n=\chi/\int_0^{\chi}\frac{1}{\overline{P}_n}d\chi=\chi/\int_0^{\chi}\frac{k_t\text{-}d\chi}{k_p[M]_0(1-\chi)}=\frac{k_p[M]_0\chi}{k_t\ln(1-\chi)} \quad (8\text{-}56)$$

阴离子：$$\overline{P}_n=[M]_0\chi/[P^{\wedge}]_0 \quad (8\text{-}57)$$

理想混合反应器

阳离子：$$\overline{P}_n=\overline{p}_n \quad (8\text{-}58)$$

阴离子：$$\overline{P}_n=[M]_0\chi/[P^{\wedge}]_0 \quad (8\text{-}59)$$

通过公式可以看出，不同类型反应器其转化率和聚合度分布差异很大，这也是聚合反应工程研究的重要性之所在。

8.3.2　逐步聚合反应动力学

1.缩聚反应

间歇反应器：以AB型单体的线型缩聚为例讨论

$$M_j+M_i\underset{k_p}{\overset{k_p}{\rightleftarrows}}M_{j\text{-}i}+W，(j，i=1,2,3,\cdots) \quad (8\text{-}60)$$

设逆反应可以忽略，则单体（M_1）的消耗速率为

$$-\mathrm{d}[\mathrm{M}_1]/\mathrm{d}t=r_{\mathrm{M1}}=k_{\mathrm{p}}[\mathrm{M}_1][\mathrm{M}_t]=k_{\mathrm{p}}[\mathrm{M}_1]\sum_{i=1}^{x}[\mathrm{M}_1] \tag{8-61}$$

式中
$$[\mathrm{M}_t]=\sum_{i=1}^{\infty}[\mathrm{M}_i]\rightarrow 残余端基浓度$$

$$-\mathrm{d}\left[\mathrm{M}_1\right]/\mathrm{d}t=r_{M1}=k_{\mathrm{p}}\left[\mathrm{M}_1\right]\left[\mathrm{M}_t\right]=k_{\mathrm{p}}\left[\mathrm{M}_1\right]\sum_{i=1}^{x}\left[\mathrm{M}_1\right] \tag{8-62}$$

$$\frac{-\mathrm{d}\left[\mathrm{M}_j\right]}{\mathrm{d}t}=\frac{1}{2}k_{\mathrm{p}}\sum_{\substack{i=1\\j=1}}^{j=1}\left[\mathrm{M}_{j=1}\right]\left[\mathrm{M}_1\right]-k_p\left[\mathrm{M}_j\right]\left[\mathrm{M}_t\right]=\frac{1}{2}k_{\mathrm{p}}\left(\sum_{i=1}^{x}\left[\mathrm{M}_{j=1}\right]\left[\mathrm{M}_1\right]-2\left[\mathrm{M}_j\right]\left[\mathrm{M}_t\right]\right) \tag{8-63}$$

J聚体的生成速率为

$$\frac{-\mathrm{d}\left[\mathrm{M}_j\right]}{\mathrm{d}\theta}=r_{\mathrm{M}_j}=\frac{1}{2}k_{\mathrm{p}}\sum_{i=1}^{j-1}\left[\mathrm{M}_i\right]\left[\mathrm{M}_{j-1}\right]-k_p\left[\mathrm{M}_j\right]\left[\mathrm{M}_t\right] \tag{8-64}$$

将上式从j=1到无穷大加和，得体系中全部分子的变化速率为

$$r_{\mathrm{Mt}}=-\frac{-\mathrm{d}[\mathrm{M}]_t}{\mathrm{d}\theta}=\frac{1}{2}k_{\mathrm{p}}\left[\mathrm{M}_t\right]^2 \tag{8-65}$$

$$\phi_1=\left[\mathrm{M}_1\right]/\left[\mathrm{M}_1\right]_0 \qquad \phi_j=\left[\mathrm{M}_j\right]/\left[\mathrm{M}_1\right]_0$$

$$Y=\left[\mathrm{M}_t\right]/\left[\mathrm{M}_1\right]_0=\sum_{i=1}^{\infty}\left[\mathrm{M}_i\right]\left[\mathrm{M}_1\right]_0=\sum_{i=1}^{\infty}\phi_i \tag{8-66}$$

式中$[\mathrm{M}_1]_0$为单体的初始浓度。则

$$\left.\begin{aligned}\mathrm{d}\phi_1&=\frac{\mathrm{d}\left[\mathrm{M}_1\right]}{\left[\mathrm{M}_1\right]_0}\\ \mathrm{d}Y&=\frac{\mathrm{d}\left[\mathrm{M}_t\right]}{\left[\mathrm{M}_1\right]_0}\\ \frac{\mathrm{d}\phi_1}{\mathrm{d}Y}&=\frac{\mathrm{d}\left[\mathrm{M}_1\right]}{\mathrm{d}\left[\mathrm{M}_t\right]}\end{aligned}\right\} \tag{8-67}$$

$$\left.\begin{aligned}Y&=[\mathrm{M}_t]/[\mathrm{M}_1]_0\\ [\mathrm{M}_t]&=[\mathrm{M}_1]_0\\ \phi_1&=[\mathrm{M}_1]/[\mathrm{M}_1]_0[\mathrm{M}_1]=[\mathrm{M}_1]_0\end{aligned}\right\} \tag{8-68}$$

$$\left.\begin{aligned}Y&=[\mathrm{M}_t]/[\mathrm{M}_1]_0\\ [\mathrm{M}_t]&=[\mathrm{M}_1]_0\\ f_1&=[\mathrm{M}_1]/[\mathrm{M}_1]_0[\mathrm{M}_1]=[\mathrm{M}_1]_0\end{aligned}\right\} \tag{8-69}$$

$$\frac{\mathrm{d}\left[\mathrm{M}_1\right]}{\mathrm{d}\left[\mathrm{M}_t\right]}=\frac{2\left[\mathrm{M}_1\right]}{\left[\mathrm{M}_t\right]} \tag{8-70}$$

各项同除$[M_1]_0$得

$$\frac{d[M_1]/[M_1]_0}{d[M_t]/[M_1]_0}=\frac{2[M_1]/[M_1]_0}{[M_t]/[M_1]_0} \tag{8-71}$$

即

$$d\phi_1/dY=2\phi_1/Y \tag{8-72}$$

积分（边界条件：Y=1，$\phi_1=1$）上式得

$$\phi_1=Y^2 \tag{8-73}$$

对于二聚体，由式（8–64）得

$$\frac{d[M_2]}{d\theta}=\frac{1}{2}k_p[M_1][M_1]-k_p[M_2][M_t]=\frac{1}{2}k_p[M_1]^2-k_p[M_2][M_t] \tag{8-74}$$

将$\phi_1=Y^2$代入上式，经变换后，得

$$\frac{d[M_2]}{d[M_1]}=\frac{2\phi_2}{Y}-\frac{\phi_1^2}{Y^2} \tag{8-75}$$

将上式积分并以边界条件（$Y=1$，$\phi_2=0$）代入，得

$$\begin{cases}\phi_2/Y^2=-(Y-1)\\ \phi_2=Y^2(1-Y)\end{cases} \tag{8-76}$$

同理可得

$$\phi_j=Y^2(1-Y)^{j-1} \tag{8-77}$$

以已反应的官能团除以系统内的起始官能团表示缩聚反应的反应程度（x'），有

$$Y=1-x' \tag{8-78}$$

故数均聚合度分布为

$$F_n(j)=[M_j]/[M_t]=\phi_j/Y=Y(1-Y)^{j-1}=(x')^{j-1}(1-x') \tag{8-79}$$

重均聚合度分布为

$$F_w(j)=j[M_j]/[M_1]_0=j\phi_j=j(x')^{j-1}(1-x')^2 \tag{8-80}$$

$$\overline{P}_n=\frac{[M_1]_0}{[M_t]}=\frac{1}{Y}=\frac{1}{(1-x')} \tag{8-81}$$

$$\overline{P}_w=\frac{1+x'}{1-x'} \tag{8-82}$$

分散指数：

$$\overline{P}_w/\overline{P}_n=1+x' \tag{8-83}$$

聚合度分布与反应温度无关，而与反应程度有关；聚合度分布随着反应程度x的增加而变宽；聚合度分布与反应的操作方式有关如图8-4和8-5所示。

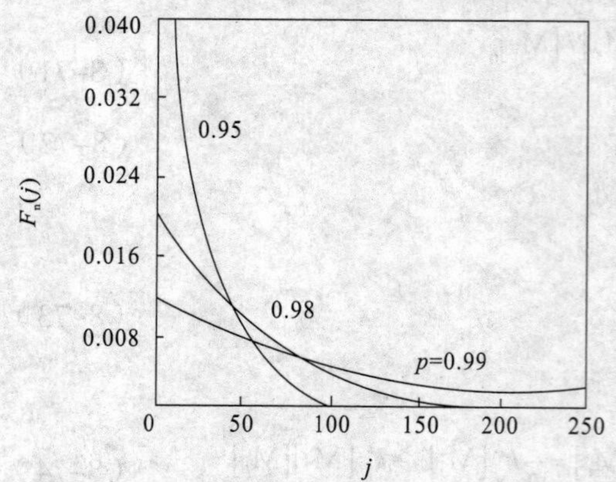

图8-4　3种反应率下降的缩合度数数量分布

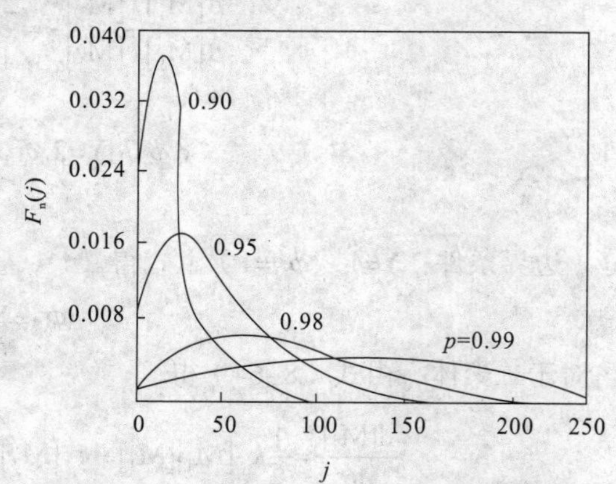

图8-5　4种反应率下降的缩合度数数量分布

对于理想混合反应器作物料衡算：

单体的消耗速率为

$$([M_1]-[M_1]_0)/\theta = r_{M1}=-k_p[M_1]-[M_t] \qquad (8-84)$$

聚合度分布函数为

$$F_n(j)=\frac{\phi_1}{Y}=\frac{C_j j(x')^{j-1}}{(1+x')^{2j-1}} \qquad (8-85)$$

$$F_w(j)=j\phi_j=\frac{jC_j j(x')^{j-1}(1+x')}{(1+x')^{2j-1}} \qquad (8-86)$$

平均聚合度为

$$\overline{P}_n=\frac{1}{1-x'} \qquad (8-87)$$

$$\overline{P}_n=\frac{1+x'^2}{(1-x')^2} \qquad (8-88)$$

综上所述，要制取高分子量的缩聚物时，一要尽量提高转化率，并尽量将缩合出的小分子分离出，平衡常数愈小的，要求愈高。要尽量保证严格的原料官能团等当量比，配料要准，原料要纯，防止物料中混入能终止缩聚的单官能团杂质。在反应到一定程度时，外加一定量的单官能团物质以实行“端基封锁”而使缩聚终止。在操作方式上，从聚合度分布的角度来看，不宜采用单釜连续操作。

由以上分析计算看出反应器的型式和不同操作方式对平均分子量、分子量分布等影响很大（如图8-6，图8-7所示，其中$F(P)$为累积数基聚合度，D为分散程度）。建立在动力学机理基础上分析大多属于纯粹的理论假设，本身实验校核困难，理论分析用于反应器选型和设计目前仅有辅助参考价值。

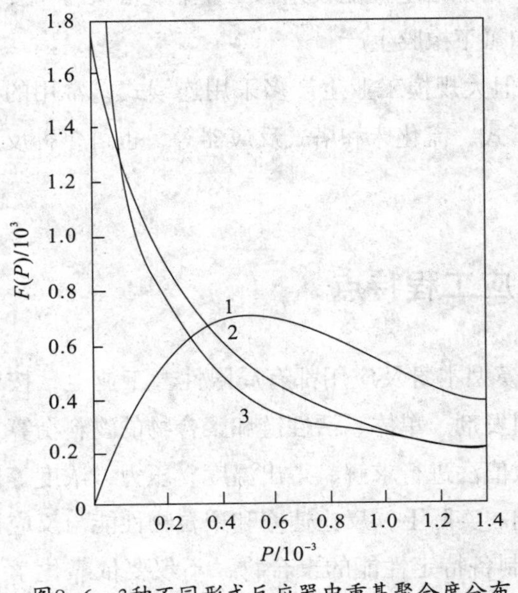

图8-6　3种不同形式反应器中重基聚合度分布

1—间歇操作；

2—宏观流体全混液；

3—微观液体全混流

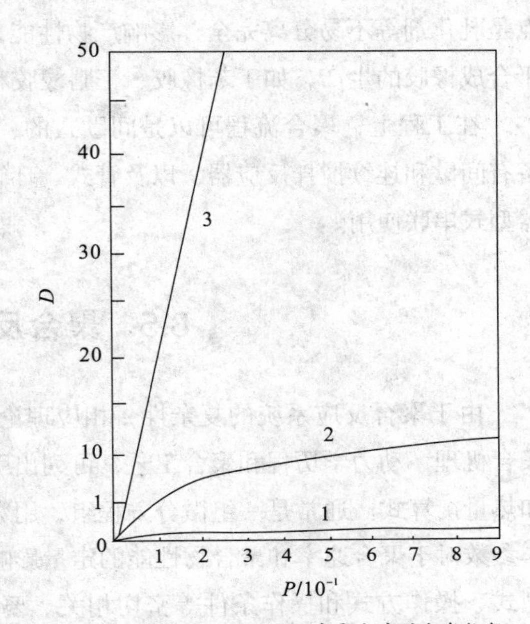

图8-7　3种形式反应器中聚合度的分散指数

1—间歇操作；

2—宏观流体全混液；

3—微观液体全混流

8.4　聚合方法

常用的聚合方法有本体聚合、悬浮聚合、溶液聚合和乳液聚合四种。

四种聚合方法的不同点在于：

①本体聚合组成简单，通常只含单体和少量引发剂，所以操作简便，产物纯净；缺点是聚合热不易排除。工业上用自由基本体聚合生产的聚合物主要品种有聚甲基丙烯酸甲酯、高压聚乙烯和聚苯乙烯。

②溶液聚合优点是体系黏度低，混合容易、传热，温度易于控制；缺点是聚合度较低，产物常含少量溶剂，分离和回收溶剂增大设备投资和生产成本。溶液聚合在工业上主要用于聚合物溶液直接使用的场合，如醋酸乙烯酯在甲醇中的溶液聚合，丙烯腈溶液聚合直接作纺丝液，丙烯酸酯溶液聚合液直接作涂料和胶黏剂等。

③悬浮聚合通常是在大量的水介质中进行，散热容易，产物是0.05～2mm的小颗粒，容易洗涤、分离，产物纯度较高；缺点是产物容易黏壁，影响聚合釜传热和生产周期。悬浮聚合主要用于聚氯乙烯、聚苯乙烯和聚甲基丙烯酸甲酯的工业生产。

④乳液聚合由于使用了乳化剂而具有特殊机理，单体在胶束中引发，聚合是在单体—聚合物乳胶粒中进行。其特点是速度快、体系黏度低、易于散热、终产物分子量大；缺点是乳化剂等不易分离完全，影响产物性能，特别是电性能较差，工业上乳液聚合主要用于合成橡胶的生产，如丁苯橡胶、丁腈橡胶和氯丁橡胶生产。

在工程上，聚合流程可以是间歇式的，但大规模工业生产多采用连续式，常用的设备有间歇和连续搅拌反应器，以及管式、环管式、流化床和塔式反应器等，也可多种反应器型式串联使用。

8.5 聚合反应工程特点

由于聚合反应系统的复杂性，相应理论模型本身及应用都有局限性。工业上，按照聚合机理、动力学历程和聚合工艺，可列出引发剂、单体、活性链和聚合物的物料衡算式和热量衡算式。通常是一组微分方程组，用数值法进行求解，得出温度、压力、浓度等操作参数对于聚合速率和聚合物性能的定量影响。实际上，反应速率和聚合物性能与反应器型式、操作方式和操作条件等密切相关。要制备特定性能的聚合物，不仅要依靠化学手段，还要依靠反应工程。聚合反应工程与聚合物性能之间的相互影响正引起人们的重视。从工程的角度看，要掌握实际反应器的反应规律，要研究并阐明包含传递过程在内的聚合反应过程的所有总特征，建立聚合反应过程的反应器数学模型，通过实验测定模型参数，从而确定定量关系。

聚合物系中发生的各种传递过程都与聚合物性能密切相关，因此研究聚合反应器中的传递规律非常重要，然而聚合物系的复杂性质给这些研究增加了困难。聚合物系可粗分为两大类：一类是高黏度的牛顿型流体或非牛顿型流体；另一类是高固体含量的悬浮液和乳液。这两类物系的流变行为、混合、传热和传质有较大差异，而且在聚合过程中聚合物的物性往往有较大变化，也不易获得准确的实验数据。虽然化学工程中传热和传质以及化学反应工程中发展的一些流动模型应能适用于聚合反应器中传递过程的计算，但却常常由于基本物性数据或参数的缺失而影响计算结果的可靠性，甚至不能完成计算。

根据聚合反应的特点，物系的黏性及散热问题特别重要，而聚合反应是对温度和浓度十分敏感的化学反应，比一般化学反应对流动和混合的要求更为苛刻，搅拌反应器因此应用最为广泛。据统计，搅拌釜约占聚合反应器的70%以上，有关的技术资料也最多。

聚合反应中的安全问题因素考虑更多。

聚合反应中单体、溶剂、引发剂、催化剂等大多属于易燃、易爆，使用或储存不当易造成火灾、爆炸。如顺丁橡胶生产中的溶剂苯是易燃液体，聚乙烯的单体乙烯是可燃气体，引发剂金属钠是遇湿易燃危险品。

聚合反应很多需要在高压条件下进行，单体在高压系统中易泄漏，发生火灾、爆炸。例如，乙烯在130～300MPa的压力下聚合合成聚乙烯。若加入聚合反应中的引发剂都是化学反应活性很强的过氧化物，一旦配料比控制不当，容易引起爆聚，反应器压力骤增而爆炸。

聚合物分子量增高后，黏度大，导出聚合反应热不易，一旦遇到设备停水、停电、搅拌故障时，容易挂壁和管路堵塞，造成反应釜飞温或局部过热，发生爆炸。

聚合反应过程容易受到杂质和副产物的影响，而导致产品质量不佳.

8.6 聚合过程搅拌器的作用

宏观和微观混合的程度和类型直接决定聚合物制备的质量，而且很多聚合反应强放热和非牛顿流体传质的困难，对搅拌提出了更高要求。一般通过搅拌来实现聚合反应物料混合。

8.6.1 聚合反应搅拌要求

聚合反应中搅拌的要求体现在下述几方面。

混合：使两种或多种互溶或不互溶溶液体系按工艺要求均匀混合，如溶液、悬浮液、乳化液等的配制。

搅拌：使物料强烈地流动，以提高传质、传热速率。

悬浮：使小固体颗粒在液体中均匀悬浮、防止沉降等，以达到加速溶解。

分散：使气体、液体在流体中充分分散成细小的气泡或液滴，增加接触面，促进传质或化学反应，并满足聚合物要求的粒度。

因为搅拌在聚合反应设备中的特殊地位，所以在此强调其作用和意义显得尤为必要。

搅拌反应器应满足下述要求。

（1）推动液体流动，混匀物料。

（2）产生剪切力，分散物料，并使之悬浮。

（3）增加流体的湍动，以提高传热速率。

（4）在高黏体系，可以更新表面，促使低分子物排除。

（5）加速物料的分散和合并，增大物质的传递速率。

一方面，由于体系的黏度很大，搅拌转速低，物料处于层流状态，不可能有明显的局部剪切作用。控制因素是容积循环速率及低转速。另一方面，由于体系的黏度大，靠单一的径向流和轴向流动已不能适应混合的需要，此时需要有较大的面积推动力。随着黏度的增大可依次选用下列搅拌器：推进式、锚式、螺杆、螺带、特殊型高黏度搅拌器。

8.6.2 搅拌器选型原则

（1）均相液体的混合。均相液体的混合，主要控制因素是容积循环速率。假如对达到完全混合的时间没有严格要求，任何一般类型的搅拌器都可选用，当然，桨式搅拌器因结构简单可优先予以考虑，但其混合效率稍差，如果要求快速混合，则可选用推进式或涡轮式搅拌器。

（2）非均相液体的混合（分散操作）。混合的目的主要是使互不相溶的液体能良好地分散。为保证液体能分散成细滴，要求搅拌器有较大的剪切力；为保证液滴在釜内均匀地分散，要求有较大的容积循环速率；所以非均相液体混合的主要控制因素是液滴的大小(分散度)及容积循环速率。可选用推进式或涡轮式搅拌器。

（3）固体悬浮。保证固体颗粒均匀分散和不沉降的主要控制因素是容积循环速率及湍流强度。根据固体颗粒的性质及固含量选用特定螺杆、螺带搅拌器。

（4）气体吸收及气液相反应。这类操作主要保证气体进入液体后被打散，进而能分散成更小的气泡并能使气泡均匀地分散，故控制因素是局部剪切作用、容积循环速率及高转速。可选用推进式或涡轮式等搅拌器。

（5）高黏度体系。由于体系的黏度很大，搅拌转速低，物料处于层流状态，不可能有明显的局部剪切作用。控制因素是容积循环速率及低转速。由于体系的黏度大，靠单一的径向流和轴向流动，已不能适应混合的需要，此时需要有较大的面积推动力。可选用锚式、高黏度搅拌器。

聚合反应器搅拌应根据其反应机理特点，选定搅拌形式、桨叶形状和转速等，来增强具体的搅拌作用，或者协同增强多个搅拌作用。因为搅拌器设计放大属于非线性过程，具体只能参照积累实验数据和文献资料，结合摸索实验来确定。

8.7 聚合反应工程模型和计算分析

聚合反应工程流动模型，理想模型也分为间歇式和全混流模型。聚合反应在不同阶段，其动力学模型和流动模型均会发生变化，所以对于非理想聚合反应工程模型，只能根据其特点，按照理想模型过程进行修正、补充，实验反复调整模型参数，来进行聚合反应器的计算，目前也有相关成熟软件可以用来完成此类计算。

习　题

1. 在双分子热引发和双基终止时，间歇式和连续全混式反应釜对产物的转化率、累积平均聚合度有何影响?

2. 在阳离子聚合中，采用间歇操作和连续操作对其转化率和平均聚合度和分子量分布有何影响?

3. 聚合度分布函数：写出数基分布、重基分布、瞬时数基分布、瞬时重基分布。

4. 瞬时聚合度与平均聚合度的关系。

5. 聚合反应机械搅拌目的和作用

6. 高黏度聚合反应体系搅拌反应釜如何设置搅拌方式和操作流程。

7. 在间歇操作情况下，下列（　　）情况下，瞬时数均聚合度等于动力学链长。

A. 偶合终止，无链转移

B. 偶合终止，向溶剂转移

C. 歧化终止，无链转移

D. 歧化终止，向溶剂转移

8. 连续聚合反应时，若活性链的寿命比物料在反应器中的平均停留时间短，那么下列（　　）反应器所得产物的聚合度分布最窄。

A. 平推流

B. 非理想混合反应器

C. 理想混合反应器

D. 无法判断

第9章　电化学反应工程和绿色化工

电化学反应工程研究对象是工业电化学反应器，是化学反应工程的一个分支，研究内容包括在电场作用下进行的氧化还原反应过程的开发和电化学反应设备装置的设计、优化。电化学反应包括在输入电能而引起的电解槽中的化学反应以及电池中产生电能时的化学反应。电化学过程在能源、表面处理、金属腐蚀与防护、化工、冶金、机械、电子、航空航天、轻工、仪表、医学、材料、有机合成、环境保护等领域均获得了广泛应用。电化学工程的发展，对解决未来人类社会面临的能源、交通、材料、环保、信息、生物等问题，已经做出并将做出巨大的贡献。

很多高纯物质可利用电极和电解质界面上发生的电化学反应进行制造、材料表面电镀处理等。许多用常规化学法不能生产的物质，也可用电解合成法生产，工业电解的重要性日益突出。

电化学反应工程既遵循一般化学反应的一般规律，又有独特的特征：①决定电化学反应能否发生及其反应速率的是电极电位。借助调整电极电位可实现特定的氧化还原反应，或控制电化学反应速率。②氧化还原反应中电子的传递反应可直接依靠外电路中的电流通入电化学反应器来实现，不需要引入作氧化剂或还原剂的化学物质，有利于反应物体系的简单纯净。③许多反应可因因采用不同材料的电极而获得不同的反应速率，这时电极起了相当于催化剂的作用。

9.1　电化学反应基本概念

电极是与电解质直接相接触的电子导体，有时也指其与电解质界面组成的整个体系。电极的作用有：电子传递的介质，电极表面是电化学反应发生地点。一般定义：正极电势高的极称为正极；负极：电势低的极称为负极；阴极：发生还原反应的极称为阴极；阳极：发生氧化反应的极称为阳极。

电极上发生的得失电子的反应通称为电极反应。

特点：一种特殊的氧化-还原反应；电极电位反应空间分开进行；特殊的非均相催化反应；电极表面为催化表面；催化活性与相对大小有关，可通过电压和电流随意控制反应的“催化活性”；氧化反应与还原反应电子交换当量遵守法拉第电量守恒定律。

法拉第定律：电极上通过的电量与电极反应中反应物的消耗量或产物的产量成正比。

法拉第常数为

$$F=N_A e=96\,485\text{C}\cdot\text{mol}^{-1} \tag{9-1}$$

法拉第常数（Faraday constant）是近代科学研究中重要的物理常数，代表每摩尔电子所携带的电荷，单位C/mol，它是阿伏伽德罗数$N_A=6.02214\times10^{23}\text{mol}^{-1}$与单元电荷$e=1.602\,176\times10^{-19}\text{C}$的积。在确定一个物质带有多少离子或者电子时这个常数非常重要。

法拉第定律的意义：

（1）该定律是电化学最早定量的基本定律，揭示了通入的电量与析出物质之间的定量关系。

（2）该定律的使用基本没有什么限制条件，在任何温度、任何压力下均可以使用。

（3）该定律是自然科学中最准确的定律之一。

电化学过程含电极表面上的过程，传质过程与极化过程-电极表面附近及电解质中进行的过程，存在电化学反应，电荷、质量、热量、动量的4种传递过程，也遵从电化学热力学、电极过程动力学及传递过程的基本规律。

工业电化学反应过程中既有电化学反应，又有传递过程。传递过程并不改变电化学反应规律，却改变了反应器内各处的温度和浓度分布，从而影响反应结果，例如影响到选择率和转化率。由于物系存在多相，反应规律和传递规律也有显著的差别，在满足设计要求的前提下，反应器应简化结构，降低成本，并且工作可靠、安全、操作、维修方便。易于加工、装配，符合设计标准及有关规定，有较好的通用性、操作适应弹性，便于改变产量及产率，同时满足电化学工程的特殊要求，包括电位及电流的均匀分布，传质、传热要求，对时空产率及比特性的要求等。

9.2　电化学反应器结构分类

电化学反应器主要包括电解槽和化学电源，其核心为具有正、负两电极和电解质。其传质过程、传热过程、物料和热量衡算等因素，必须围绕电极的特征来考虑，按结构特征其可分为以下几类。

（1）箱式电化学反应器：反应器一般为长方体，有不同的三维尺寸，电极常为平板状。利用电解液的自然对流，一般不引入外加的强制对流。适用单极式电联结、复极式电联结。结构简单、设计和制造较容易、维修方便，但时空产率较低，较难适应对传质过程要求严格控制的产品和大规模连续生产。

（2）压滤机式或板框式电化学反应器：由相同单元反应器加压重叠并密封组合，反应器每一单元都包括一致的电极、板框和隔膜等部分。电极多为垂直安放，电解液从中流过，同箱式电化学反应器相比，无需另外制作反应器槽体。单元反应器的结构可以标准化生产，在维修中更换容易。各种电极材料及膜材料均适用，电极表面的电位电流分布较均匀，可采用多种湍流促进器来强化传质及控制电解液流速。通过改变单元反应器的电极面积及数量可方便地改变生产能力，适应不同产能的需要。适于按复极式连接，可减小极间电压，节约材料，并使电流分布较均匀；也可按单极式连接。

（3）结构特殊的电化学反应器：设计独特的结构、增大比电极面积、强化传质、提高反应器的时空产率。受制于传质速度的反应，电导率很低的反应体系，或反应物浓度很低，都不可能大幅度地提高电极反应的电流密度，需要设计具有更大比表面积的电化学反应器来提高时空产率。而且电化学反应器若采用电导率低的电解质，减小电极间隙，形成毛细间隙反应器及薄膜反应器，可显著降低电解能耗。如：德国巴斯夫公司电解合成己二腈时采用毛细间隙电化学反应器；旋转电极反应器用于水处理中回收照相业废液中的银；泵吸式反应器利用电极旋转时所产生的刮削作用和剪应力生产粗细不同的金属粉末。三维电极反应器电合成生产四乙基铅，使用多孔的骨架，负载活性物质，大大提高电极的真实面积及比特性，还有高压液相色谱，使用微型的多孔三维电极等，这些例子工业上都取得了巨大的成功（见图9–1）。

电解液可通过移动的颗粒床向上流动来实现反应，流速足够大时，流态化发生，电极和电解液似单相的流体，反应器处于此种状态称为流化床反应器。同上述固定电极比较，流化床电极具有如下特点：电极(颗粒状材料)呈分散悬浮状态，具有更大的比电极面积。传质速率更为改善。颗粒的相互物理接触有助于提供活性更高的电极表面。在特定的条件下，电位和电流密度的分布可能更为均匀。特别是金属的电解提取时，产物可连续不断地由反应器分离取出（见图9–2）。

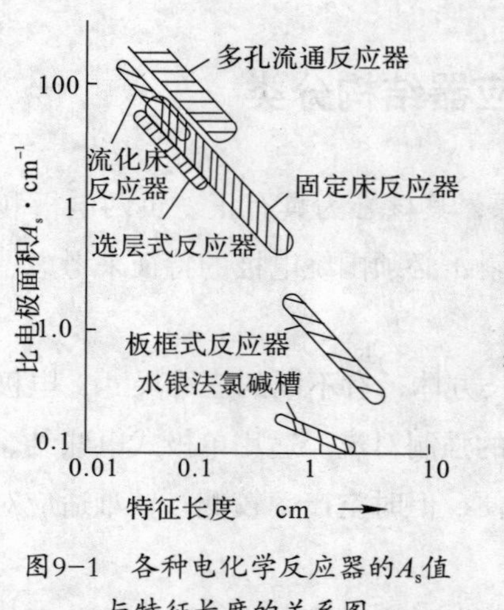

图9–1　各种电化学反应器的A_s值与特征长度的关系图

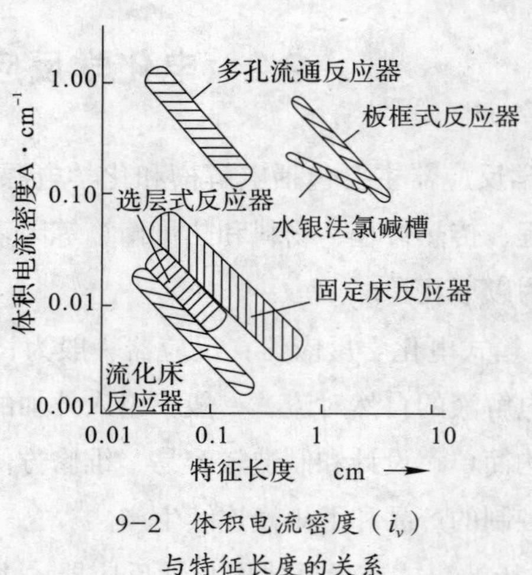

9–2　体积电流密度（i_v）与特征长度的关系

9.3　电化学反应器模型

间歇式电化学反应器：分批定时送入一定量的反应物（电解液）后，反应一定时间，排放出反应产物。间歇操作，生产效率不高，适用于小规模生产，过程中需经常调整槽中电压，使电流密度尽可能接近最适宜值。有时为了控制反应温度和增大反应器容量，使电解液在电解槽和另一化学反应器组成的封闭系统，采用循环操作。

9.3.1　间歇反应器

间歇反应过程是一个非定态过程，反应器内物系的组成随时间而变，若整个反应过程都是在恒容下进行的。反应物系若为气体，则必须充满整个反应器空间；若为液体，压力的变化而引起液体体积的改变通常可以忽略，可按恒容处理，采用间歇操作的反应器几乎都是釜式反应器，其他类型极为罕见。

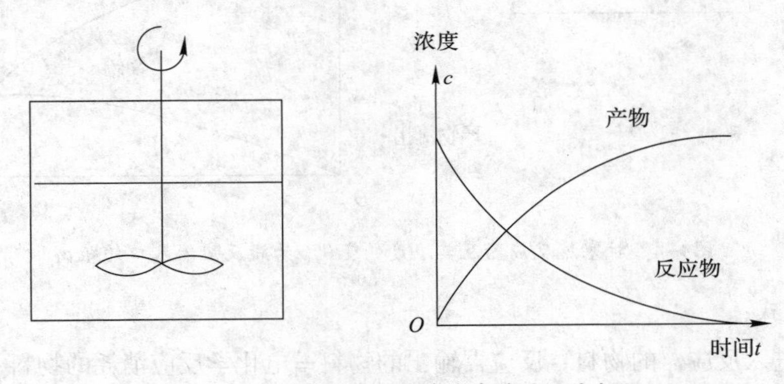

图9–3　间歇式反应器及其浓度随时间的变化

反应器体积：V_R，反应物初始浓度为$c_{(0)}$，经过反应时间t后，降为$c_{(t)}$（见图9–3）。若反应物级数为1，则反应物浓度变化的速率为

动力学：

$$\frac{\mathrm{d}c_{(t)}}{\mathrm{d}t}=kc_{(t)} \tag{9–2}$$

法拉第定律：

$$\frac{-\mathrm{d}c_{(t)}}{\mathrm{d}t}=I_{(t)}/(nFV_R) \tag{9–3}$$

$$I_{(t)}=I_{(d)}=k_mSnFc_{(t)} \tag{9–4}$$

当电极过程处于扩散控制时：

$$\frac{-\mathrm{d}c_{(t)}}{\mathrm{d}t}=I_{(t)}/(nFV_R)=\frac{k_mSc_{(t)}}{V_R} \tag{9–5}$$

$$\frac{\mathrm{d}c_{(t)}}{\mathrm{d}t}=kc_{(t)} \tag{9–6}$$

$$k=\frac{k_mS}{V_R} \tag{9-7}$$

$$c_{(t)}=c_{(0)}\exp(-\frac{k_mS}{V_R}t) \tag{9-8}$$

此式表明简单间歇反应器工作在非稳态下，其反应物和产物浓度均随时间变化。

9.3.2 柱塞流电化学反应器

柱塞流电化学反应器：反应物不断进入反应器，产物不断流出，稳态操作。

流体体积元流经反应器像活塞样平推移动，不会发生返混，达到稳态后，反应器内沿流向各处的温度和浓度均不相同，但分别保持恒定（见图9-4）。

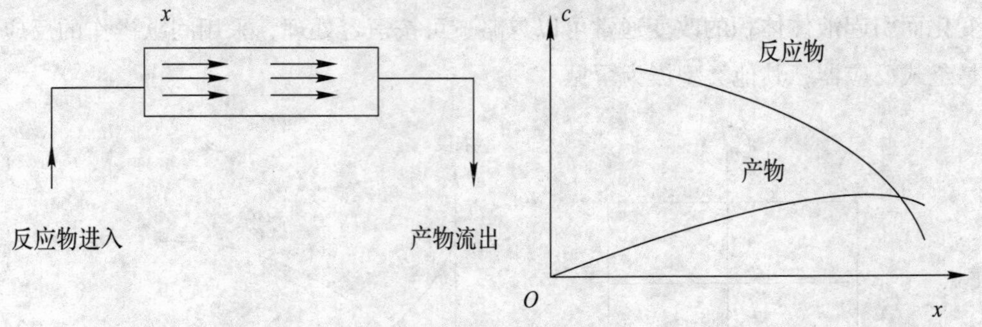

图9-4　柱塞流反应器及其浓度的变化(x为距反应器入口的距离)

质量平衡式：

进入反应器的物料－反应器输出的物料＝电化学反应消耗的物料

法拉第定律：

$$Qc_{(\mathrm{in})}-Qc_{(\mathrm{out})}=\frac{I}{nF} \tag{9-9}$$

$$\Delta c=\frac{I}{nFQ} \tag{9-10}$$

忽略轴向扩散，沿x轴方向的浓度梯度为

$$Qc_{(\mathrm{in})}-Qc_{(\mathrm{out})}=\frac{I}{nF} \tag{9-11}$$

扩散控制：

$$i_x=i_d=k_mnFc_{(x)} \tag{9-12}$$

$$\frac{-\mathrm{d}c_{(x)}}{\mathrm{d}x}=\frac{k_mS'}{Q}c_{(x)}, \qquad c_{(\mathrm{out})}=c_{(\mathrm{in})}\exp(-\frac{k_mS'}{Q}) \tag{9-13}$$

当流速与入口浓度不变时，提高传质系数和电极面积，可使反应物的出口浓度降低。

$$\left.\begin{aligned}&\theta = 1-\frac{c_{(out)}}{c_{(in)}} = 1-\exp(-\frac{k_m S'}{Q}) \text{，} \qquad \tau = \frac{V_R}{Q}\\&\theta = 1-\exp(-\frac{k_m S'}{V_R}\tau)\end{aligned}\right\} \tag{9-14}$$

$$c_{(\mathrm{out})} = c_{(\mathrm{in})}\exp(-\frac{k_m S'}{V_R}\tau) \tag{9-15}$$

$$c_{(t)} = c_{(0)}\exp(-\frac{k_m S}{V_R}t) \tag{9-16}$$

$$Y_{ST} = \frac{M(c_{(0)} - c_{(t)})}{t} = \frac{MI\eta'_I}{nFV_S} \tag{9-17}$$

对于给定的K_m，S，V_R值，柱塞流反应器和间歇反应器若停留时间等于反应时间，则具有相同的转化率，即

$$\theta = 1-\frac{c_{(\mathrm{out})}}{c_{(\mathrm{in})}} = 1-\exp(-\frac{k_m S'}{Q}) \tag{9-18}$$

用入口浓度表示极限电流，有

$$\Delta c = \frac{I}{nFQ} \tag{9-19}$$

$$\theta = 1-\frac{c_{(\mathrm{out})}}{c_{(\mathrm{in})}} = 1-[\frac{1}{1+k_m S'/Q}] \tag{9-20}$$

$$I_d = nFQc_{(\mathrm{in})}\theta = nFQc_{(\mathrm{in})}[1-\exp(-\frac{k_m S'}{Q})] \tag{9-21}$$

9.3.3　连续搅拌箱式反应器

连续搅拌箱式反应器：连续加入反应物，并以同一速率放出产物，同时在反应器中剧烈不停搅拌，反应器内的组成接近恒定。操作达到稳态时，出口料液组成不随时间改变（见图9–5）

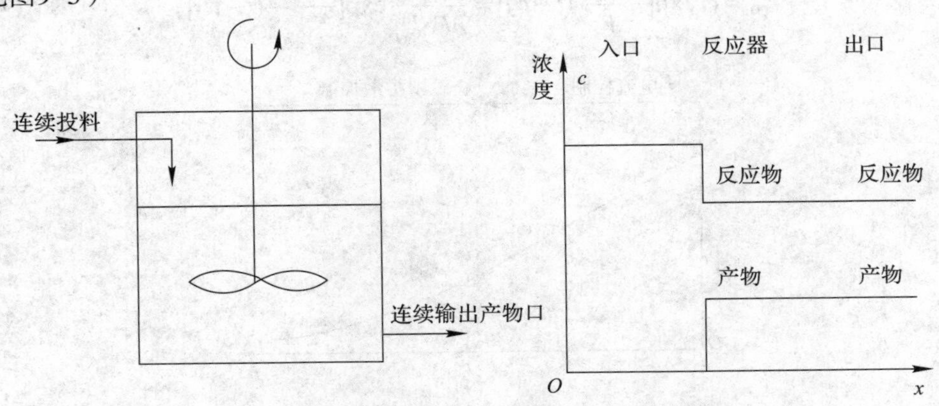

图9–5　CSTR反应器及其浓度的变化

$$\theta = 1 - \frac{c_{(\text{out})}}{c_{(\text{in})}} = 1 - \exp(-\frac{k_m S'}{Q}) \tag{9-22}$$

$$I_d = nFQc_{(\text{in})}\theta = nFQc_{(\text{in})}[1 - \frac{1}{1 + {k_m S'}/{Q}}] \tag{9-23}$$

$$\Delta c = c_{(0)} - c_{(t)} = \frac{It\eta_I}{nFV_S} \tag{9-24}$$

$$c_{(t)} = c_{(0)} - \frac{It\eta_I}{nFV_S} \tag{9-25}$$

$$Y_{ST} = \frac{M(c' - c_{(t)})}{t} = \frac{MI\eta_I}{nFV_S}$$

$$\eta_I = (c_{(0)} - c_{(t)}) \quad \frac{nFV_S}{It} \tag{9-26}$$

电化学反应器在恒电流状态工作，其动力学特性与电流密切相关，按其传质情况可分为电流控制及扩散控制两种分别处理计算，有成熟软件可解决此类问题。

9.4 电化学反应器的工作特性

测试工作过程参数变化情况，电化学反应其可以划分为电流控制和扩散控制，反应器内反应物的浓度足够高，反应电流远小于极限扩散电流，反应物浓度减小的速度很慢，近似为定值，对应的电流效率为η'_{I}，转化率随时间线性增大，时空产率为常数为电流控制。电流将达到甚至大于极限扩散电流，电流效率随时间延长而降低，浓度的下降与时间为对数关系。转化率随时间增长为非线性关系，时空产率不为常数时为扩散控制（见图9-6）所示，则

$$c_{(t)} = c_{(0)} - \frac{It\eta'_I}{nFV_S} \tag{9-27}$$

$$c_{(t)} = c' \exp[-\frac{k_m S}{V_R}(t - t')] = \frac{I_d}{nFSk_m} \exp[-\frac{k_m S}{V_R}(t - t')] \tag{9-28}$$

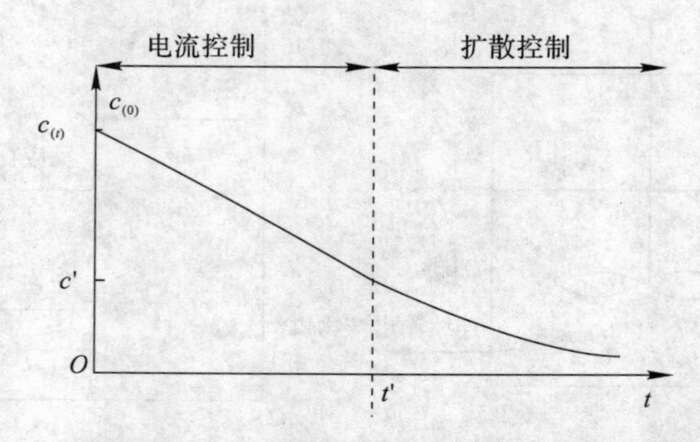

图9-6　不同电化学反应控制过程浓度的下降与时间关系

9.4.1　电化学反应器主要参数

描述电化学反应器的参数有电压、直流电耗、比表面积和电极面积。

电压效率：电解反应的理论分解电压与电化学反应器工作电压之比。电压效率的高低既可反映电极过程的可逆性，也综合地反映了电化学反应器的结构、性能优劣。

直流电耗：每单位产量（kg或t）消耗的直流电能。由于k值基本不变（除非原料及生成反应根本改变），影响直流电耗的主要因素是槽电压和电流效率。降低槽电压和提高电流效率是降低直流电耗的关键。

能量效率：生成一定量产物所需的理论能耗与实际能耗之比。

比表面积：单位体积电化学反应器中具有的电极活性表面。当电流密度一定时：反应器的比表面积越大，生产强度越大；固定总电流，比表面积越大，则电流密度越小，有利于减小极化和槽压。电极的比表面积取决于电极的结构和工作条件。

电极面积：表观面积与真实面积不同。如：三维电极，电极的真实工作面积不仅受制于粉末和孔径的大小及分布，也与电流密度的高低、电解液的流动及传质条件有关，具有不同的反应深度的反应面积。

电化学反应器，体积包括反应器所占空间体积；电解液总体积；电极体积（反应器电极占有大部分空间时）。也是按照空时概念来确定效能，以时空产率计算：单位体积的电化学反应器在单位时间内的产率。

9.4.2　传质过程影响

传质步骤在电极过程动力学中，是不可或缺部分，当它成为速度控制步骤时，将决定电极反应的速度和动力学特征，在此予以概述。

1. 传质过程在电化学工程中的重要性

决定电化学工程中的生产强度(最大电流密度)，同时对槽压、电流效率、时空产率、转化率等技术经济指标有很大的影响。电化学工程通常求助于化学工程的方法研究传质系数的影响。

通过实验，传质过程的规律用若干无因次数群的关系来表示，分析影响产品的质量因素：特别当电流密度趋于极限电流密度时，金属电沉积过程可能得到粗糙的、甚至粉末状沉积物的原因；电合成反应：评估电极电位骤变，探讨可能引发的各种副反应，对产物纯度的影响。由于传质过程和传热过程是同步进行的，传质状态也必然影响体系的热交换、热平衡和工作温度。传质过程的要求影响电化学反应器的设计，对电解液系统的构成、设置、控制，提出限制条件。

2. 传质速率的表征

电化学反应过程传质作用影响大。其表达式为：

$$j_x = FE_x \sum |z_i| c_i - F \sum z_i D_i \left(\frac{dc_i}{dx} \right) + Fu_x \sum c_i z_i \qquad (9\text{–}29)$$

$$J = k_m \Delta c \qquad (9\text{–}30)$$

传质速率的表征在电化学反应器中体现在电极表面的电位及电流分布，直接对反应传质和反应过程产生影响。

电流分布：取决于电位分布及电解液中反应物的局部浓度、电导率。注意：此处指通过界面的反应电流，来表征电化学反应速度的电流密度。

电位（电极电位）分布：与电极的形状及相互位置、距离及电极的极化特性有关。

电极表面电流不均匀分布的有下述不良后果。

（1）使电极的活性表面或活化物质不能充分利用，降低电化学反应器的时空产率以及能量效率。

（2）使电极表面的局部反应速度处于“失控状态”，不能在给定的合理的电流密度下工作，产生的副反应可能降低电流效率和产品的质量。

（3）导致电极材料的不均匀损耗，局部腐蚀、失活，缩短了电极的工作寿命。

（4）金属电沉积反应可能产生枝晶，造成短路或隔膜损坏，或由于局部pH值的变化，在电极表面形成氧化物或氢氧化物膜绝缘层。

3. 影响电位及电流分布的因素及三种电流分布的规律

（1）一次电流分布，忽略各种过电位，并认为电导率亦均匀时的电流分布。

（2）二次电流分布，考虑电化学极化但忽略浓度极化时的电流分布。

（3）三次电流分布，既考虑电化学极化又考虑浓度极化时的电流分布。

（4）三维电极的电流分布。

电化学反应器及电极的结构因素：形状、尺寸大小、相互位置、距离等。电极和电解液的电导率及其分布，产生过电位的各种极化：电化学极化、浓度极化。

（5）电极表面发生的各种表面转化步骤及所形成的表面膜层会改变电极电阻。

（6）“析气效应”等也会对过程产生影响，泛指电化学反应过程产生气体产物或副产物的现象。包括在电极表面与电解液界面形成气泡幕，降低电极活性并导致电位和电流分布不均匀；还有在电解液中形成气液混合体系，增大溶液电阻和工作电压，加大能耗，造成电流分布变化；“析气效应”气泡的上升运动，在一定程度上也会带来增加电解液对流，促进传质的效果。总之，“析气效应”也是电解反应器工程研究中不可忽视的内容。

电化学反应工程设计工作同样涉及热量传递和热量衡算，也是根据能量守恒定律来进行。依此计算结论确定最佳反应温度，而温度对于电极反应速率、电流分布、电位、电极腐蚀性、电极寿命稳定性和工作能耗均有影响。目前已有成熟计算机软件用于电化学反应器设计计算工作。

9.5　绿色化工

化学工业的发展极大地推动了人类物质生产和生活的巨大进步，石油化工产品与规模空前发展，人们逐渐认识到化工资源的匮乏和能源的危机，同时钢铁冶金、水泥陶瓷、酸碱肥料、塑料橡胶、合成纤维乃至医药、农药、日用化学品等行业无不与化学工业息息相关，现代人类社会生活已完全离不开化学工业和化工产品。在给人类带来益处的同时，化学工业污染一直是困扰化学工业发展的致命问题， 有的甚至给人类和自然环境带来严重灾难，阻碍着化学工业的健康发展。

我国传统的以大量消耗资源、粗放经营为特征的发展模式，加之产业结构不合理，科学技术和管理水平较为落后，使我国的生态环境和资源受到严重污染和破坏，且近年来呈现恶化之势。遏制化工三废对保护生态环境已经变得越来越必要。

绿色化工是防止环境污染的一种理想方法，是从源头上解决污染问题。因此研究和开发防治污染的洁净油、气、煤化工加工技术、绿色生物化工技术、矿产资源高效利用的绿色技术、精细化学品的绿色合成技术、生态农业化学品和生物质资源作为化工原料的绿色技术等，实现污染物的零排放目标，将对我国环境保护及社会的可持续发展具有重要意义。

此类技术，例如：电化学方法治理废水，一般无需添加化学药品，设备体积小，占地少，操作简便灵活，污泥量少，后处理极为简单，通常被称为清洁处理法。历经近30年的研究应用，目前三维电极处理重金属废水已经是一项成熟技术。在处理难生化降解的有机废水方面，也显示了其特有的降解能力。此类方法就是绿色化工倡导使用的一种技术。因为环境化工的治理离不开化工技术，在环保治理的不同发展阶段，对反应工程技术要求不断提高，从开始“稀释废物来防治环境污染”，到三废的后处理，又提出在化工生产源头防止废物的生成。

9.5.1　绿色化工的定义

绿色化工又称清洁生产或环境友好技术，它是在绿色化学基础上开发的从源头上阻止环境污染的化工技术。绿色化工与传统化工最主要的区别是从源头上阻止环境污染，即设计和开发在各个环节上都洁净和无污染的反应途径和工艺。

美国的P.T. Anastas和J.C. Waner曾提出绿色化工的12条原则：

（1）防止废物的生成比在其生成后再处理更好。

（2）设计的合成方法应使生产过程中所采用的原料最大量地进入产品之中。

（3）设计合成方法时，只要可能，不论原料、中间产物和最终产品，均应对人体健康和环境无毒、无害（包括极小毒性和无毒）。

（4）化工产品设计时，必须使其具有高效的功能，同时也要减少其毒性。

（5）应尽可能避免使用溶剂、分离试剂等助剂，如不可避免，也要选用无毒无害的助剂。

（6）合成方法必须考虑过程中能耗对成本与环境的影响，应设法降低能耗，最好采用在常温常压下的合成方法。

（7）在技术可行和经济合理的前提下，原料要采用可再生资源代替消耗性资源。

（8）在可能的条件下，尽量不用不必要的衍生物（derivatization），如限制性基团、保护/去保护作用、临时调变物理、化学工艺。

（9）合成方法中采用高选择性的催化剂比使用化学计量（stoichiometric）助剂更优越。

（10）化工产品要设计成在其使用功能终结后，它不会永存于环境中，要能分解成可降解的无害产物。

（11）进一步发展分析方法，对危险物质在生成前实行在线监测和控制。

（12）选择化学生产过程的物质，使化学意外事故（包括渗透、爆炸、火灾等）的危险性降低到最低程度。

这些基本原则是从化工工业源头消除污染，包括新设计化学合成、制造方法和化工产品来根除污染源。实际是对化工工业技术提出更高的挑战和要求。化学反应和过程以“原子经济性”为基本原则，即在获取新物质的化学反应中充分利用参与反应的每个原料原子，实现零排放。

9.5.2 绿色化工的研究内容

原料的绿色化,要求无毒、无害原料，以可再生资源为原料；化学反应的绿色化，原子经济性反应, 提高反应选择性；催化剂的绿色化,研发无毒无害催化剂；过程使用溶剂的绿色化，采用无毒无害溶剂；产品的绿色化,可以循环回收利用。

原子经济性概念和高选择性反应：

原子经济性或原子利用率（%）=（被利用原子的质量/反应中所使用全部反应物分子的质量）×100 %

不仅充分利用资源，而且不产生污染；并采用无毒、无害的溶剂、助剂和催化剂，生产有利于环境保护、生产安全和人身健康的环境友好产品。绿色化工又称清洁生产或环境友好技术，它是在绿色化学基础上开发的从源头上阻止环境污染的化工技术。绿色化工与传统化工最主要的区别是从源头上阻止环境污染，即设计和开发在各个环节上都洁净和无污染的反应途径和工艺。反应要高转化率、高选择性和高能源利用率。原料、反应介质（溶剂）和产品要低毒。产生废物少，副产物也要少。产品本身必须不会引起环境污染或健康问题，包括不会对野生生物、有益昆虫或植物造成损害；当产品被使用后，应该能再循环或易于在环境中降解为无害物质。

具体就化工技术而言，可以分为工艺和产品的绿色化两个方面：

一是化工工艺技术的绿色化，要求利用全新化工技术，如新催化技术、生物技术等开发高效、高选择性的原子经济性反应和绿色合成工艺，从源头上减少或消除有害废物的产生；或者改进化学反应及相关工艺，降低或避免对环境有害的原料的使用，减少副产物的排放，最终实现零排放。如Enichem公司采用钛硅分子筛催化剂，将环己酮、氨和过氧化氢反应直接合成环己酮肟，转化率高达99.9%，已工业化实现了原子经济性反应。

二是化工产品的绿色化，要求根据绿色化学的新观念、新技术和新方法，研究和开发无公害的传统化学用品的替代品，设计和合成更安全的化学品，采用环境友好的生态材料，实现人类与自然环境的和谐与协调。布洛芬的生产技术改进就是一个很好的典型，原来采用Brown合成法需要六步反应才能得到产品，原料利用率只有40.03%；BHC公司发明只采用三步反应生产布洛芬的新方法，原料的原子利用率达到77.44%，换句话说，新发明的方法产生废物37%。

9.5.3　绿色化工的系统优化理念

绿色化工侧重于从全局的工程观点的实现过程的优化，主动地在整个化学过程工程链以实现“绿色化工”为目标，应用系统工程优化的思想、理论和方法将对象过程对整个环境的影响降低到最小。这里包含局部的工作是指实现每个单元操作的绿色化，宏观的规模上是在前者基础上，总体进行过程系统综合。

单元操作绿色化把反应产物转化率提高为主要目标，产物若需要多个单元操作完成，对每一个环节的绿色化是研究目标。比如在化工生产中的投资和能耗都占有相当的比重的分离过程操作，改进和提高常规分离技术的效率和降低能耗就是其主要目标，如精馏、蒸馏、吸收、萃取、吸附、结晶等单元操作，除了采用更准确的物性数据来优化模型和操作控制；采用精馏塔的新技术如新填料和塔板设计减小塔的压降，提高塔的分离能力；研究新的分离工艺用于沸点差小的难分离组分，对比分析不同过程，对于能耗高低进行比较分析，以达到优化后采用最低能耗过程；将新技术如膜分离、超声振荡分离、泡沫分离、超临界萃取等用于传统分离过程。传统钙盐法提取柠檬酸成本高有污染，但是萃取法和离子交换法取代后，不仅成本低，而且基本上不产生污染。

从宏观角度，绿色化工设计贯穿于化工系统工程的核心内容，过程系统综合过程综合是指按照规定的系统特性，寻求所需的系统结构及其各子系统的性能，并使系统按规定的目标进行最优运转。

系统的绿色化工设计是化学工程、系统工程和计算机科学的交叉学科，已经从20世纪70年代开始发展了40余年，传统的化工过程系统集成优化目标侧重于以经济效益最大化即总费用最小为目标，特别是投资费用和操作费用间的总和最小，能耗降低典型的有夹点分析法，总费用的减少采用数学规划法。而绿色化工的理念要求采用这些方法计算分析必须考虑到废物排放对环境影响的因素。化工系统宏观规划设计必须在原有的总费用基础上，加上环境污染及后处理的成本费用。

绿色化工是当今国际化学与化工科学研究的前沿，它吸收了当代化学、物理、生物、材料、信息等科学的最新理论和技术，是具有明确的社会需求和科学目标的新兴交叉学科。中国在未来将成为全球最大的化学品消费市场，资源利用率低，环境污染严重，我国面临的资源和环境形势将更加严峻，传统的化工高消耗、高排放、低效率的粗放型增长方式急需转变。绿色化工就是用先进的化工技术和方法是人类和化工行业可持续发展的客观要求，是控制化工污染的最有效手段，是化工行业可持续发展的必然选择。

习　题

1. 电化学反应的基本动力学参数有哪些？说明它们的物理意义？

2. 用铂电极电解$CuCl_2$溶液，通过的电流为20A，经过15min后，试求：

（1）在阴极上析出的Cu的质量。

（2）在阳极上析出温度为27℃，压力为100kPa时Cl_2的体积。

3. 电化学反应器的应用领域有哪些？阅读相关文献。

4. 典型电化学反应器类型简述。

5. 电化学反应工程反应器设计考虑因素有哪些?

6. 绿色化工的原则的内容有哪些?

7. 绿色化工的发展趋势?

第10章 计算机在化工中的应用

伴随经济全球化和信息技术的迅速发展，推动化工行业成为最早采用计算机来实现自动化的工业领域之一。当代物流信息网的广泛兴起，使得计算机的应用已经渗透到化工工业各个部门，极大提高了整个化工行业的生产效率。从实验数据的处理和拟合、模型参数的确定、非线性方程的求解到化工过程模拟，均离不开计算机的高速的数值计算功能；化工信息的发布、化工流程图的制作等一系列设计的工作可利用计算机进行，同时化工实用软件的开发也需要利用计算机进行；化工工业的生产自动化从早期的气动模式，已发展到全电脑软件控制的人工智能模式。随着时代的发展，计算机在化工中的应用越来越重要。而化学反应工程中的绝大多数问题都已经可以借助于计算机辅助完成。

10.1 计算机在化工中的主要应用

计算机在化工行业的应用，在实验领域包括以网络技术为基础的化学信息和数据的收集、管理、检索、交换和网上多媒体化学内容的制作与使用等，还有实验方式的正交设计、均匀法设计、实验数据的分析检验（可信度分析、相关性分析、误差分析），实验数据的回归分析（线性回归、非线性回归等）。常用的数据分析总结软件有：Excel，主要用作数据分析，并可把数据用各种统计图的形式形象的表示出来；Origin，主要有数据制图和数据分析两大功能，制图功能比Excel较强；Statistic，是一个通用的数理统计软件，可进行科学实验设计，统计参数计算，数据相关性分析，置信度和回归分析等工作。

在工业设计领域，各种各样的化工设备，包括反应器设计在内的计算、校核和绘图等工作都已经有成熟的软件来完成。随着计算机和网络的发展，化工在各个领域都离不开计算机。化工中复杂的数据处理，图表绘制，模型建立等等都需要化工软件的帮助。这样从各方面提高了化工工作的效率。下面将分门类介绍几类在化工中比较常用的软件数据库和软件，并简述其主要功能。

计算机和网络带来化学化工信息和数据库获取的便利性和快捷性。

目前，网络化学化工信息类型有：①化学化工新闻；②化学电子期刊与杂志；③化学化工图书信息、化学图书馆；④各种化学会议信息；⑤internet上召开的化学类电子会议；⑥专利信息；⑦化学数据库；⑧化学相关的学会、组织、机构、实验室和研究小组信息；⑨化学相关产品目录、电子商务及公司；⑩化学相关的教学资源、化学软件；⑪化学化工文章精选；⑫在线服务、在线讨论、论坛。

（1）化学信息数据库的内容不仅局限于与化学有关的学科知识，其中化学结构数据库在化学类数据库中占有很高的比例，是化学类数据库中较大型的数据库，如

①剑桥结构数据库（CSD）：http：//www.ccdc.cam.ac.uk/

②布鲁克海文（Brookhaven）蛋白质数据库：http：//www.pdb.bnl.gov

③Rutgers大学的核酸数据库：http：//nbserver.rutgers.edu：80

也有范围较小的专业数据库，如

①有机化合物数据库（OrganicCompoundsDatabase）http：//WWW.colby.edu/chemistry/cmp/cmp.html

②化学危险品数据库（HazardousChemicalsDatabase）http：//ull.chenistry.uakron.edu/erd/

③纳米技术数据库（NanotechnologyDatabase）http：//itri.loyola.edu/nanobase/

④生物大分子晶体结构数据库（TheBiologicalMacromoleculeCrystallizationDatabase，BMCD）http：//ibm4.nist.gov：4400/bmcd/bmcd.html

⑤澳大利亚蛇毒和毒素数据库（AustraliaVenom&ToxinDatabase）：

http：//WWW.uq.edu.au/~ddbfry/

⑥WWW化学结构数据库（TheWWWChemicalStructuresDatabase）：

http：//chemfinder.camsoft.com/

⑦化合物基本性质数据（CSChemFinder）：

http：//chemfinder.camsoft.com/

⑧NIST的ChemistryWebBook

http：//webbook.nist.gov/chemistry/

（2）物理化学常数：物理化学常数是化学工作者常用的数据资料，利用网上资源是一个非常方便而又快捷的手段。以下给出几个物理化学数据资源的有关地址，除物理化学常数以外，还可以找到国际单位制的有关知识以及单位换算的有关内容。

①美国国家标准和技术研究所物理实验室主页：

http：//physics.nist.gov/

②物理化学参数搜索或查找：

http：//physics.nist.gov/cuu/Constants/index.html

③其他数据站点的链接：

http：//physics.nist.gov/cuu/Constants/links.html

④在constants.h中提供了包含常用物理化学参数的C语言文件：

http：//www.chemie.fu-berlin.de/chemistry/general/constants_en.html

http：//www-personal.umich.edu/~sanders/

（3）计算机化学：基于量子力学和量子化学为基础的理论研究，形成了计算机化学(Computerchemistry)，它是应用计算机研究化学反应和物质变化的科学，以计算机为技术手段，建立化学化工信息资源化和智能化处理的理论和方法，认识物质、改造物质、创造新物质，认识反应、控制反应过程和创造新反应、新过程是计算机化学研究的主体。它用量子理论计算描述已有的化学理论知识、化学反应机理、物质结构、化学实验等，采用计算机来模拟计算。物质结构领域将化学抽象知识与计算机多媒体技术结合，直观展示原子、分子、晶体的微观空间结构，动态性地模拟各种化学键的形成原理、过程和特性，揭示化学反应机理，模拟重现化学实验的全过程。使得过程呈现化静为动，抽象变为具体，将在人类难以感觉到的分子原子微观世界真实地模拟出来，使人们对化学机理的理解和学习进人了一个直观可视化的阶段。

10.2 常用化学软件简介

Chemoffice系列软件

Chemoffice分为功能不同的几个版本。属于化学上影响力较大和常用的软件之一。

其中ChemOffice Ultra包含了以下部分：

（1）ChemDraw Ultra：化学结构绘图；

（2）Chem3D Ultra：分子模型及仿真；

（3）ChemFinderPro：化学信息搜寻整合系统。

此外还加入了E-Notebook Ultra，BioAssayPro，量化软件MOPAC、Gaussian和GAMESS的界面，ChemSARServer Excel，CombiChem/Excel等等，ChemOfficePro还包含了全套ChemInfo数据库，有ChemACX，Merck等索引和ChemMSDX。

1. Chemoffice软件详细功能

（1）ChemDraw：是世界上最受欢迎的化学结构绘图软件之一，是各论文期刊指定的格式；

（2）AutoNom：现已内含在ChemDrawUltra内，它可自动依照IUPAC的标准命名化学结构；

（3）ChemNMR：可在ChemDraw内预测13C和1H的NMR光谱，可节省实验的花费；

（4）ChemProp：可预测BP，MP，临界温度、临界气压、吉布斯自由能、logP、折射率、热结构等性质；

（5）ChemSpec：可让输入JCAMP及SPC频谱资料，用以比较ChemNMR预测的结果；

（6）ClipArt：高品质的实验室玻璃仪器图库，可搭配ChemDraw使用；

（7）Name=Struct：输入IUPAC化学名称后就可自动产生ChemDraw结构；

（8）Chem3D：提供工作站级的3D分子轮廓图及分子轨道特性分析，并和数种量子化学软件结合在一起。由于Chem3D提供完整的界面及功能，已成为分子仿真分析最佳的前端开发环境；

（9）ChemProp：预测BP，MP，临界温度、临界气压、吉布斯自由能、logP、折射率、热结构等性质；

（10）ExcelAdd-on：与微软的Excel完全整合，并可连结ChemFinder；

（11）GaussianClient：量子化学计算软件Gaussian98W的客户端界面，直接在Chem3D运行Gaussian，并提供数种坐标格式；（需要安装Gaussian98W）

（12）CSGAMESS：量子化学计算软件GAMESS的客户端界面，直接在Chem3D运行，GAMESS的计算；（需要另外获得GAMESS）

（13）MOPACPro：Fujitsu的量子化学计算软件MOPAC已内含在Chem3DUltra内，搭配Chem3D的图形界面。分子计算的方法有AM1，PM3，MNDO，MINDO/3和新的MINDO/d。可以计算瞬时的分子几何形状及物理特性等；

（14）ChemFinder：化学信息搜寻整合系统，可以建立化学数据库、储存及搜索，或搭配ChemDraw、Chem3D使用，也可以使用现成的化学数据库。ChemFinder是一个智能型的快速化学搜寻引擎，所提供的ChemInfo是目前世界上最丰富的数据库之一，并不断有新的数据库加入。ChemFinder可以从本机或网上搜寻Word，Excel，Powerpoint，ChemDraw，ISIS格式的分子结构文件。还可以与微软的Excel结合，可连结的关连式数据库包括Oracle及Access，输入的格式包括ChemDraw、MDLISISSD及RD文件；

2. ChemOfficeWebServer化学网站服务器数据库管理系统

可将ChemDraw、Chem3D发表在网站上，使用者就可用ChemDrawProPlugin网页浏览工具，用www方式观看ChemDraw的图形，或用Chem3DStd插件中的网页浏览工具观看Chem3D的图形。WebServer还提供250 000种的化学品数据库，包含Sigma，Aldrich，FisherAcros等国外大公司的产品数据。

化工学科办公也要处理大量的文档工作，例如论文的书写、化工文献的编辑、化工产品的说明等都可借助计算机软件来高效完成。化工论文及文献中常常有大量的图表、公式、特殊符号，在书写绘制工程中，不仅要耗费大量人员的精力和时间，绘制的准确性还不高。计算机软件处理上述问题就高效方便多了。美国微软公司推出的Office软件和我国金山公司推出的WPS软件办公使用较为广泛。

10.3　常用化工设计软件

化工设计软件目前已经多种多样的类型，分别是用于不同的应用场合。其中具有代表性的有：ChemCAD，PRO/II，HYSYS，Aspen等化工设计软件。

10.3.1　ChemCAD简介

ChemCAD是由Chemstations公司推出的一款化工软件，化工生产上主要用于工艺开发、优化设计和技术改造。ChemCAD的应用范围包含如炼油、石化、气体、气电共生、工业安全、特化、制药、生化、污染防治、清洁生产等化学工业的多个方面。可以对工艺过程进行计算机模拟，为实际生产提供参考和指导。其内置的功能强大标准物性数据库，是工程技术人员用来对连续操作单元进行物料平衡和能量平衡核算的有力工具。可在计算机上建立模拟现场装置吻合的数据模型，并通过运算模拟装置的稳态和动态运行，为工艺开发、工程设计以及优化操作提供理论量化指导。在工程设计中，无论是建新厂或是老厂改造，ChemCAD都可以用来选择方案，可研究非设计工况的操作以及工厂选择处理原料范围的灵活性。在工程设计的最初阶段，也可用模型来预估工艺条件变化对整体装置性能的影响。对于现有设备，由ChemCAD建立的模型计算结果可作为改进操作以提高产量产率、减少能量消耗、降低生产成本的科学定量依据。软件可模拟确定操作条件的变化，以仿真不断波动变化的原料、产品要求和环境，也可仿真判定工厂消除“瓶颈”问题新方案合理化与否，或模拟改善工厂状况的先进技术可能性和可行性，如采用改变的原料催化剂、新溶剂或新的工艺过程对操作单元的影响。

使用方法分为几步骤：

（1）画流程图。

单击菜单栏File按钮，选择NewJob，在弹出的文件保存对话框中选好路径后单击保存便完成了模块新建任务。此时操作界面会有所改变，菜单栏和工具栏选项都有所增加，且会弹出画流程图的面板，面板上一个符号代表一种设备或工具。左键单击面板，此时鼠标会变成小方框，然后在空白处单击，便可添加相应的设备。将相应的设备连接好，按需画好流程图后，便可开始下一步的操作。画流程图这一步，可以全部由自己画出，也可由附带的模块修改而成，方法是：单击File按钮，选择OpenJob，弹出选择模块对话框，在相应的路径中选择相应的模块后，单击打开，便打开了所选模块，然后在菜单栏中选择EditFlowsheet，这个按钮会变为RunSimulation，这时便可开始编辑流程图。要改变流程线路时，右键单击要改变线路，选择Reroutestream，将弹出一个跟随鼠标移动的大的十字虚线，便可开始布线；若要改变流程图中的操作单元，右键单击要改变单元，选择Swapunit，然后在面板中选择需要的单元，在相应的位置单击便可完成操作单元的更换；若需在流程图线路中插入操作单元，右键单击相应位置，选择Insertunit，在面板中选择需要的单元，然后在相应位置单击便完成了插入操作。除了以上操作外，还可以删除线路或单元。

（2）设置单位。

在菜单栏中单击Format，然后单击EngineeringUnits，会弹出一个对话框，可选择AltSI、SI等多个单位标准，选好后单击OK，便可完成单位设置。

（3）选择组分。

单击菜单栏Thermophysical，选择Componentlist，这时会弹出一个对话框，在组分数据库右侧选择需要的组分，单击Add，再单击OK，完成组分添加。

（4）选择热力学模型。

单击Thermophysical，选择K-values，会弹出一个对话框，设置好后单击OK，便完成了K值设置；接着是设置焓，同样是在Thermophysical菜单下，选择Enthalpy，设置好后单击OK即可完成；然后在Thermophysical菜单中选择K-ValueWizard，这一项可以设置温度、压强等的最大和最小值。在Thermophysical菜单中还有电解液等选项，只要按需设置好即可。

（5）指定详细进料物流。

每一个物料(包括原料和产品)都必须详细设置。单击菜单栏Specifications，在弹出的菜单中选择相应的选项进行设置。单击Specifications，选择SelectStreams，弹出ID号输入对话框，输入ID号，单击OK，弹出编辑对话框，设置好相应的选项后单击OK即可。设置好这一项可以计算相关的泡点或露点值。

（6）详细指定各单元操作。

左键双击或在Specifications菜单中选择SelectUnitops选项，弹出设置对话框，框中有一个Help按键，单击弹出帮助文档，可以查看详细内容。设置好后单击OK，弹出提示对话框，提示错误或警告，因为错误的设置会使系统运行时出现错误或不能运行，不能得到准确的数据。错误提示是为了阻止系统运行，警告是为了提示用户设置要正确，如果不管就可以忽略，系统会照常运行。

（7）运行。

可以选择整个系统或单个操作单元运行，也可以选择一个循环线路运行，只需在Run菜单中分别选择RunAll、RunSelectedUnits或Recycles即可实现。执行后两个操作时会弹出一个对话框，单击所要运行的单元，单击OK便开始运行。还可设置运行顺序，只需在Run菜单中选择CalculationSequence，在弹出的对话框中设置好后单击OK即可。

（8）查看运行结果。

单击Results，在弹出的菜单中选择需要查看的选项，就有一个文档弹出来，里面记有详细的结果。查看运行结果之后，便可计算设备规格，然后按需优化，最后便是生成物料流程图。

ChemCAD的功能扩展可以通过用户新建流程图来实现。ChemCAD内置了强大的数据库，用户可以新建或在已有流程图的基础上进行修改。由于面板中所提供的设备有限，ChemCAD提供了画设备的工具，用户可以按照自己的需要画好一个符号，然后设置好相关的参数，便可作为一种设备使用。此外，开发ChemCAD的Chemstations公司也在不断扩大其数据库，有些现在还不能处理的生产流程，可以将方案提交给Chemstations公司来处理。相信在不久的将来，ChemCAD的功能将更为强大，应用领域将更加广泛。

10.3.2 PRO/II简介

PRO/II流程模拟程序，广泛地应用于化学过程的严格的质量和能量平衡。

美国SIMSCI公司是工业应用软件和相关服务的主要提供商。这些软件被广泛的应用在石油、石化、工业化工以及工程和制造相关专业。SIMSCI设计的软件产品可以降低用户的成本、提高效益、提高产品质量、增强管理决策。PRO/II适用于：油/气加工、炼油、化工、化学、工程和建筑、聚合物、精细化工/制药等行业，主要用来模拟设计新工艺、评估改变的装置配置、改进现有装置、依据环境规则进行评估和证明、消除装置工艺瓶颈、优化和改进装置产量和效益等。

进入中国后，已得到广大用户的好评，发挥出良好的效益。特别是一些大的石化和化工设计院的应用，更能说明它的独具功能和特点。PRO/II新版本可以提供在线模拟。在实用性上，PRO/II要比其他同类软件更具优势，主要是该软件的开发思路就是针对炼油化工行业，SIMSCI的计算模型已成为国际标准，公司拥有一批技术专家从事售后支持，可以解答用户所遇到的疑难问题，使用户更加容易使用软件。PRO/II有标准的ODBC通道，可同换热器计算软件或其他大型计算软件相连，另外还可与相连，计算结果可用多种WORD、EXCEL、数据库方式输出。

PRO/II软件除基本包以外，还提供给用户以下模块：

（1）界面模块。

HTFS，PRO/II-HTFS Interface自动从PRO/II数据库检索物流物性数据，并用该数据创建一个HTFS输入文件。HTFS然后能输出该文件，以访问各种物流物性数据。HTRI、PRO/II-HTRI Interface从PRO/II数据库检索数据，并创建一个用于各种HTRI程序的HTRI输入文件。来自PRO/II热物理性质计算的物流性质分配表提供给HTRI的严格换热器设计程序。这减少在两个程序之间输入数据的重复。Linnh off March，来自PRO/II的严格质量和能量平衡结果能传送给Super Target™塔模块，以分析整个分离过程的能量效率。所建议的改进方案然后就能在随后的PRO/II运行中求出值来。

（2）应用模块。

Batch，搅拌釜反应器和间歇蒸馏模型能够独立运行或作为常规PRO/II流程的一部分运行。操作可通过一系列的操作方案来说明，具有无比的灵活性。Electrolytes，该模块严密结合了由OLI Systems，Inc开发的严格电解质热力学算法。The Electrolyte Utility Package（电解质应用包），作为该模块的一部分，进一步扩展了一些功能，如生成用户电解质模型和创建、维护私有类数据库。Polymers，能模拟和分析从单体提纯和聚合反应到分离和后处理范围内的工业聚合工艺。对于PRO/II的独到之处是通过一系列平均分子重量分率来描述聚合物组成，可以准确模拟聚合物的混合和分馏。

10.3.3 HYSYS软件

HYSYS软件是世界著名油气加工模拟软件工程公司开发的大型专家系统软件。该软件分动态和稳态两大部分。其动态和稳态主要用于油田地面工程建设设计和石油石化炼油工程设计计算分析。其动态部分可用于指挥原油生产和储运系统的运行。对于油田地面建设该软件可以解决以下问题：

（1）在油田地面工程建设中的应用。

各种集输流程的设计、评估及方案优化，站内管网、长输管线及泵站管道停输的温降，收发清管球及段塞流的预测，油气分离，油、气、水三相分离油气分离器的设计计算，天然气水化物的预测，油气的相图绘制及预测油气的反析点，原油脱水，原油稳定装置设计、优化，天然气脱水（甘醇或分子筛）、脱硫装置设计、优化天然气轻烃回收装置设计、优化泵、压缩机的选型和计算。

（2）在石油石化炼油方面的应用。

常减压系统设计、优化；FCC主分馏塔设计、优化；气体装置设计与优化；汽油稳定、石脑油分离和气提、反应精馏、变换和甲烷化反应器、酸水分离器、硫和HF酸烷基化、脱异丁烷塔等设计与优化；在气体处理方面可完成：胺脱硫、多级冷冻、压缩机组、脱乙烷塔和脱甲烷塔、膨胀装置、气体脱氢、水合物生成/抑制、多级、平台操作、冷冻回路、透平膨胀机优化。

HYSYS软件与同类软件相比具有非常好的操作界面，方便易学，软件智能化程度高。最先进的集成式工程环境：由于使用了面向目标的新一代编程工具，使集成式的工程模拟软件成为现实。在这种集成系统中，流程、单元操作是互相独立的、流程只是各种单元操作这种目标的集合，单元操作之间靠流程中的物流进行联系。在工程设计中稳态和动态使用的是同一个目标，然后共享目标的数据，不需进行数据传递。因此在这种最先进且易于使用的系统中用户能够得到最大的效益。内置人工智能：在系统中设有人工智能系统，它在所有过程中都能发挥非常重要的作用。当输入的数据能满足系统计算要求时，人工智能系统会驱动系统自动计算。当数据输入发生错误时，该系统会告诉你哪里出了问题。数据回归包：数据回归整理包提供了强有力的回归工具。用实验数据或库中的标准数据通过该工具，用户可得到焓、气液平衡常数K的数学回归方程(方程的形式可自定)。用回归公式可以提高运算速度，在特定的条件下还可使计算精度提高。严格物性计算包：HYSYS提供了一组功能强大的物性计算包，它的基础数据也是来源于世界负有盛名的物性数据系统，并经过本公司的严格校验。这些数据包括20 000个交互作用参数和4 500多个纯物质数据。

功能强大的物性预测系统：对于HYSYS标准库没有包括的组分，可通过定义假组分，然后选择HYSYS的物性计算包来自动计算基础数据。DCS接口：HYSYS通过其动态链接库DLL与DCS控制系统链接。装置的DCS数据可以进入HYSYS，而HYSYS的工艺参数也可以传回装置。通过这种技术可以实现：①在线优化控制；②生产指导；③生产培训；④仪表设计系统的离线调试。

事件驱动：将模拟技术和完全交互的操作方法结合，使HYSIM获得成功。而利用面向目标的技术使HYSYS这一交互方式提高到一个更高的层次，即事件驱动。当你在研究方案时，需要将许多工艺参数放在一张表中，当变化一种或几种变量时，另一些也要随之而变，算出的结果也要在表中自动刷新。这种几处显示数据随计算结果同时自动变化的技术就叫事件驱动。通过这种途径能使工程师对所研究的流程有更彻底的了解。

工艺参数优化器：软件中增加了功能强大的优化器，它有五种算法供您选择，可解决无约束、有约束、等式约束及不等式约束的问题。其中序列二次型是比较先进的一种方法，可进行多变量的线性、非线性优化，配合使用变量计算表，你可将更加复杂的经济计算模型加入优化器中，以得到最大经济效益的操作条件。

窄点分析工具：利用HYSYS的窄点分析技术可对流程中的热网进行分析计算，合理设计热网，使能量的损失最小。方案分析工具：某些变量按一定趋势变化时，其他变量的变化趋势如何呢？了解这些对方案分析非常重要。比如，当研究塔的回流比和产品质量的变化对热负荷、产量、温度的影响时，在HYSYS的方案分析中选回流比和产品质量作为自变量，给出它们的变化范围和步长，HYSYS就开始计算，最后会给出一个汇总表。

各种塔板的水力学计算：HYSYS增加了浮阀、填料、筛板等各种塔板的计算，使塔的热力学和水力学同时解决。任意塔的计算：我们以前接触的软件中所有分馏塔都是软件商提供了一个最全的塔，然后让用户自己选择保留部分。试问，若用户有一个塔，其上部分为吸收-解析塔，下部分为提馏塔，这种塔该如何计算呢？HYSYS就可以。由于采用了面向目标的编程工具，塔板、重沸器、泵、回流罐等等都是相互独立的目标。人们可以任意组合这种目标，而完成各种各样的任意塔，十分方便。当然类似软件还有被企业广泛使用的过程模拟——PRO/Ⅱ也可以实现。

10.3.4 Aspen软件

Aspen是一款功能强大的化工设计、动态模拟以及各类计算机的软件，它几乎能满足大多数化工设计以及计算机的要求，其计算结果得到很多同行的认可。它被用于化学和石油企业、炼油加工、发电、金属加工、合成燃料和采矿、纸浆和造纸、食品、医药及生物技术等领域，在过程开发、过程设计及老厂的改造中发挥重要的作用，该软件由三部分组成：（1）物性：基础物性数据库、燃料物数据库、热力学性质和传递物性；（2）单元操作：间歇反应釜、多塔精馏、工况分析、灵敏度分析；（3）系统实现策略：数据输入、解算策略、结果输出。

化工的发展离不开计算机的使用，相信在以后的发展过程中一定还会有更多优秀的软件被应用于化工生产过程中。

Aspen，HYSYS化工设计软件也是比较常用的，一般认为，PRO/II在炼油工业应用表现好，其不少经验数据很有实用价值；而Aspen在工业领域表现更好，智能化操作，用于化工领域比较长的流程模拟，而且数据库比较丰富。HYSYS主要用于炼油工业，动态模拟有优势，现在和Aspen是一家。

这些软件其共同的核心技术是过程模型，包括本书前面论述的各种模型，而软件设计依赖于这些模型和所需参数。

10.3.5 化工设备绘图——AutoCAD软件

AutoCAD是美国Autodesk公司开发的专门用于计算机绘图设计工作的软件，由于其具有简单易学、精确无误等优点，一直深受工程设计人员的青睐。用AutoCAD绘图，可以采用人机对话方式，也可以采用编程方式。现在的AutoCAD2000已经增强了许多功能，如三维图形的编辑、图形的多文档环境、建模、着色、渲染、创建多重打印及打印布局、对象特性管理器和外部数据库连接等，对图形打印、线条设置、二次开发等功能又有了强化，因此AutoCAD软件在国内外应用十分广泛。

AutoCAD软件可以绘制化工类图纸：

工艺流程图：简易流程图、物热流程图、带控制点的工艺流程图、设备装配图、平面布置图、立面布置图、配管图。

利于AutoCAD软件绘制化工设备的主要特点，壳体一般以回转体为主，通常为圆柱形、球形、椭圆形；通常由筒体、风头、支座（裙座）、接管等几部分组成；结构尺寸悬殊；有较多开孔（人孔、手孔、进料口、出料口、排污口、测温管、测压管、液位计接管等）；大量采用焊接；广泛采用标准化、通用化、系列化的零部件。所绘制图纸具有尺寸误差自动校正，目前可以实现三维实时显示，已经可以实现无纸化处理，其绘图效率相比于人工提高数百倍。

习　题

1. 化工论文中，目前通用的表格是三线表格，表格中的数据不会随文档的编辑而打乱（见表10–1）。请写出制作三线表格的步骤，并上机练习。

表10–1　表格数据

种　类	灰　分	硫　分
处理后除去率/（%）	81.95	98.58

2. 利用word中的绘图功能可以绘制一些常见的试验流程图，请写出如何绘制皂化反应简单流程图，并在需要的位置精确的标上文字，并上机练习。

3. 利用PowerPoint制作个人简历，要求幻灯片帧数在15帧以上，并具有视频动画、声音、超链接等5种以上修饰内容。

4. 典型化工模拟软件有哪些？举例说明。

5. AutoCAD在化工中具体应用的内容。

6. 使用CAD二维绘图命令绘制如图10–1中2个图形并提交：（要求：设置合适的绘图界限；设置相应的图层、线型、颜色等特征；无需标注。将作业图形文件以学号为名称命名，将以所交作业质量及时间进行评分）

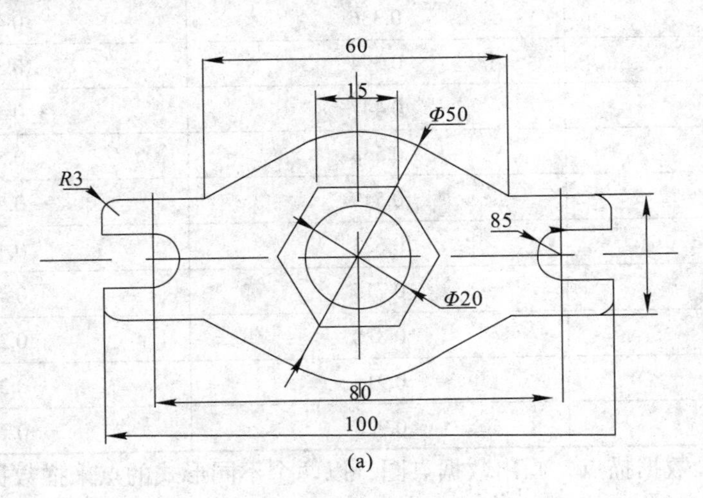

(a)

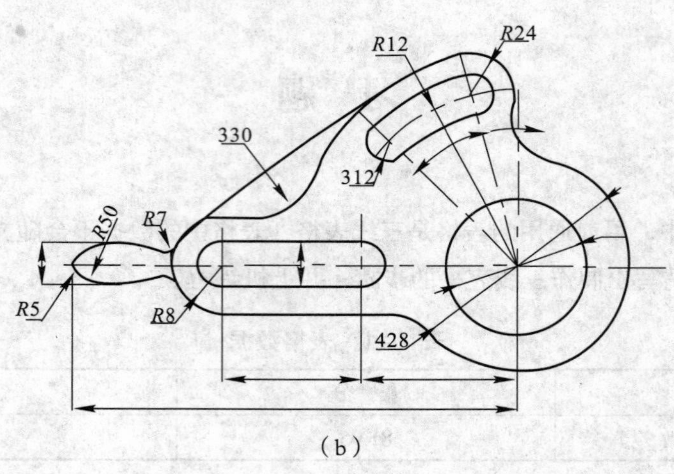

（b）

10-1　图形

7. 表10-2中所列为不同分子数对应的混合热：

表10-2　数　据

	A[X]	B[Y]
1	0.115	0.232
2	0.172	0.321
3	0.183	0.355
4	0.281	0.443
5	0.312	0.474
6	0.336	0.489
7	0.394	0.518
8	0.447	0.527
9	0.538	0.516
10	0.549	0.502
11	0.623	0.481
12	0.715	0.423
13	0.828	0.284
14	0.915	0.231
15	0.926	0.219

要求：（1）数据描点，画出数据点图，以两个不同形式的点来描数据点，横坐标用分子数表示，纵坐标用混合数表示。

（2）对数据进行拟合和分析（用多项式拟合方法），画出相对应的拟合曲线以及勒出相关参数，写出拟合方程。

8. 建立以下过程的Aspenplus仿真模型：

将1 000m^3的低浓度酒精（乙醇30%w，水70%w，30℃，1atm）与700m^3/h的高浓度酒精（乙醇95%w，水5%w，20℃，1.5atm）混合；将混合后物流平均分为 3 股；一股直接输出；第二股与600kg/h的甲醇混合后（甲醇98%w，水2%w，20℃，1.2bar）输出；第三股与200kg/h的正丙醇混合后（正丙醇90%w，水10%w，30℃，1.2bar）输出。求 3 股输出物流的组成（摩尔分数与质量分数）和流量（摩尔流量及体积流量）分别是多少？

参考文献

[1]陈甘棠.化学反应工程[M].2版.北京：化学工业出版社，1989.

[2]李绍芬.化学反应工程[M].2版.北京：化学工业出版社，2000.

[3]朱炳辰.化学反应工程[M].2版.北京：化学工业出版，2001.

[4]袁渭康.化学反应工程分析[M].上海：华东理工大学出版社，1996.

[5]Levenspiel O.Chemical Reaction Engineering[M].3rd Edition. New York :John Wiley，1999.

[6]郭锴.化学反应工程[M].北京：化学工业出版社，2000.

[7]邓礼堂.化学反应[M].台湾：高立图书有限公司，1985.

[8]王垚，金涌，程易，等. 化学反应工程教学新理念和实践探索[J].化工高等教育，2009（2）：1－4.

[9]朱炳辰.化学反应工程[M]. 5版. 北京：化学工业出版社，2012.

[10]朱开宏，袁渭康. 化学反应工程分析[M].2版. 北京：高等教育出版社，2002.

[11]Coulson J M，Richardson J F.化学工程[M].北京：化学工业出版社.1989.

[12]赵学庄. 化学反应动力学原理[M].北京：高等教育出版社，1984.

[13]施密特 L D.化学反应工程[M].2版.北京：中国石化出版社，2010.

[14]方开泰，全辉，陈庆云.实用回归分析[M].北京：科学出版社，1988.

[15]F S Fogler. Elements of Chemical Reaction Engineering[M]. 3rd Edition. New Jersey:Prentice-Hall，1992.

[16]李绍芬.化学与催化反应工程[M].2版.北京：化学工业出版社.1988.

[17]Froment G F，KBBischoff. Chemical Reactor Anlysis and Design[M].New York:John Wiley，1979.

[18]C Y Wen，L T Fan. Models for flow Systems and Chemical Reactors[M]. New York:Marcel Dekker.1975.

[19]柯尔森.化学工程[M].北京：化学工业出版社，1989.

[20]Carberry J J.Chemical and Catalytical Reaction Engineering[M].New York:McGraw-Hill，1976.

[21]Van Santen R A. Niemantsverdriet J.W. Chemical Kinetics and Catalysis[M].New York:Plenum Press:1995.

[22]吴元欣，朱圣东，陈启明.新型反应器与反应器工程中的新技术[M].北京：化学工业出版社，2007.

[23]Thomas J M，Thomas W J. Principles and Practice of Heterogeneous Catalysis[M]. VCH，1997.

[24]美国21世纪化学科学的挑战委员会.超越分子前沿——化学与化学工程面临的挑战[M].北京：科学出版社，2004.

[25]Dudukovic M P. Challenges and innovations in reaction engineering[J].Chem Eng Commun，2009（196）：252-266.

[26]李洪钟.聚焦结构、界面与多尺度问题，开辟化学工程的新里程[J].过程工程学报，2006（16）：991-996.

[27]谭天伟，许建和，戚以政，等. 生物化学工程[M].北京：化学工业出版社，2008.

[28]Schmidt L D.化学反应工程[M].2版. 北京：中国石化出版社，2010.

[29]高分子学会.聚合反应工程[M].北京：化学工业出版社，1982.

[30]陈甘棠.聚合反应工程基础[M].北京：中国石化出版社，1991.

[31]Odian G. Principles of Polymerization[M].3rd Edition.Wiley，1991.

[32]吴辉煌.电化学工程基础[M].北京：化学工业出版社，2008.

[33]张元兴，许学书. 反应器工程[M]. 上海：华东理工大学出版社，2001.

[34]朱宪主.绿色化工工艺导论[M].北京：中国石化出版社，2009.

[35]方立国，陈砺.计算机在化学化工中的应用[M].北京：化学工业出版社；2003.

[36]陈敏恒，袁渭康.工业反应过程的开发方法[M].北京：化学工业出版社，1985.

[37]温小明.计算机在化工中的应用广阔前景[J].计算机与应用化学，2008（3）.

[38]黄如辉.计算机控制技术在化工生产中的应用[J].上海化工，1994（6）.

[39]苏力宏.搅拌器湍动程度非均匀分布的放大模型：化工工艺研究进展 第六届全国化工工艺学术会议论文集[C].北京：化学工业出版社，1998.